如果没有达尔文

基于科学的推想

〔英〕彼得 · J. 鲍勒　著
薛妍　译

DARWIN DELETED

创于1897 商务印书馆 The Commercial Press
2017 年 · 北京

DARWIN DELETED: IMAGINING A WORLD WITHOUT DARWIN
By Peter J. Bowler
Licensed by The University of Chicago Press, Chicago, Illinois, U.S.A.

我要向所有从事达尔文相关工作的朋友们道歉，因为在本书描述的世界里，他们将不得不另谋生路。

目　　录

1. 历史、科学与反事实推理

遥想1832年12月月末的南大西洋上，一个风雨交加、漆黑的夜晚。皇家海军测量船“贝格尔号”上一位年轻的自然学家正在甲板上踉踉跄跄，晕船晕得厉害。突然一个大浪拍过来，船身猛一颤，将他冲出了船舷。瞭望台上大声喊：“有人落水了！”但天太黑了，咆哮的大海里什么都看不见，暴风雨又太猛烈，站岗的军官不敢冒险将船掉头。查尔斯·达尔文（Charles Darwin）不幸逝世，费茨罗伊（Fitzroy）军官不得不写信通知达尔文在英国的家人。他肯定会说，这不仅是一个家庭的悲剧，也是整个科学界的损失，一位本可以成就伟大事业、有着大好前途的青年自然学家就这样陨落了。但费茨罗伊军官绝对不会想到达尔文最伟大的成就是写了19世纪最受争议的一本书，就连他自己也会公开批判的一本书：《物种起源》（*On the Origin of Species*）。[①]

没有达尔文的世界会是什么样？许多人认为科学发展的轨迹也

---

① 达尔文曾经是个贫苦的水手，“贝格尔号”1832年年末试图转过合恩角时的确遭遇了恶劣天气。1833年1月13日它差点儿被巨浪拍沉。费茨罗伊出席了1860年英国协会会议，目睹了关于达尔文理论的著名辩论，他在这里公开指责自己前船友的理论与《圣经》相悖。

不会有太大区别。他的自然选择进化论在当时已经“呼之欲出”，是人们思考自己和周围世界的必然产物。即使达尔文没有提出来，也会有其他人提出，最有可能的就是我们所知的自然选择理论的“共同发现者”，自然学家阿尔弗雷德·拉塞尔·华莱士（Alfred Russel Wallace）。后来发生的事和我们了解的差不多，只是没有了“达尔文主义”这个标志性的词语指代进化范式。但是华莱士的理论与达尔文的不尽相同，对其中蕴含的意义也有不同见解。如果他1858年提出了自己的理论，任何与达尔文1859年的《物种起源》相当的理论都会在很多年后才出现。19世纪末也许会发生一场进化运动，但理论基础肯定不一样了——是经过我们自己的世界验证的理论，而且曾被认为超过达尔文的理论。

“达尔文主义”最终得救有赖于1900年“重新发现”孟德尔（Mendel）的遗传法则，因为这之后新建立的基因科学证明了反进化论不合理。我猜在一个没有达尔文的世界里，可能得等到20世纪初生物学家才会注意到自然选择理论。进化可能会出现；科学的组成与今天的大致相似，但是分门别类的方式可能不同。换言之，进化发育生物学必须挑战20世纪60年代以基因为核心的简单达尔文主义才能产生更精密的范式。在没有达尔文的世界里，生长模型会占据主导地位，在20世纪中期经过改良后与自然选择理论相适应。

这种猜想臆断有什么意义吗？如果生物学的发展最终殊途同归，为什么要在意这个过程中一些主要发现是否可能与我们经历的事顺序不同？对于科学本身来说，这个话题可能太学术（取这个词的褒义），但它却关系到更广泛的问题。我们可能最后看到的理论都差不多，但如果出现的时间不同，我们的看法就会不同，公众的态度也会受到影响。

达尔文理论的影响当然不局限于科学本身——它一直被视为

推动唯物主义和无神论的一个主要因素。进化论引起许多宗教人士的不满，但更令人担忧的是它认为改变是适者生存、物竞天择的结果，而不是偶然事件。在批评者的眼中，达尔文的自然选择理论鼓励了一代又一代社会思想家和空想家推崇“社会达尔文主义”这样严酷的政策。神灵论者经常宣称是达尔文让雅利安人产生了种族优越感，紧接着激发了纳粹分子试图消灭犹太人的灵感。很明显，批评者不满足于在公认的科学基础上批判达尔文主义——他们斥其不道德，十分危险。即使有科学证据的怂恿，也不可以思考该理论，因为它会损害道德感和社会秩序。但是否有证据能排除科学中的某些说法呢？

我对没有达尔文的世界感兴趣，因为我希望能用历史来推翻自然选择理论推动了各种形式社会达尔文主义的说法。没有达尔文的《物种起源》，世界一样会经历几乎所有我们历史上的社会与文化发展。种族主义和各种个人意识形态以及国家斗争也都一样会如火如荼，一样会从与进化论相反的非达尔文主义中寻找科学依据。这不仅仅是猜想，因为真实世界中达尔文的反对者都曾积极支持我们现在大多数人很讨厌的意识形态。只是科学无法再承受这种负担，被一些人作为推动整个社会运动的武器——恰恰相反，科学身处社会的洪流中，处处受其影响。在没有达尔文的世界里，恐惧仍然存在，但不会有批评者赋予自然选择理论恶贯满盈的骂名，因为它发展得太晚，已经失去了重要作用。我们需要深度思考引发多种意识形态更广范围的文化撕裂，而不是让无辜的达尔文做替罪羊。

假设存在另一个世界，其中某些关键转折点事件发生顺序不同的做法叫历史的反事实推理。虽然军事历史学家有时候喜欢讲述一场主要战役发生的时候看似不起眼，事后却成为决定胜败的关键事件，但这个话题在历史学家中间备受争议。批评家则不以为然，某种程度上是因为小说家有时候将故事置于另一个背景下，这就强调了反事实推理历史需要极丰富的想象力。还有几个历史思想流派认为事件的发展是由支配个人行动的内在倾向事先决定的。在这些体系中不存在能够更改历史轨迹的节点。虽然我承认，因为存在更广泛的文化趋势，即使没有达尔文的理论也会出现社会达尔文主义，但我想探索的是如果没有达尔文，19 世纪晚期就不会出现自然选择理论的可能性。

反事实推理的方法与科学历史也是背道而驰的。科学方法是为架构出对真实世界更为详尽的理解提供了一个万无一失的指导。科学可能会沿着我们看不见的路径前进，这一点似乎损害了它的客观性。如果另一种科学是合理的，我们的理论猜想的本质和过程如何与现实的本质对等？但我们至少可以想象在科学发展的某个点上，研究人员面对另一种进步的可能性，特别是如果最后是殊途同归的结局。认为没有达尔文也可能出现进化论并不是否认科学的客观性，不过它的确加深了我们对科学知识本质的思考。

反事实推理和历史

只有视事件发生的顺序在某种程度上是开放式和随机的，反事实推理的历史才有意义。也许有些趋势是必然的，但还有一些节点可以生出其他顺序。有时候转折点是一个在当时看来具有重大意义的重要决定。还有的时候一件非常不起眼的小事就会引发一系列预料不到的结果，最后产生了完全不同的未来。

瓦德·摩尔（Ward Moore）1955 年写的小说《带来欢乐》（*Bring the Jubilee*）让我第一次对反事实推理产生了兴趣。书中有一位来自另一个世界的历史学家，因为在另一个世界里南部联盟军赢得了葛底斯堡之战（Gettysburg）并获得了独立，于是他发明了一台时光机器要去亲自研究这场战役。他努力潜伏藏匿，但被一群向第二天的战场前进的联盟军士兵发现了。他们以为历史学家是间谍，惊慌失措后便往回返。接着历史学家惊恐地看到战场上发生的事与他所知道的完全不同。联盟军没有占领要塞圆顶山（Round Tops），而是任由北方联邦军占领山头，充分利用地势赢得战争。他被困在了一个完全不同的世界，接下来所发生的事件顺序与他的记忆大相径庭。

这个例子里面就是一个反事实推理的世界，看起来只是一件微不足道的小事影响了一些普通人，但在一个目睹了连锁反应的旁观者眼中则变成了重大事件。再举一个英国读者较熟悉的例子：假设1940年德国空军赢得了大不列颠之战，纳粹成功入侵了英国。我们知道1940年9月有一个关键点，皇家空军几乎被摧毁，因为飞机场遭到严重轰炸，很多飞机都不能使用。此时皇家空军对柏林进行了小规模的空袭，导致希特勒因为赌气而把注意力转移到了伦敦。对伦敦的闪电式空袭毁掉了整个伦敦——但皇家空军却得以喘息，重建了机场，恢复了飞行，最终打败了德国空军，通过自己高超的空中战斗能力使得纳粹的入侵成为泡影。希特勒的决定改变了战争的轨迹：如果当初继续空袭皇家空军，德国人一定能够控制空中战场，也许最后就能成功入侵英国。这个例子中的触发点不是一件结局出乎意料的小事，而是一个关键人物做出的一个决定，在当时看来具有重要意义（虽然最初并未看出它的全局意义）。

达尔文历史的转折点差不多就落在以上两个极端情况之间。达尔文的确是个关键人物，没有他自然选择就不会是现在这样。但假设他当时从小猎犬号上落水，他的死——虽然是个人的悲剧——在当时并没有太大的意义。谁都没法猜测这位年轻的自然学家会越来越成熟，他的想法可以挑战世界。有些事件的结果很难预料，其重要性只有在事后才能看出来。大部分决定和事件都淹没在大趋势的洪流中，根本无法更改。但反事实推理需要识别节点，只有在极少的情况下才能合理假设其他可能性，因而改变整个历史的轨迹。

为了确保我设想的没有达尔文的世界合情合理，我必须捍卫反事实推理历史的方法，反驳那些认为此方法本质上有缺陷的批评者：历史已经发生了，想象其他世界没有意义。但为什么没有意义？是因为我们不该浪费时间虚拟想象，还是因为其他世界的说法违背了我们所知道的历史进程？反事实推理者推崇历史的偶然性，反对那些将一切归于因果关系或既定趋势的观点。人们必须证明想象另一个世界的发展不只是室内游戏。可以通过识别触发事件及其后果的方式来证明，因为它们有助于我们理解历史上真正重要的因素，那些我们都已经司空见惯的因素。小说家搭建了一个其他世界，为故事提供了生动的背景。但是历史学家要证明识别节点及其引发的其他事件能帮助我们探索这个世界的本源。

历史学家卡尔（E.H.Carr）反对反事实推理，坚持认为历史是记载已发生的事，担心过多假设是浪费时间。这种观点是对历史的因果关系完全不感兴趣，将历史简单地视为记录事实。它还忽视了反事实推理在日常生活中的作用——要想知道我们的行动会导致什么后果，有一个方法就是假设其他选择会怎么样。律师也经常使用反事实推理的方法求证当事人和证人的责任。被指控者是否意识到自己的行为可能导致的后果？一种验证方法就是问他们是否想过不这样做会怎么样。如果我们可以想象其他决定对日常生活的影响但不将这个方法扩展到历史领域，这就很奇怪，因为历史毕竟也是个人行为的共同产物。哲学家贝奈戴托·克罗齐（Benedetto Croce）也认为建构反事实推理的世界“太烦琐，无法持续”，但他承认我们每天都在用这个方法，而且可以用它来识别哪些历史事件是关键转折点。[①]

历史中的决定论

克罗齐想捍卫个人在历史中的地位，但大部分反事实推理的批评者认为另一种历史是不可能的，因为事件发生的顺序早就决定了。历史不会在哪个节点突然转换进程，因为世界受到限制，只能按照事先决定的方向展开。这个方向可能是严格的社会或文化进化法则的产物，或者它最终的目标是深刻的道德意义。无论是哪种方式，个人的决定都不会起任何作用，任何行动都不会引起一系列出乎意料的事件。托尔斯泰的《战争与和平》认为我们不能将法国入侵俄国归咎于拿破仑，这就是以上观点的一个经典表现。法国注定要掀起帝国扩张的潮流，如果世上没有拿破仑，也会有别人做皇帝，做出同样的决定。托尔斯泰针对的是历史伟人论，该理论认为具有重要意义的事件是由于具有极高天赋的人由于个人意愿引起的。我承认这个历史学派的不足之处，不打算将达尔文视为仅凭个人意志就推动世界的伟人。他的重要观点来自独特的兴趣组合，他因此看到了当时其他人没有看到的关系。

伟人的形象与托马斯·卡莱尔（Thomas Carlyle）的历史作品有关，他认为这样的人是造物者派来改造世界的。因此伟人论可能会

---

① 克罗齐，《历史的“必要性”》（*“Necessity” in History*），选自《哲学，诗歌历史》（*Philosophy, Poetry History*），557—561 页。卡尔的《历史是什么？》（*What is History*）（2002 年版）包括了理查德·埃文斯一个有用的介绍。我对历史学家对反事实推理的反应的讨论归功于尼阿尔·弗古森（Niall Ferguson）在他编辑的《虚拟历史》（*Virtual History*）的介绍部分。见霍桑（Hawthorn）的《合理的世界》（*Plausible Worlds*）。历史学家其他的反事实推理的作品包括考利的《如果……会怎么样？》（*What If ?*）和《再如果……会怎样？》（*More What If ?*），罗伯茨的《其他可能的情况》（*What Might Have Been*）和斯诺曼的《如果我是这样》（*If I had Been*）。

被理解为与反事实推理理论无关，因为一个伟人只是在完成神的意志，推动事件朝着预先安排好的结局发展。他只不过是历史必然性向世界施加自己目的的工具。反事实推理如果成立，拿破仑或希特勒这样的领导者必须能够做出无法被预见的特殊决定。

理想主义者将历史视为神的计划，并不需要伟人来完成。他们经常采取一种不以伟人为中心的方法，将宇宙视为通过内在倾向或按照预设发展阶段的顺序来达成目标。我们都以自己的方式参与整个过程，无论意识能否感知，个体做出的决定和从事的活动加起来就会达到下一步，朝向最终的目标。这是黑格尔及其追随者的立场，这一立场因为迈克尔·奥克肖特（Michael Oakeshott）等思想家的影响而反映到现代世界。

马克思完全颠覆了黑格尔的历史哲学——但是保留了它蕴含的决定论。E.H. 卡尔真正反对反事实推理的观点就是受到了马克思主义的启发，他和历史学家 E.P. 汤普森（E. P. Thompson）都持有这种思想。在马克思主义者看来，社会进步的法则——现在由经济力量推动，而不是精神力量——通过一系列以无产阶级最终胜利为目标的状态确保社会的进步。理想主义和马克思主义因此都反对历史有可能是开放式的，不可预见的，不过在预设的轨道上是什么力量约束个人的活动，他们对此持不同观点。

矛盾的是，具有同样意义的预设发展轨迹理论是受亚当·斯密的启发。亚当·斯密以及他的经济学同僚所认为的人类活动由一只“看不见的手”操控着，肯定了个人做出的最符合自身利益的决定总是能进一步推动社会的发展，达到更高层次的效率和公正。19 世纪的自由主义者就像极力推崇个人价值观一样，用这个模型展示现代社会就是一个固定历史趋势的终点。社会的进化有一个预设顺序，从依靠狩猎和采集生活的社会到农业封建主义，最后达到自由企业制度的资本主义。在人类学家和考古学家看来，这种看待人类历史的观点在达尔文时代提供了一个宇宙进化论模型。现代人类学家虽然摒弃了预设进化论的说法，但仍在强调个人行为是由于其所处文化决定的。

所有这些预设历史发展体系似乎都在挑战我们的自由意志。如果连伟大的领袖都无法做出改变事件预设轨迹的决定，那我们做的任何选择还有何意义？我不是特别关心自由意志的哲学问题，因为我认为所有历史模型都可以用于我们个人生活中的选择。我们的决定影响我自己的生活，但是决定论者认为长期来讲个人的行为会互相抵消或自我修正，社会作为一个整体会朝一个可以预计的方向发展。人们最多只能加速或延迟必然的改变，这就是为什么马克思主义者成为了革命者。就连卡尔后来也承认，如果列宁没有死，俄国的现代化就会继续，不会出现残酷的斯大林统治时期。但作为决定论者，他认为当时当地的经济改变是必然的。将这个模型运用到内战的例子上，就算联盟军没有占领葛底斯堡的圆顶山，也会有另一个军队完成这个任务，因为整个事件的模式是不变的。

偶然事件和反事实推理

这时候支持反事实推理的人不禁会问，为什么另一方的军队不能首先到达圆顶山，由此改变整场战役的进程？先不说穿梭时空的人，细微影响引起重大结果在某些情况下的确发生过，特别是重要事件的前奏，比如说各种战役。罗伯特·索伯尔（Robert Sobel）写了一本关于美国独立战争中英国战败的书，其书名让我们想起了一句著名谚语："钉子缺，蹄铁卸；蹄铁卸，战马蹶；战马蹶，战事折……"[①]

---

① 索伯尔，《缺了一颗钉子》（*For Want of a Nail*）。

强调偶然事件在历史上的作用与进化生物学认为地球生命的进化不可预知的观点如出一辙。史蒂芬·杰伊·古尔德（Stephen Jay Gould）曾做出著名论断，如果我们能够回到“寒武纪爆发时期”（主要动物种类最早出现时），将进化历史倒带，有可能结局会大不一样，像人类一样的生物可能根本不会出现。这个论断让人想起了达尔文的观点，他说如果我们考虑引起进化改变的各种因素之间互相作用的复杂关系，经常能得出不同的结局。举一个明显的例子，一个新物种之所以能够入侵一片新领域可能是因为反常的气象事件暂时打通了地理上的障碍（想想南美洲的动物是怎么跑到加拉帕戈斯群岛的）。一个有许多独立的因果链互动的体系总是容易受到现代混沌理论所谓的“蝴蝶效应”影响——即一只蝴蝶扇动一下翅膀会引起大气层发生一系列事件，最终导致一场飓风。[①]

在进化论面前，古尔德的断言受到了西蒙·康威·莫里斯（Simon Conway Morris）的反对，他认为达尔文进化论的开放式结局是个假象。有一些自然限制能够确保通过不同路径达到同样的结果，屡试不爽——莫里斯也同意地球上无论如何都会出现人类的观点。[②] 虽然有许多关于进化趋同的例子，但也有探索其他途径进化的例子。比如说澳大利亚缺少胎盘哺乳动物，但唯独这里有以袋鼠为代表的有袋目哺乳动物。

蝴蝶效应的逻辑不仅威胁历史趋势的说法，而且威胁到了传统的物质决定论。正如18世纪的法国科学家皮埃尔-西蒙·拉普拉斯（Pierre-Simon Laplace）所说，如果万物之始符合物理学法则的原子集合，全知的观察家就能预知后事，即使看似微不足道的小事也会引起

---

① 古尔德，《美好的生命》（*Beautiful Life*）。关于蝴蝶效应，见罗伦茨（Lorenz）的《混沌的本质》（*The Essence of Chaos*）。

② 莫里斯，《生命的答案》（*Life's Solutions*）。

重大发展。混沌理论与现代物理学的多方面相结合，对这种决定论的古老形式是否有效提出质疑。我们能否将宇宙视为一个完全预设的体系已经不再明朗了。有些哲学家和神学家将这片灰色地带视为重新宣传自由意志理念的机会，因此我们现在的立场是接受偶然事件通过关键人物的行为和看似微小事件引发意外结局的方式发挥着作用。

我认为反事实推理的实用性不会因为严谨的决定论而被否定，只要还保留着开放式结局，即历史的发展并没有清楚定义的进程。也许全能的观察家能够预计蝴蝶翅膀或者 1940 年希特勒向德国空军下达命令时脑神经细胞燃烧导致的效果。但是——克罗齐也承认——意识到某些事件是关键转折点可以帮助我们思考影响任何历史或进化结果的因素。即使我们不相信会出现另一个宇宙，了解产生我们这个世界的事件发生顺序实际上很容易被打破也有用，因为它可以挑战墨守成规。当然为了有效打破传统，其他的可能性必须有一定的道理，这就强迫我们重新思考关于事物必然发生所做的假设。

一直以来都有一群历史学家在跟历史决定论的拥护者唱反调，他们想利用存在其他情况的可能性来理解影响我们这个世界的诸多事件。温斯顿 · 丘吉尔（Winston Churchill）离任的时候绝不是一般的历史学家，他在一本 1932 年出版的名为《如果历史是这样》（*If it Had Happened Otherwise*）的文集中收录了他写的一篇文章，说的是美国内战中联盟军如果获胜会怎样。G.M. 特里威廉（G.M.Trevelyan）曾想象一个拿破仑赢得滑铁卢之战的世界（如果普鲁士人晚到几个小时就真有可能了）。[1] 最近罗伯特 · 索伯尔提出如果不是伯戈因（Burgoyne）的军队供给出现问题，英国可能会在萨拉托加（Saratoga）战役中取胜。也许对反事实推理技巧最经典的运用是

① 两篇文章都选自斯奎尔（Squire）的《如果历史是这样》。

罗伯特·弗戈尔（Robert Fogel）认为铁路的出现并没有像人们所说的那样给美国经济发展造成了重要影响。弗戈尔利用经济数据说明即使使用古老的运河等交通系统，发展速度也会一样快。弗戈尔详细的经济数据分析发挥了关键作用，它使人们不再相信铁路对进步至关重要的假设。[①]

弗戈尔没有给出具有说服力的原因，说明铁路为什么可能不会出现；运河的确可以有效运输货物，但铁路也会提供快速的运输能力。大部分反事实论断的焦点是识别关键的转折点，对于另一个宇宙的演变细节并不关注。列出主要的不同点是一回事，但接下来给出一个具有说服力的故事，描述事情发生的经过，这要难得多。这种事经常是想象力脱缰的结果，所以一般都是小说家讲述另一个宇宙发生的精彩故事。这种学派的经典作品包括瓦德·摩尔（Ward Moore）关于联盟军在内战中取得胜利的故事，以及两篇关于纳粹德国赢得二战的世界的描写，罗伯特·哈里斯（Robert Harris）的《祖国》（*Fatherland*）和菲利普 K. 迪克（Philip K. Dick）的《高堡奇人》（*Man in the High Castle*）。与我的主题相近的有威廉姆·吉布森（William Gibson）和布鲁斯·斯特林（Bruce Sterling）的《差分机》（*The Difference Engine*），以维多利亚时期的英国为背景，工业家利用蒸汽驱动的电脑统治了英国。这里我们又遇到了技术革新引领的方向与现实不同的话题。也许这个相似点将我们指向了一个理解反事实推理的实用模型，同时不要忘记新技术对我们的社会及文化的发展产生的巨大影响。

关于技术革新的要点是它可能非常有竞争力。发明家和工业家都在不断研发新的机器和技术，以便在市场上赢得一席之地。他们

① 弗戈尔，《铁路和美国经济增长》。

不仅要打败古老的技术，同时还要对抗可以发挥同样作用或者将公众的兴趣吸引走的竞争对手。蒸汽机船的建造者试图代替帆船，发电厂试图代替煤油作为照明和动力的来源，导致了这样的竞争环境层出不穷。而电力行业内部直流电和交流电的供应业存在激烈的竞争。①

在所有这些情况下，历史学家研究得越深入，结果就会显得越偶然。我们以为眼前的发展就是明显高级的技术代替低效竞争者导致的必然结果。但替代发生的时候人们看不到这点，因为竞争能够达到微妙的平衡，回头看是看不到的。在这些情况下很容易认为一件事—— 一个发明家或商人的死，引起负面反响的事故——可以影响结果。拥有不同技术的另一个世界没有想象中合理，因为技术革新和实施的过程要经过无数竞争，每一次都会有许多可能的结果。

反事实推理和科学

可以作为引进新技术的合理解释是否能用于科学发现？这里我们遇到了一个新的问题，源自所谓的科学知识现实主义观点。如果科学一直致力于对自然真面目更为深入精确的了解，发现怎么会有其他顺序？我在宣讲《如果没有达尔文》的论文时，总是有人指责我支持那些反对科学的客观性、认为科学知识是社会建构的人。科学发现是必然的，因为科学创造了这个世界真正的知识。因为能研究的只有一个世界，揭示秘密的也只有一个办法。对于那些将科学历史视为一系列关于真相本质发现的人来说，科学可能有其他方式发展的说法似乎很荒谬。它意味着理论是人类建构的产物，在现实

---

① 见马斯顿（Marsdon）和史密斯的《工程帝国》（*Engineering Empire*），第三章（关于蒸汽机船）；古德（Gooday）的《控制电》（*Domesticating Electricity*）。

世界没有根基。

这个问题很关键，因为在最近一直扰乱学术界的科学之争里，人们对科学知识的有效性进行了热烈讨论。科学家认为批评家——后现代知识分子和科学社会主义者——把科学知识的成功归功于华丽的辞藻，试图以此破坏其崇高地位。批评家们认为科学理论并没有描绘出真实的世界，而是呈现出一时流行的才智的流沙。科学家们当然反对这种说法，并指出大量工程奇迹的设计和建构都使用了他们的成果，而现代世界却习以为常。如果科学的至高地位只是建立在纸上谈兵的基础上，怎么会有人敢乘坐根据科学原理设计的飞机？也许有一些后现代知识分子认为科学专著的成功是因为它们受到追捧，而不是因为提供了关于真实世界的信息。但是很少有科学社会主义者否认科学理论的作用是再现自然。他们相信乘坐飞机安全，是因为知道技术专家小组只有成功左右真实世界才能证明其具有科学技能。但是能让机器运转起来不代表其背后的理论是直接从自然复制的蓝图。如果我们视理论为世界的模型，而不是绝对意义上的真理，那么就不会认为新发现的产生一定只有一条路了。[①]

将理论作为模型

即使是现实主义者也要承认由于大自然的复杂性，用其他方式去理解它是有可能的。任何理论都无法完整描述自然运作的方式，因此其他再现一部分现实的方式最后都将是无效的。在每个科学探索领域都可能存在推动研究向前的其他策略。每种策略都兼具优缺点，用在

---

① 限于篇幅无法详细介绍科学之争。想要了解科学家对后现代主义者攻击的反驳，见格罗斯（Gross）和莱维特（Levitt）的《更高迷信》（*Higher Superstition*）。这里引用的版本介绍了对阿兰·索卡尔（Alan Sokal）广泛宣扬的骗局文章的评论，对现代物理学提供了毫无意义的评论。

某些领域适合描述现实，在另一些领域则不那么准确。一些偶然性因素，包括技术有望出现副产品，都可能决定哪种路径更可行。

如果我们对现实主义不那么执着，就会更容易发现其他自然建模的方法。理论是人类想象力的产物，这意味着在理解新的研究领域方面一定存在某种灵活性。这并不意味着科学家只是在胡编乱造，因为每一步他们的模型都要比对手的更能够解释已知现象，预测可能发生的事。当然，与竞争的技术一样，一开始很难看出哪种模型会成功。一旦一个理论得到了支持，它便开始定义哪个话题相关，哪个领域的研究最经得起推敲，抢尽对手的风头。用科学哲学的专业术语说，观察"充满理论"。竞争理论鼓励不同的研究方法和技巧。有一些可能推动研究，先入为主的理论有可能决定了科学界的未来发展模式。

由于对托马斯·库恩（Thomas Kuhn）的《科学革命的结构》（*Structure of Scientific Revolutions*）存在争议，历史学家倾向于视理论为对自然的各种对立概念化。他们还必须接受一个事实，即如今被否定的模型其实在过去完全能够促进有效的研究，因为库恩所认为的革命是根据新的世界观从一个有效的研究项目向另一个有效的研究项目的过渡。所有研究项目不管多成功，最后都会气数殆尽，有关的科学也会进入危机状态，而有创新意识的思想家会寻找新的基础，进行进一步的研究。这时候库恩似乎有一些关于对立假设的想法，认为它们试图替代科学界的想象力。支持历史决定论的人一定认为这种竞争的结果已经预先决定了——推动进步的只有一种可能性。反事实推理者认为存在几个对立面能有效地发挥作用，偶然事件可能会影响辩论结果。

但是现实主义者—决定论者认为，主流理论取得实践成功当然不是偶然的。新的理论之所以取得胜利是因为它们更准确地呈现了现实，因此能通过更多实验性测试。采用这种论证方式的一个例子就是基因学。这门科学从植物培育到最近的医疗技术实践都取得了巨大的成功，一定说明大自然中的确存在相当于基因的事物。如果科学对基因模型视而不见，它就会停止前进。李森科（Lysenko）事件引发的灾难——苏联俄国采用了非基因遗传学理论，因为它符合马克思主义——说明基因的概念是真正理解生物学的关键。但是历史学家格雷戈·拉迪克（Greg Radick）指出基因学的成功以及李森科理论的失败不再被视为必然。实际上如果有人问："自然界真的有相当于基因的事物吗？"同时用传统方式将"基因"定义为无论环境如何，都会使一种有机体明确产生某种特征的染色体，那么答案一定是大自然没有这种事物。大众媒体仍然在积极宣传这种理念，但是它已经消失在生物学研究层面了，取而代之的是关于基因活动的一些不同概念，其意义完全不同。[①]

从这个角度看，最初简化版的基因学所取得的成功不再看似必然了。拉迪克介绍说，1900 年左右的确存在一种对立理论，它有可能通过关注基因学忽视的问题建立一个稳固的研究基础。但是它的鼻祖，生物学家 W.F.R. 威尔顿 1906 年意外去世，基因学科学家因此没有遇到任何障碍。这是一个偶然事件打破平衡的例子，一个理论得以发展，另一个可以与之抗衡的理论销声匿迹，对于未来科学的发展具有重大意义。

但是另一种可能性的存在在当时是否合理？哲学家凯尔·斯坦福（Kyle Stanford）认为原则上讲任何理论都可能在任何时候发展出来——这是未被承认的其他理论遭遇的问题。[②] 他似乎认为在牛顿时期就有人想出了相对论法则，让我们担心牛顿的理论当时其实更落后。但是任何历史学家都不会接受这样的说法，这样不合时宜的想

---

① 拉迪克，《其他历史学，其他生物学》（*Other Histories, Other Biologies*）。

② 斯坦福（Stanford），《超出我们的掌控》（*Exceeding Our Grasp*）。

法无法进入科学对话的范围。我们知道科学家的思想受到知识和技术的限制，以及他们所处文化和社会规范的束缚。只不过 17 世纪的时候，没有理由会有人提出与爱因斯坦思想相关的问题。问题是上面这些限制和束缚是否真的那么僵化，使得科学只能沿着一条合理的道路前进？还是很松懈（至少是有时候），使得对立的概念出现并经过测试？决定论者持前一种立场，反事实推理者持后一种立场。

合理性与反事实推理

质疑反事实推理可行性的哲学家和历史学家所担心的是，提出对立假设非常容易，但是验证当时提出这些假设会得到认真对待则太难。任何其他理论都必须与现实大相径庭，才能将科学彻底转向一个新的发展轨迹，同时又不能差得太多，才能抵抗住既定事实和大众文化施加的压力从而被接受。许多人认为这些压力之大，使得无论科学家个体处于什么情况下，结果都是差不多的。正如历史学家约翰·亨利（John Henry）所说，17 世纪对自然的机械模型和数学模型极度渴望，即使没有牛顿打下基础，也会有类似牛顿理论的学说产生。[①]

我并不反对科学进程中时时刻刻受到限制的说法。在我看来，根据科学发现和文化发展提供的线索，没有达尔文的世界在 19 世纪

---

① 亨利，《意识形态，不可避免性和科学革命》（*Ideology, Inevitability, and the Scientific Revolution*），期刊《伊希斯》（Isis）中有一个部分专门用来讨论科学历史反事实推理。其中包括对我自己对《达尔文搅乱了什么》（*What Darwin Disturbed*）这本书的论点简要的概述，以及格雷戈·拉迪克为《为什么说如果？》（*Why What If?*）写的宝贵介绍。还有另外两篇论文也提供了深刻的贡献：弗兰奇（French）的《科学过去的真实可能性》（*Genuine Possibilities of the Scientific Past*）和福勒（Fuller）的《规范化转变》（*The Normative Turn*）。对于其他关于科学历史随机发生可能性的讨论，参阅阿拉巴茨斯（Alabatzis）的《科学历史中的起因和随机事件》（*Causes and Contingencies in the History of Science*）；以及海金（Hacking）的《什么的社会建构？》（*The Social Construction of What?*），特别参阅第三章。

末也会出现某种形式的进化论。就是因为大的趋势推动人们走向进化论，我们才能合理想象没有达尔文也会出现一般的进化论。合理性是贬低反事实推理方法的人发现的关键问题。经常发生的情况是，一旦考虑更广泛的情况，任何替代理论都会变得根本不可能成功。也许自然选择这个例子太特别，因为很难找出发展另一种理论的可能性，争议存在了几十年，到了后来才被整个科学界接受。这个例子里我们明确知道替代理论是什么，我们知道它们也能发展，因为这些理论在当时得到广泛接受的同时，自然选择理论还备受质疑。

想象没有达尔文的理论会如何是有价值的，因为我们能从所在世界获得足够的证据证明替代理论能发挥同样作用，甚至比弗戈尔美国铁路的例子能获得的证据还多。至少在这个例子里，可以用确凿的事实来证明反事实推理世界存在的合理性。达尔文的这个例子是否独一无二，就交给其他科学家研究了。如果想象一个没有达尔文理论的世界能强迫我们重新审视理论和我们原以为无法逃脱的深远发展之间的联系，这样做就是有价值的。我们的许多知识也许是历史偶然事件的产物，而不是我们世界观的内在理论框架。不再假设事物发展一定按照固有模式，我们被迫更加认真地考虑它们为什么会演变成最后的结果。

有人认为科学家们的研究受到许多因素的严格限制，这些限制因素完全决定了发展轨迹，同时提出了包括实证和社会因素在内的一系列因素。有的决定论者认为一切都由科学发现的逻辑形成，关于宇宙真实本质的发现无不包含这种逻辑。比如说，根据天文学和机械理论的发展，即使牛顿没有发现牛顿定律也会有其他人发现的。根据细胞学和植物培育方面的发展，即使没有孟德尔灵光一现，基因的概念也会出现。但是这种实证主义科学却将方向相反、但同样是决定论的立场视为最大的敌人。社会建构论者认为，决定社会进程的不是事实，而是科学家所处的社会先见。牛顿理论是意识形态的产物，这种意识形态将世界模型化成变革社会的机器。基因学的产生是社会希望培育更强大的植物、动物和人而在生物学上对其做出的反应。但决定论者当然不能持两种观点。是什么决定了科学——是事实还是意识形态？如果其中一个是真正的推动力，那么另一个则不具有任何作用，而且决定论有两个互相矛盾的理论基础，这也许是质疑其有效性最好的理由了。我很高兴能拦住想一决雌雄的反对者，因为我相信偶然性，所以觉得这两种影响都可能存在，但每一个都不能一统天下。

达尔文的反事实推理

达尔文理论被广泛视为时代感召下的一个典型例子。我称之为“呼之欲出”理论——自然选择的理念不过是当时人们思考方式的一个自然表达。即使最后说出来的不是达尔文，也会有别人取而代之，后面的事也会照原样发生，只是没有了著名的“达尔文主义”一词。但是自然选择绝对不是19世纪中期思想必然的发明，能够恰好对各方面感兴趣，进而领会到各个要素，只有达尔文做得到。任何人，包括华莱士，都不可能用同样的方式表达这个想法并如此有效地广而告之。

我对“呼之欲出”理论的反驳基于决定论有两种矛盾形式的事实。倾向于实证主义或现实主义观点的科学家认为自然选择理论真实演绎了自然运行的方式，所以只要能获得相关要素，就会有人轻而易举地将它们拼凑起来。社会决定论者称达尔文理论不完善，之所以被接受是因为它是占据竞争优势的维多利亚时期资本主义意识形态的一个延伸。他们认为科学家的思想已经扭曲了，因为科学家看待自然的方式受到了其所处社会价值观的影响。这个立场得到了马克思主义者以及无限制自由企业制度的左翼批评者的支持，他们认为社会达尔文主义是对该问题进行科学思考的真正推动力。宗教批评家给出的思想意识形态解释稍有不同，他们抨击唯物主义是科学家对自然选择理论如此热衷的真正根源。从 T.H. 赫胥黎（T.H. Huxley）到理查德·道金斯（Richard Dawkins），自然选择的"试错法"尤其为那些试图摧毁神统世界的信仰的人所青睐。

社会决定论者对哪一种意识形态产生了这种理论持自相矛盾的观点，这动摇了他们的立场。即使解决了矛盾，决定论者仍然纠结于达尔文主义是社会诱发的幻觉，还是——如科学家所说——对世界的真实描绘。无论如何，该理论都不可能是两种不同影响因素"必然的"产物。然而科学发展的历史上一定会出现某一点——至少是偶尔发生——一个新的想法会出其不意地产生，对后面的发展产生重大影响。如果达尔文在这个问题上有他独特的经历，而且激进的他坚持了一个在当时看来非常疯狂的想法，那我们进入反事实推理历史领域，只是探讨一下如果他 1859 年没有写出《物种起源》会怎样，就是非常值得做的尝试了。

极端反事实推理

我不是第一个认为达尔文改变了科学发展轨道的人，而且有人提出的情景比我要研究的更偏激。在《达尔文的手表》（*Darwin's Watch*）一书中，小说家泰瑞·普莱切特（Terry Pratchett）和科学伙伴们讨论了广为流传的碟形世界（Discworld）系列故事蕴含的一些道理。隐形大学（Unseen University）的巫师一定要确保达尔文上了皇家海军的小猎犬号，因为如果没有，他就会成为国家的教皇，写出一本名为《物种神学》（*The Theology of Species*）的书。这就是说进化只是上帝的杰作，不再需要寻找一个自然解释，因此也就减慢了科学进程，而人类也因为无法面对下一个冰河世纪的挑战而灭绝了。普莱切特承认《物种起源》的确是个转折点，他的反事实推理理论视达尔文为自然选择理论出现的关键人物，这也确实是优点。但他给出的替代宇宙缺乏合理性，因为在我们自己的世界就有许多人在努力宣扬进化是上帝的设计。但是他们获得的成功是有限的，各种各样的自然理论很快取而代之。这里必须要强调各种各样，因为自然选择不是达到更唯物世界观的唯一驱动力。许多生物学家提出其他解释，认为这些解释比自然选择理论更有力，后来导致了所谓的“达尔文主义衰退期”（Eclipse of Darwinism）。

还有一种说法没有普莱切特的那么富有戏剧性，但最后的结论也是一个没有进化论的世界。赫胥黎回忆起他在读《物种起源》之前对待新物种起源问题的态度，说自己对神灵论者和进化论立场都极为不满，差点儿称之为“各家房顶上的灾难”。虽然从思想意识上他更倾向于科学自然论，但认为当时对进化论的解释不太有说服力。达尔文的理论让赫胥黎很兴奋，不仅是因为他觉得很有说服力，还因为该理论说明在这个问题上可以进行合理的假设。赫胥黎对科学进化论的前景持怀疑态度，使得我们可以想象一个与我正在探索的宇宙完全不同的宇宙。他称大部分对该问题进行过慎重思考的自然学者都和自己一样失望——那么如果没有达尔文的贡献，整个科学进化论的出现是否会被完全阻隔？

如果达尔文的首创对于整个进化论课题来说至关重要，那么另外几个大肆宣扬这个想法的人——英国的赫伯特·斯宾塞（Herbert Spencer），德国的厄尼斯特·海克尔（Ernst Haeckel）——为了让科学界认真对待自己非达尔文的想法而付出的努力都白费了。在这样一个世界里，诸如动植物分类学，对比解剖学和胚胎学这样的学科是没法通过寻找共同本源阐述清楚的，而古生物学也只能是个纯粹的描述性学科。这些领域得到的关注可能要少很多，因为它们不会被视为科学进化的一部分。而人们更多关注的是生理学和新生学科生物化学，它们的优势是能够提供实际应用。

我们也可能生活在一个生物医学更快推动卫生保健的发展，但生物学家仍然对人体的历史起源不感兴趣的世界里。即使在我们的世界里也有大量从医者对这个问题不感兴趣——即使不知道身体的起源也可以医治人的身体，这就是为什么医疗界还有许多神灵论者的原因。因此很容易想象一个生物医学繁荣发展，但不存在进化论的世界。毫无疑问有许多人希望我们生活在这样的世界里，不仅是因为可能享受到的医疗保障。

这里说的是生物学历史一个伟大的反事实推理，不仅是根据不同的理论视角，也是基于不同的研究重点。科学家往往喜欢从事自己能产生影响力的领域，如果进化论不是看起来就很吸引人，他们就会把精力放在别处。但这个替代宇宙是合理的反事实推理情景吗？认为没有达尔文科学界就不可能出现进化，这种观点成立的基础是假设赫胥黎表达的怀疑态度在科学界广泛存在。但其实赫胥黎夸大其词，只是为了突出达尔文的开创性理论带来的影响。自然主义者当然不愿意参与 19 世纪 50 年代进化论的发展，但当时人们对奇迹造物的说法也已经不太热衷了。特别是在德国，大部分生物学家怀疑有自然诱因发挥作用，虽然他们没有马上对这些诱因给予判断。人们越来越乐于从进化角度解释化石。到了 19 世纪 50 年代，人们都在思考进化论如何发挥作用，最明显的例子就是斯宾塞热衷于研究达尔文主义前的拉马克理论（获得性遗传）机制。[①] 赫胥黎的

① 拉马克理论认为新习惯造成的动物身体的改变会传递给子女。这个说法在后面几章会详细讨论。

怀疑产生于对拉马克理论的质疑，虽然他对斯宾塞的社会哲学大概持认可态度。但是从这个方面讲他是非同寻常的——虽然达尔文也认可了拉马克理论的一些作用。《物种起源》一书出版后发生在我们世界中的许多事件都说明许多科学家都曾很重视拉马克理论，直到20世纪初期出现的基因学推翻了该理论。如果我们想象在19世纪60年代一个不存在达尔文的世界里坚决推广拉马克理论，赫胥黎可能会不那么坚定，但也有充分理由相信还会有许多科学家受到启发。

非达尔文进化论

我的观点引出了约翰·沃勒（John Waller）一个简短的说法，他认为没有达尔文，其他非达尔文理论会有清晰的脉络，也许会成为建立一个进化世界观的核心，早在任何人给出证明自然选择的有力例证之前就形成了。[①] 在我们的世界里，拉马克理论和其他非自然选择机制主要是为了响应达尔文理论才得到推广，而其他理论都是在随机变化和挣扎的基础上限制了一个理论表象的唯物主义。这些非自然选择理论实际上起源于19世纪早期的猜想，特别是在法国和德国。《物种起源》中关于演变的有力证据让每个人都认真起来，开始更加建设性地思考这个过程是如何进行的。没有《物种起源》一书，几乎不会有人关注华莱士的看法（在很多方面都没有达尔文激进）。进化论在19世纪六七十年代会得到更持续的发展，而拉马克理论也会因为成为适应进化论最有力的解释而得到广泛研究。没有把适应作为进化过程核心的理论更适宜不去深入探讨实际变化的机制，而是专注通过化石和其他证据再建地球上整个生命历史的进化理论框架。直到世纪末人们将兴趣转向遗传学（主要是社会担忧的

① 沃勒（Waller），《进化的内线》（*Evolution's Inside Man*），2005《新科学家》（*New Scientist*）关于反事实推理的特刊中的一篇文章。

结果），非达尔文理论的弱点才得以暴露，为自然选择理论最终出现铺平了道路。

针对反对拉马克理论，认为其他非自然选择理论漏洞百出，无法成为严密的进化论理论基础的人，我有两个回答。首先，这些理论现在已经不像几十年前那样看起来就很荒谬了。进化发育生物学（Evo-Devo）并没有证明拉马克理论，但它激发了人们的兴趣，开始从事对许多与非自然选择论有关领域的研究。我的第二个回答是在19世纪晚期，以获得性遗传学为基础进行了非常扎实的科学研究。在许多领域人们都可以探索趋异进化理念蕴含的意义，不管局部适应机制是拉马克机制还是达尔文机制。因此大量19世纪晚期的科学在自然选择理论尚未占领一席之地时仍然能够向前发展。即使在我们的世界，许多科学家都不同意达尔文专注于将适应力作为推动进化的唯一动力，而这是现代进化发育学重新采用的一个视角。大部分进化论者，特别是拉马克学者，认为胚胎的发育是进化的一个模型，因此将胚胎学作为理解新特征如何出现的一个研究部分。

哥白尼（Copernican）革命提供了一个有趣的对照。地球绕着太阳转的说法是在17世纪中期兴盛起来的，虽然按照我们的标准，当时并没有确凿的物理理论解释行星是如何运动的。在牛顿之前有个理论——笛卡尔的宇宙学，认为行星是在一个精细流体的旋涡中循环。虽然最后证明这个说法是错的，但它却促使整个一代科学家开始探索哥白尼理论的内涵。如果有人还认为非达尔文理论就是错的，可以将其理解为等同于笛卡尔的宇宙学——在当时足以充分利用了进化论的基本理念。但如果我们认识到非达尔文理论的细枝末节重新出现在现代生物学中，情况就更有趣了。最极端的反自然选择理论当然是错的，可以被视为暂时引领科学发展的黑暗之路。但是其背后的视角并不是完全错误的，经过20世纪中期达尔文主义掀起的热潮后又起死回生了。

生物学家开始更多关注遗传机制后，简单拉马克理论的弱点暴露了出来。这时候大概是 1900 年左右，一个叫作“硬”遗传学的理论（不受环境影响的特征传导）几乎肯定会出现，即使没有达尔文理论的启发。社会压力越来越广泛，中产阶级越来越担心被自己视为不适宜的人口肆无忌惮地繁殖。优生学运动如火如荼地开展起来，呼吁限制低能人口以及其他目标群体的繁衍。当时需要一个硬遗传学的理论来削弱改革者的可信度，破坏他们关于更好的条件会改善不适宜人口的说法。个体特征必须被视为早就因为遗传而被迅速决定了，因此可以通过限制生育来消灭。

在我们的世界，基因学最终为硬遗传学提供了必要的理论支持。拉迪克可能是对的，孟德尔的定律并不是这样一种理论出现的唯一基础，不过我还是怀疑可能会出现从单元特征角度思考的趋势，因为许多早期的基因学家都受到了非达尔文进化论关于跳跃式或突跳式进化理论的影响。相信特征是以单元形式出现的意味着它们是以单元形式繁殖的。在我们的宇宙，基因学家只关注单元是如何传导的，并不关心胚胎发育时特征是如何形成的问题。但是在一个没有自然选择理论的世界里，拉马克学者对个体发育的关注可能更根深蒂固。基因学（或者等同于它的学科）有可能会与遗传物质如何形成有机物特征的研究融为一体。基因学决定论可能永远都不会达到我们这个世界的超简化水平，即使在我们最终了解了 DNA 的性质之后。

遗传学研究的发展会对非达尔文理论主导的进化理论产生重大影响。优生学会将自然主义者的注意力（第一次在没有达尔文的世界里）集中到人工选择的重要性上。这会为阻止不适宜群体繁衍的政策（在极端情况下将该群体全部被消灭）提供完美模型。随着拉马克理论开始显得不太合理，自然选择的可能性作为对适应进化论的一种新的解释就出现了。像自然选择基因理论这种东西会在20世纪二三十年代形成，这时候达尔文理论经历了在我们这个世界的萎靡后再次兴盛起来。但是选择理论会被更广泛地运用到个体发育在进化中发挥的作用上，有点类似现代进化发育生物学——但是达到的途径完全不同。

更广泛的问题

非达尔文进化理论架构的出现会对人们如何看待该理论的深远意义产生重大影响。反事实推理方法就是在这个方面影响目前关于进化论意义的争论。整个反事实推理的要点就是挑战基于事物是历史必然性产物假设的价值观和态度。我们假设科学和宗教一定是矛盾的，关于达尔文理论的争论是个重要战场。我们总是听人说社会达尔文主义的邪恶之处在于该理论对19世纪末20世纪初的思想意识形态的影响——否则为什么会使用这个词？探索非达尔文的世界会发现这些假设都不成立。对于19世纪晚期的宗教思想家来说，排除达尔文的理论会产生重大不同，会让进化论的出现不那么具有威胁色彩。但是在社会态度领域，我们应该看到用严酷和不道德的规定来形容达尔文理论是一种误导。无论科学家如何提议那些规定都会出现，而我们所说的“社会达尔文主义”大部分都可以通过进化的对立理论来验证。

认为进化理论的出现可以与宗教信仰毫无矛盾的想法是愚蠢的。人类的祖先是动物这个说法破坏了传统基督教持有的只有人类被赋予了精神特质的观点。任何形式的进化论都是挑战，不管提出的变革机制是什么。这一点在达尔文出版《物种起源》几十年前就已经昭然若揭了，虽然他在书中几乎没有提到人类起源的问题，但这仍然是争论的焦点。但是我们知道 19 世纪 50 年代的自由基督教徒已经变得更愿意接受一个由定律而不是奇迹统治的世界了。他们视进化论为神实施的计划，愿意在人类起源的问题上妥协，只要进化被视为有目的性的循序渐进的过程。达尔文的反对者指出，将一个由随机变化推动的过程和为了生存而残忍厮杀视为上帝的旨意是多么难。越来越多的自由派转向拉马克理论这样的非达尔文理论，因为他们更容易接受是一个智慧仁慈的上帝创造了一个有目的性的进化过程。

自然选择使得进化论的问题更富有争议，因为它将该理论用最唯物的形式表达出来。所以没有达尔文的理论，通向进化论的路会更顺畅。科学自然主义的激进支持者可能会被剥夺他们反对自然是神之技巧这个理念的一个最有力的论证。他们的唯物主义哲学仍然会引起敌意，但是进化论可能在辩论中发挥更不起眼的作用——记住赫胥黎等人可以利用其他科学领域，包括生理学的发展。自由基督教徒会发现用唯物主义定义进化论更容易置保守论断于死地。在我们的世界里，达尔文理论成为一个恶巫，招来它是为了吓跑虔诚的信徒，告诉他们科学是多么容易打碎人的信仰。没有这个符号象征，就连保守的宗教思想家都不会有太多理由担心进化论带来的威胁。到了 19 世纪二三十年代选择理论出现，它的影响力就没那么大了，因为进化论本身不再被视为威胁。当时在美国会出现正统基督教强烈反对现代主义的景象，但正统基督教更没有理由将进化论作为焦点，视它为可疑态度的一种象征。因此没有达尔文的世界这样一个反事实推理让我们得以思考现代争论背后的假设，质问进化论和宗教之间的对立是否是特定历史事件的产物，而不是不可融合的立场之间必然的矛盾。

最后社会达尔文主义怎么办？神灵论者和宣扬智慧设计的人在

设法诋毁达尔文理论时指控是它导致了多个不道德社会政策的出现，包括纳粹试图消灭犹太人的政策。但是大多数被认为与达尔文理论有关的政策和态度即使在一个没有自然选择理论的世界里也会出现。用达尔文之名作为符号来指称这些态度不过是历史的一次意外，并不能说明造成这些态度的是达尔文的理论。达尔文理论曾被用来为许多社会政策辩护，但与其对立的非达尔文理论也可以发挥同样的作用。实际上这样的理论在我们的世界就被用于这个目的。但这些关系都被忘记了，因为达尔文成了所谓攻击传统价值观的替罪羊。只要提到进化，进步或挣扎就会自动联想到达尔文，不管是否与他的理论有直接关系。如果我们可以合理想象同样的态度如何会在非达尔文的世界里找到科学解释，就会暴露出批评达尔文的人将 20 世纪甚至更久以前的罪恶归咎于他是多么大的偏见。

左翼思想家曾将达尔文主义说成是维多利亚时期残酷资本主义的延伸，以此来诋毁它：社会达尔文主义是可能的，因为选择理论其实是基于竞争个人主义意识形态上的。奇怪的是，虽然现在神灵论者采取了达尔文主义是伪科学的立场，但他们中许多人（至少是在美国）却热衷于自由企业意识形态，也就是马克思主义者口中导致达尔文理论的罪魁祸首！他们重新定义了社会达尔文主义，忽视了其与自由资本主义之间最初的联系，将批判的焦点放在该理论宣扬种族主义和军事主义的立场上。考虑到巨大的社会力量在发挥作用，这个立场很难让人信服，一个科学理论如何使得从奴隶主到纳粹期间几代种族主义者，从德意志帝国到纳粹德国的军事主义产生各自的态度。大部分科学家听说自己的想法会对人们的思维方式产生如此大的影响都觉得不可思议——实际上他们总是在抱怨很难将自己的想法传达给广大公众。

要想反驳神灵论者的控诉，真正的证据是产生以上这些态度的根源与“达尔文主义”的兴起毫无关系。在达尔文的书出版之前就已经存在种族主义和军事主义的苗头了，而在我们这个世界的非达尔文进化论（大部分都已被遗忘）说明这些理论同样可以用来解释被叫得过于随意的“社会达尔文主义”。种族阶级的概念早在用进化论解释之前就存在了，就连非达尔文进化论者也可以呼吁“为存在而斗争”。无论我们将“社会达尔文主义”定义为残酷的资本主义还是军事主义，或者种族主义、优生学，它都可以在任何情况下与非达尔文生物学理论关联起来。反事实推理的方法就是证明这一点的最好方法，因为它可以说明在一个没有自然选择理论的世界里，科学是很容易朝着这个方向被滥用的。我们不必盲目假设一说到进步和为存在而斗争就一定是受到达尔文理论的影响，而是应该更加深入地思考科学理论化的复杂性，以及它与更广阔世界之间的关系。

这种观点并不是要为达尔文理论开脱所有的责任。这个理论曾被用来为以上提到的所有政策提供理论支持。而且还可以严肃讨论一下达尔文所描述的残酷大自然的形象激发的那些辞藻是否使得极端主义者更容易为自己对某些个人或群体表现出的冷漠态度辩解。一旦我们意识到他的理论并不是19世纪晚期唯一的进化理论，那么再说这些不公和恐怖都是达尔文理论造成的就成了空洞的假设。进化论从最广义的角度说只是19世纪晚期文化运动的一个用词，后来被与更广阔的社会价值混为一谈也不足为奇。但是当时涉及了多个版本的进化理论，不仅是达尔文的。自然选择并不是进化论产生的最表象的形式，而我想象的没有达尔文的世界会帮助我们理解为什么视达尔文理论为所谓社会达尔文主义的唯一根源不合理。为了反驳这个论点，人们需要建构一个更加奇怪的它宇宙，因为没了一个人和这个人的理论，不仅改变了当时的科学，而且改变了整个社会和文化历史的进程。

2. 达尔文的原创性

反事实推理的进化史可能遭受一个打击，那就是假设 1859 年《物种起源》出版时，自然选择理论还是“呼之欲出”。但是达尔文在《自传》中曾抱怨说他觉得大部分读者都不懂自己的理论。[①] 如果真是这样，很难看出该理论怎么会成为 19 世纪中思想的必要产物。恰恰相反，达尔文的洞察力是兴趣与打破常规独特结合的产物，是由于他与同时代的人在思考这个问题时步调不一致产生的。

“呼之欲出”的说法假设一旦该理论所有的组成部分都可证实，必然会有人将它们正确组合到一起。即使不是达尔文，也会有其他人出现，我们仍然会有选择理论，只不过可能不叫“达尔文主义”了。为了支持这个观点，可能取而代之的思想家中最著名的就是阿尔弗雷德·拉塞尔·华莱士，他在 1858 年写的论文已经被公认为是同时发现这个理论的典型例子。1959 年为了纪念《物种起源》出版一百周年发表了几篇关于正史的文章，作者包括洛伦·艾斯利（Loren Eiseley），约翰 C. 戈雷尼（John C. Greene）和格特鲁德·希梅尔法布（Gertrude HImmelfarb），他们也都提到了以上这个观点。

---

① 达尔文，《自传》，123—124 页。

最近又有一系列著书和文章试图将达尔文赶下神坛，说他并不是该理论的发现者，是因为他的支持者故意否定其他学者的贡献，所以才造就了达尔文的英雄形象。[①]

2009 年围绕着达尔文诞辰两百周年的庆祝活动当然还是赞美他敢于打破传统思想。但是反复地讲他是如何发现这个理论的，只会让人们越来越觉得达尔文的观察在当时其实谁都可能碰上。达尔文只是先于其他人发现了自然选择理论，就像一个明星运动员在赛场上胜过其他人一样，只不过是稍胜人一筹。而反对者总是对传统历史学家紧追猛打，说这个理论根本没那么有原创性。这些庆祝活动能够稳固达尔文作为思想家的原创性自然好，但也可能会加深人们的误解，认为达尔文只不过是把当时大家都知道的信息拼凑在了一起而已。

我的论述要求我反驳这个"呼之欲出"论断，要证明达尔文是真正的原创思想家，《物种起源》这本书在当时没人写得出来（这些是相关，但不完全一样的论断）。关于进化的大概想法在 1859 年之前就已经流行起来了，所以即使没有《物种起源》，在接下来的十年来也会发生向进化论转化的大趋势。但是自然选择的理论及达尔文对它的应用是另一回事。"呼之欲出"的论断基于的假设是当所有部分都可获得，各部分最终必然会按照正确的顺序排好。面对进化的证据摆出的问题，那些认为自然选择是"正确答案"的人也做出了以上的假设；在他们看来，赋予达尔文独一无二的地位威胁到了科学的客观性。但是这两个立场都会受到反事实推理者的挑战。

---

① 艾斯利，《达尔文的世纪》（*Darwin's Century*），第五章；戈雷尼，《亚当之死》（*The Death of Adam*），246 页；希梅尔法布，《达尔文和达尔文主义革命》（*Darwin and Darwinian Revolution*），第 10 章。声称达尔文不是自然选择理论真正的发现者在本章后面会详细说明。

格雷戈·拉迪克用一个问题发现了关键点：自然选择理论是独立于它的历史吗？[①] 换言之，这个理论是一个无关乎社会和文化环境，只要积累了足够证据就能出现的科学知识，还是一个特定环境下的随机产物？反事实推理的立场要求我们将拉迪克问题的后半部分当作答案接受下来，但是还要求我们再进一步。如果我们接受了选择理论的起源与文化孕育不可分割的观点，那我们就远离了它是科学进程中注定出现的立场，但是我们接下来又不得不同意那些认为它是维多利亚时代文化必然产物的人。我的立场基于该理论的科学逻辑是达尔文同时代思想家遥不可及的，但同时也认为自然选择并不是唯一的——甚至不是最显而易见的——将自由企业资本主义思潮转化为科学的方式。

正如达尔文所指出的，《物种起源》是个“漫长的论断”，说他只是把面前零散的拼图拼在了一起，否认他的原创性，真的是太可耻了。这个理论的组成部分也许可以获得，但没有任何其他人能将各部分拼在一起，更别提为这个理论给出一个令人信服的案例了。T.H. 赫胥黎曾写过一段著名的话，他在读《物种起源》时的反应是“没想到这一点真的是太愚蠢了”，但是他又继续指出达尔文是如何通过思考别人都没想到的一些话题来回答关于物种的问题。[②] 自然选择的基本概念一旦被指出来便看似理所当然，其组成部分可能所有人都知道，但达尔文是第一个意识到的，是他在天时地利的情况下将这些组成部分放在一起，在自然历史中掀起一场声势浩大的运动。要注意虽然他热衷于宣传自然选择理论替代超自然造物理论，但就连赫胥黎也没有想到它会完全回答新物种起源的问题。

---

① 拉迪克，《自然选择理论独立于它的历史吗？》

② 赫胥黎，《关于〈物种起源〉的接受度》，179—184 页；达尔文的引用请见《自传》，141 页；同时见迈尔，《一个长论断》（*One Long Argument*）。

阿尔弗雷德·拉塞尔·华莱士也设想出了自然选择的基本概念，不过我们要看到他对其含义的理解完全不同。华莱士还漏掉了达尔文提出的案例一个关键因素，即人工选择和自然选择之间明显的区别。而且两个人绝对不是同时发现的理论，华莱士要比达尔文晚二十年。只要稍加思考就会发现如果没有达尔文，华莱士的进化案例就会不攻自破。如果只是出于纯粹实践的原因，华莱士至少要十年之后才会写出与《物种起源》具有同样权威地位的书，而这个时候其他自然学家可能已经将科学转向完全不同的方向了。

“呼之欲出”的论断解释得太过了，或者说它在两个层次上解释了自然选择的必然性，但这两个层次是背道而驰的。之所以说这个理论会必然出现，是因为科学发现的进程中达尔文（或共同发现者）需要的所有地理学，生物地理学和其他形式的证据都万事俱备了吗？还是因为自然选择理论完美诠释了维多利亚中期资本主义竞争思潮，在当时每个人都知其一二了？卡尔·马克思注意到了这个广泛文化类比，后来马克思主义者坚持说自然选择理论是邪恶的科学，因为它给自然施加了充满意识形态的模型。这个论断的问题是它还被其他自然选择理论的反对者利用，包括不愿意承认自己与马克思主义有任何立场重叠的神灵论者。这样的攻击本来可以更有说服力，只要它的支持者能够认同是哪一种意识形态——唯物主义还是资本主义——迷惑了科学家，使得他们接受了该理论。①

科学与社会层次的因果关系可能一同解释了 19 世纪人们接受进化理论的整体趋势。只有收集到化石和其他根源的证据，使得简单

---

① 关于科学不可避免性的说法比如见德·比尔（De Beer）的《查尔斯·达尔文》（*Charles Darwin*）；迈尔的《一个长论断》。意识形态批评家包括希梅尔法布的《达尔文和达尔文主义革命》；从马克思角度，罗伯特·扬（Robert Young）的《达尔文的比喻》（*Darwin's Metaphor*）；还有造物论者魏卡特的《从达尔文到希特勒》（*From Darwin to Hitler*）。注意现代右翼批评家如何将社会达尔文主义的定义从残酷的资本主义转为种族主义和军事主义。这些问题在第八章会更加完整地讨论。

的神灵造物论显得不合理，这个理论才会形成。而西方文化整体存在更加热衷于唯物主义视角和进步论的大趋势，这两个都是帮助支持生物学进化论的关键因素。迈克尔·鲁斯（Michael Ruse）认为进化理论通向成名的路上一直都背负着作为进步论延伸的名声。[①] 但一到解释选择理论的出现，它是否“呼之欲出”的问题在科学的必然性和文化的必然性之间制造了一种紧张关系。科学应该是国际性的，一个成功的理论怎么可能是只在一个或几个国家占主导地位的意识形态的产物？

实际上，历史学家早就放弃了科学在所有文化中影响力都一样的观点。在我们的世界，进化论的发展就充分说明了这点，特别是我们注意到不同国家对达尔文理论的接受程度完全不同。科学提供了必要的背景信息，但是理论形成所需要的理论构建类比或模型在某个文化比在其他文化中更容易获得。英国科学家要比同时代的德国或法国科学家更容易理解马尔萨斯（Malthus）的人口论和动物育种家的著述。他们也更容易思考基于自由企业个人主义的模型，特别是和达尔文一样的中上层阶级的人。但如果自然选择——如马克思主义者所说——只是资本主义意识形态对自然的投射，为什么达尔文会认为读者们很难理解他的理论，为什么其他像赫伯特·斯宾塞这样的思想家在读《物种起源》前后对待托马斯·马尔萨斯理论的态度也不同？这种反达尔文理论的立场认为选择理论是邪恶科学，只有沉迷于自由企业意识形态的社会才会接受。如今几乎没有人会接受这样的观点，但我们发现很难相信维多利亚中期的英国不是每个人都和达尔文有同样的文化背景。同时并不是每个人都意识到选择理论并不是唯一利用该背景作为一个科学理论模型的方式。一旦意识到这些复杂性，就可以更加合理地判定达尔文的作品及其影响

① 鲁斯，《从单子到人》（*Monad to Man*）。

力的确是独一无二的。

如果我们开始领会到达尔文的理论——虽然有许多优点——可能并没有给我们完全记录下地球上生命的发展，那么情况就变得更复杂了。对于20世纪六七十年代的历史学家（也是我刚刚进入这个领域的时候），达尔文理论取得的科学成功使得其他视角都成了死胡同，生物学家暴露出这些视角缺少实践支持，因此它们都遭到了一致排斥。但其实这些非达尔文视角有些并没有非达尔文主义者想的那么有误导性。现代进化发育生物学鼓励我们不要视达尔文理论是错的，而是它有可能没把完整的故事说出来。它的有些"新"视角与曾经差点儿替代达尔文的理论惊人地相似。那些话题的确鼓励了生物学家探索一些死胡同，但它们也包含了达尔文及其同伴为了确保自己的理论占主导地位而边缘化的一些重要观点的线索。如果接受更平衡的进化发育生物学视角，理解达尔文如何以及为什么想出了专属他的进化论版本就更加重要了。

达尔文理论的核心，第一部分：生命树

达尔文成功是因为他将理论作为一种解释工具的同时还作为一种修辞方式。否认其原创性的人断章取义，关注的是自然选择非常基本的定义，还有出版界优先权的现代规范（现在毫无例外都是期刊文章）。但仅仅是窥见了新理念的基础还不够；为了成为真正的发现者，你一定要说服同僚们重视你的理论。将选择理论简化成框架，包含用随机变量试错的想法，有可能会找到在达尔文之前发表该理论的其他候选人。但是《物种起源》推出的理论远远不只是个框架——实际上，如果想对科学家的想法有重要影响，它必须要有更多内容。达尔文不仅给理论框架充实了许多运作细节，通过与人

工选择有效类比来解释，还将之嵌入了一个改革整个生物学的综合性理论。甚至在发现选择机制之前他就已经想出了如何改变我们对自然世界的理解，视物种为在地域多样性和地质不稳定的世界中由种群适应环境推动的一个像树一样分叉过程的产物。他用接下来的二十年探索选择过程的细节以及将之视为唯一，或者至少是主要进化机制的意义。为了理解为什么《物种起源》如此有效，我们必须领悟达尔文如何思考并表达他的理论作为解释工具而发挥作用的各个层面。[①]

我们在探索达尔文理论如何发挥作用时，会明显发现达尔文本人是唯一能用足够细节描述所有相关话题，强迫同僚重新思考进化问题的自然学家。自然选择理论的发现只是他掀起一场重大理论革命，从不同层面改变自然历史（我们也可称之为生物学）的世界观而付出努力的一部分。他如何将与动物育种家合作时产生的对变量和选择的看法与马尔萨斯的人口扩张理论相结合从而创造出自然选择理论，了解这点当然很重要。但这些创新之所以重要，只是因为它们可以用一种新的世界观表达出来，而达尔文从理论猜想一开始就形成了这样的世界观。达尔文一直在寻找像自然选择一样的机制，因为他已经意识到进化必须被视为一个分叉发展的过程，物种可能会消亡或分裂，孕育出几个后代物种。一旦进化被主要视为一个物种适应所处环境的过程，物种可能会因为地理障碍而分割的可能性马上会引出分叉树进化模型。自然选择只是用来回答这个问题，适应的过程究竟是如何发生的?

---

① 除了已经引用的作品，关于达尔文生活和工作的描述包括我写的《查尔斯·达尔文：人物生平及其影响力》（*Charles Darwin: The Man and His Influence*）；珍妮特·布朗尼（Janet Browne）的上下两册传记；阿德里安·戴斯蒙德和詹姆斯·摩尔共同写的传记，将他牢牢固定在了当时的社会辩论中。

图 1 乔治·理查蒙德（George Richmond）1840 年为查尔斯·达尔文绘的画像

如今可能很难领会，但“生命之树”作为一种理解物种之间关系的模型在 19 世纪 30 年代达尔文提出来的时候是非常新颖的，虽然等到他出版书之后该模型才得到更广泛的传播。不过时机很重要，因为那意味着达尔文先于所有人尝试理解我们如今所说的“共同起源”这个理论的意义所在。为了说明他如何做得到，我们必须看一下达尔文生平的一些细节，虽然在一本试图探索如果他没有写《物种起源》会有什么后果的书中讨论这个问题不合适。但是关注达尔文原创性的全部意义是为了说明没有其他人能够有这样的经历和研究机会来复制达尔文的所有成果，当然也达不到他所深入的细节和复杂程度。达尔文 19 世纪 30 年代最开始思考该理论时写的笔记，1842 年写的短文，以及 1844 年更完整的文章组成了他形成理论的证据。[①]

共同起源

达尔文是第一个彻底探究树状进化模型意义的自然学家，在这种模型中孤立群体适应各自环境会产生分叉。这个理论也被称作共同起源理论，因为它解释了物种之间因为保留了源自同一祖先的基本结构而存在的相似之处，同时具有分开后产生的更表面的适应性变体。厄尼斯特·迈尔（Ernst Mayr）称这个模型的发现是第一达尔文进化论，是自然选择发现构成的第二达尔文进化论的基础。[②] 迈尔认为共同起源理论本身是个重大创新，是说明达尔文独一无二之处的要点，他在 19 世纪 30 年代就在研究别人都没有采用的模型。其他人可能产生自然选择的概念，但是没有这个更广阔的理论规划，他们根本不知道怎么用。

19 世纪初，拉马克（J.-B. Lamarck）提议说可能是通过自然过程使得物种适应环境的改变，但是他认为还有一个更强大的进步动力高于这个过程，推动生命稳步地沿着“存在链”向上爬。[③] 达尔文也许第一个意识到了如果适应当地环境是唯一的进化机制，那么将物种分门别类的体系就具有重大意义。他是在皇家海军测量船小猎犬号之行（1831—1836 年）研究生物地理学的过程中明白种群之间有时候会被地理障碍分割的。进化不是一个单一物种朝着固定方向

---

① 现在都已印刷出版，见达尔文，《查尔斯·达尔文的笔记》（*Charles Darwin's Notebook*）；1842 年和 1844 年达尔文和华莱士的《自然选择进化》（*Evolution by Natural Selection*）。达尔文，《查尔斯·达尔文的书信集》（*The Correspondence of Charles Darwin*）中印刷的达尔文写的信也说明了一些他的理论形成的过程。

② 迈尔，《达尔文和自然选择》。

③ 见考斯（Corsi），《拉马克时代》（*The Age of Lamarck*）；霍奇（Hodge）的《拉马克的活体科学》（*Lamarck's Science of Living Bodies*）；约达诺娃（Jordanova）的《拉马克》（*Lamarck*）。

前进的过程：物种会按部就班地分裂，这样进一步的发展一定被视为多个分支在分割环境的挑战下分叉的过程。有些分支会不断分裂下去，而有的分支通过物种灭绝而消亡。这种分支理论的经典例子就是加拉帕戈斯群岛上的雀类，不过后来在科学家及历史学家的大量神化下夸张了它们对年轻达尔文的影响。但不管现代学者如何怀疑达尔文研究雀类的故事，他在生物地理学领域的研究意义都不可小觑。达尔文研究物种起源问题的角度当时根本没有人想到——不是研究化石记录中的物种延续，而是研究地理空间中的延续。他之所以有机会进行这些地理学研究，是因为他赢得了绅士自然学家的地位，登上了小猎犬号，而且（根据泰瑞·普莱切特的《达尔文的手表》一书）他能有这样的机会环游世界绝对不是必然的。如果罗伯特·费茨罗伊船长因为达尔文的鼻子拒绝了他（他相信面相决定人的性格，差一点就这样做了），那进化论的历史将完全不同了。

在 19 世纪 30 年代末达尔文的笔记中就已经出现了生命树图，华莱士 1855 年出版了一篇论文单独提出了这一理论。两个人都意识到了它可以解释自然学家为什么能够将种群分类后再细分，用继承了共同祖先来解释根本的相似点。关系紧密的物种都是刚刚从一个共同祖先那里分裂出来的，而关系更远的物种要在种族树上向前追溯很远才能找到共同的起源。到了后来达尔文才明白自然选择其实使得物种之间越来越分离（有人称华莱士 1855 年的论文在这方面影响了他），但是关联物种是从一个共同祖先分裂而来的基本思想很早就已经在他的头脑里根深蒂固了。

现在共同祖先的理论已经深入人心，人们很难再接受其他的模型来解释物种之间的关系。但是 19 世纪 30 年代有几个理论也让人们转移了对分叉树模型的注意力。[①] 威廉·夏普·麦克雷（William

① 比如见雷伯克（Rehbock），《哲学自然学家》中描述的各种理论。

Sharpe Macleay）的五元体系，即环形分类体系认为每个属都包括五个物种，能够排成一个圆，每个族包括五个属，以此类推构成了分类学等级。这是一个以几何对称学为基础的自然模型。罗伯特·钱伯斯（Robert Chambers）1844年具有重大影响力的作品《自然造物历史遗迹》（*Vestiges of the Natural History of Creation*）讨论了麦克雷的模型，但同时将进化描述成沿着每一族中事先决定好的阶段顺序向前的对称线，每一条线都由源自个体发展的力量驱动。[①] 拉马克的追随者也试图将注意力不放在适应上，而是放在从简单到复杂的线性发展模式上。

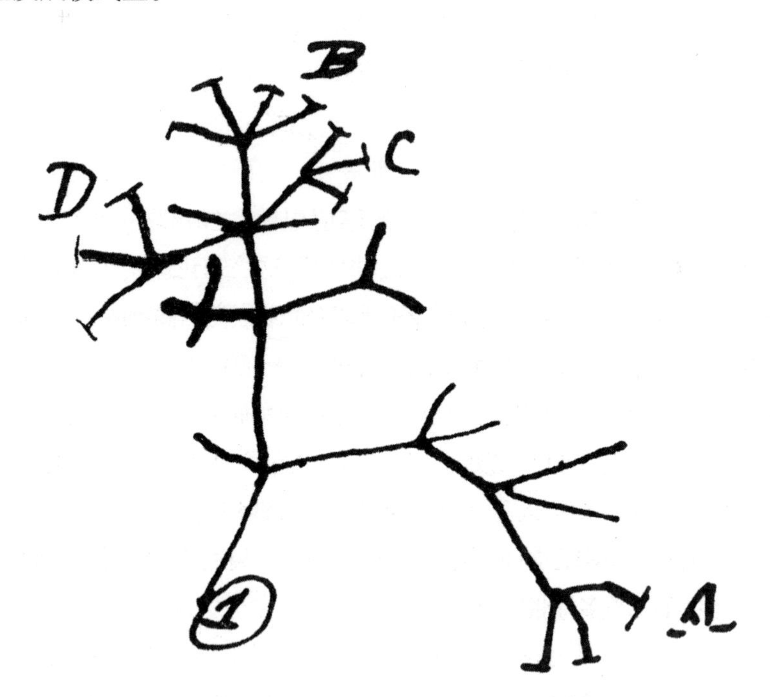

图2　达尔文在B笔记36页绘制的分支进化图

① 见霍奇，《自然的宇宙构思》（*The Universal Gestation of Nature*）；赛考德的《维多利亚时期的轰动》（*Victorian Sensation*）。

对于这些结构严谨的分类学关系和进化模型，任何人认为自然是神的控制下有计划有秩序的体系都觉得它完全有道理。持有这样世界观的人很难接受地球上的生命历史可能是杂乱无章的，完全依靠迁徙、孤立和局部适应。在德国这样的视角影响力最大，这一点好像达尔文没有想到，结果说英语的科学家和历史学家几乎都对此忽视了。尼古拉斯·鲁珀科（Nicholas Rupke），在探索德国重要生物学家 J.F. 布鲁门巴赫（J.F.Blumenbach）的研究时称之为“结构主义者”传统，认为这种思想导致了 19 世纪早期的生物学家开始臆测按照自然法则规定的方式产生全新生命形式的自然起因。这种方法包括一种进化论形式，但是它提供了一种非达尔文的视角，就是因为它没有采用生命树模型。它认为生命沿着对称和预先设定的趋势在世界各处展开。[①]

适应和生物地理学

为什么达尔文要研究一个关于生命发展不太成体系的模型？他偏离了对严格排列结构的兴趣，因为他看出关键问题是解释物种如何获得让它们在自己的局部环境适宜生存的特征。相比较发展的宇宙排列，他对适应更感兴趣，主要还是得益于威廉·佩利（William Paley）自然神学的影响。佩利通过举例说明某些物种完全是为了适应生存环境而设计的，以此来展示神的仁慈。而达尔文用自然选择替代了神的仁慈来解释适应论。与麦克雷、钱伯斯和德国人不一样，达尔文并不期望自己的理论能预测有序的关系模式，因为他认识到了适应性挑战的多样性，每一个物种都必须在历史进程中做出反应。

有些学者认为达尔文过渡到了更历史学的观点是受德国浪漫主义影响。[②]但是似乎更有可能的是他的视角来自查尔斯·莱尔

---

① 鲁珀科，《达尔文的选择》（*Darwin's Choice*）初步说明了他的观点。

② 比如说理查德，《进化的意义》（*The Meaning of Evolution*）。

（Charles Lyell）的地质学。当然也有德国人对达尔文产生影响，学生时期他曾读到亚历山大·冯·洪堡（Alexander von Humboldt）关于在南美洲科学探索的叙述，受到很大启发。洪堡向达尔文指出了生物地理学的重要性，为他小猎犬号一行获得的观点铺平了道路。但是他的开创性成果并没有帮助达尔文解决后来遇到的关于如何解释物种和地理障碍之间复杂关系的问题。洪堡说明了基于地球气候区域的物种分布因为陆地、海洋和山峦的不均匀分布而被改变，因为这些地貌会对局部环境产生重大影响。但是他思考时仍然用定义清晰的生物地理区域，每个区域都有其独特的生命形式定义。达尔文在游历时印象最深的就是地理障碍对于迁徙的重要性，不管是在过去还是现在，似乎是它决定了一个物种能否到达另一区域。加拉帕戈斯群岛的物种就是个典型例子，说明如果要解释一个群体内部关系，可以假设它是一个原始种群分裂的结果，这个例子中是因为向海洋岛屿独立迁徙行为造成的。这里达尔文追随了他的地理学导师莱尔的观点，认为生物地理学必须成为一门历史科学，用过去的迁徙、灭绝和（按照达尔文，而不是莱尔的观点）进化适应来解释现在的分布。在这个方面他不是唯一追随莱尔的自然学家。爱德华·福布斯（Edward Forbes）的确先于达尔文发表了文章，解释高山植物是北极植物群在最后一次冰河世纪结束时向北后退留下的残余。但是福布斯从时间角度考虑整个物种分布时，根据决定连续地质时期物种产生速度的抽象模式冒出一个奇怪的“极性”理论。就这样福布斯与莱尔的方法分道扬镳，转向了基于必然趋势[①]的理想主义历史模型。

达尔文则采取了相反方向，继续专注研究莱尔所认为的我们必

① 雷伯克，《哲学自然学家》，第三章。

须从过去的迁徙角度来解释现在的物种分布。在南美洲和加拉帕戈斯群岛的经历使他确信地理障碍是决定迁徙如何发生的主要因素。正如莱尔所强调的那样，障碍不是持久不变的——它们可以因为情况的改变（比如河流改道）或“意外”因素而被打破。加拉帕戈斯群岛就提供了一个重要线索，因为这个岛上的种群一定来自过去发生的意外惊喜，从大陆转移过来的一群动物。鸟总是被风暴吹到海上，有的可能偶然降落在一个孤立的岛上。但由于这些意外都是出乎意料的，新物种产生的过程就多了不确定因素。因为地理障碍而被分割的群体会各自发展，用自己的方式适应新的环境，而因为障碍可能会被偶尔打破，达尔文提出的分支进化过程也多了不确定性。是历史的迁徙过程和局部适应——蕴含不确定性——构成了生命之树。因此岛屿生物地理在达尔文架构无尽分支进化论模型时起到关键作用。几年后华莱士按照同一路径得出了这个模型，也是根据他在南美洲和马来群岛（现代的印度尼西亚）的亲身经验。

达尔文在南美洲的经历可能是以不只一种方式将他指向分支进化论。阿德里安·戴斯蒙德（Adrian Desmond）和詹姆斯·摩尔（James Moore）认为达尔文对奴隶制的痛恨——他曾在巴西亲眼所见——可能促使他去思考共同祖先。[①] 因为许多奴隶主坚持说黑人与白人是被分别创造的，而达尔文想证明人类都是来自共同的祖先。后来他意识到可以将思考范围扩大到动物世界，以此来证明自己的观点。人类拥有共同祖先的说法成为生命整体多样性的一个模型。戴斯蒙德和摩尔的论述引起了很大的争议，但是它强调了达尔文走向基于迁徙和地理多样性的分支进化论模型是具有重要意义的一步。该论述还推翻了达尔文理论与种族主义纠缠不清的广泛观点。

---

① 戴斯蒙德和摩尔，《达尔文的神圣事业》（*Darwin's Sacred Cause*）。

生命树的形象太过激进，许多19世纪晚期的进化论者都无法全盘接受。厄尼斯特·迈尔认为共同祖先理论是自然选择理论之外达尔文最伟大的一个成就。[①] 事实的确如此，但我认为迈尔还是高估了其他自然学家——甚至那些接受进化论的自然学家——接受这个理论的速度。19世纪末达尔文主义衰败的时候提出的许多非达尔文进化理论都颠覆了共同祖先理论的意义。[②] 实际上当时有人为了捍卫过去的发展决定论进行了最后一搏，这样做的过程中将德国结构主义传统转化成了英国和美国科学。这些理论后来继续蓬勃繁荣说明了没有尽头的分支进化论对于达尔文时期的自然学家来说太过激进了。

达尔文理论的核心，第二部分：自然选择

达尔文一旦接受了种群适应局部环境是进化的动力，那么就必须研究改变是如何发生的。当时已经流传着一个说法：获得性特征遗传理论。拉马克1809年将之作为一种蜕变机制提出来，不过他认为这个理论是沿着进步链上升之外的一个附属过程。达尔文认为适应是主要因素，虽然他从未怀疑拉马克的观点也有合理性，但觉得它无法解释进化的全景。根据拉马克的理论，动物在新的环境下面对挑战会改变自己的行为。有一个经典的例子，长颈鹿的祖先发现喂食的草地渐渐消失，于是开始抬头食用树上的树叶。结果这就改变了它们的习性，颈部越来越长，就像举重运动员手臂上的肌肉会随着锻炼而强壮一样。但是拉马克认为这种习得性改变是会遗传的，

---

① 迈尔，《一个长论断》。

② 见鲍勒（Bowler），《达尔文主义的衰退》（*The Eclipse of Darwinism*），《非达尔文主义革命》（*The Non-Darwinian Revolution*），和《生命的精彩戏剧》（*Life's Splendid Drama*）。这些理论在第四章和第五章会更详细讨论。

传统遗传学否认这一点，但 1900 年以前已经被广泛接受了。达尔文面临的问题是，这种效果能解释适应进化论吗？他认为还不够，也许因为他怀疑一个动物可以“拥有意志”，接受新结构的理论。他开始寻找其他解释，就这样走上了通向自然选择的路。

为了明白他的想法有多么激进，我们需要解释一下达尔文及其同僚如何理解自然选择。其中包括列出过程各部分的提纲，认识到将这些因素组合成一个可以广泛应用的理论是多么具有原创思维的想法。利用试错法替代智慧设计的基本概念对于 19 世纪 30 年代的学者（特别是与达尔文同处一个社会阶级的人）来说简直激进到令人发指的地步。但是如果能认识到各部分的重大意义也具有一定的原创性，是跳出了当时自然历史传统思想的一种自发行为。通过生物地理学解释物种问题是非同寻常的，但是达尔文以绅士自然学家的身份登上小猎犬号，获得了探索这种方法各种可能性的绝佳机会。当时动物育种已经被广泛讨论了，但是研究野生物种的自然学家并不习惯到这个领域寻找灵感去理解自然多样性。而达尔文以乡绅的身份与育种家面对面接触，获得了各种想法和信息。20 年后产生了同样生物地理学视角的华莱士绝对没有办法步其后尘进行研究，即使他想这么做。

自然选择并不是简单的试错应用，不过它的确包含这个原理的因素。它是由个体组成的种群世代更迭，通过遗传将个体特征传递给下一代的反复过程。但关键是两代人之间的复制并不完全准确，所以变体的发生导致新的特征会时不时地自主出现。如果某些外部因素影响了不同个体成功完成的繁殖过程，那么自然选择就发生作用了。哲学家赫伯特·斯宾塞称之为“适者生存”，但重点是适者不仅比不适者更容易生存——而且繁殖的后代更多，在下一代中增加带有适者特征的个体的比例。对于达尔文来说（虽然斯宾塞认为没有说清楚），适宜的定义只是考虑到机体适应局部环境的能力。适宜没有绝对的标准，在一个种群中有用的特征可能换一个环境就变成了有害。

种　群

这些听起来都很直白，于是遭到一些批评家的否认，认为自然选择是同义反复——即幸存者的幸存。[①] 但它其实是个包含了许多因素的复杂过程，谁先想出了这个理论可研究的形式，都要对这些因素了如指掌。更重要的是必须要从种群进化的角度思考，目前为止这一点还做得不太明显，一些历史学家就怀疑达尔文本人多大程度上转化成了厄尼斯特·迈尔所说的“种群思考”。传统观点将物种视为固定类型，个体变异只是“真实”形式（也就是造物者设计的本来面目）细微的偏离，这种观点必须摒弃。物种只是当下育种的种群，如果后代出现不同区间的特征，那按照定义这个物种就进化了。个体变异完全不是细微的；它是种群的关键特征，而且绝对没有理由将某些特征作为该物种的“自然”形式。即使到了 19 世纪末还有许多自然学家无法接受这个观点，更倾向于跳跃式或突跳式产生新的固定种类和细微变体中心的进化论。

迈尔拥护达尔文理论代表种群思考方式取得胜利的观点，打败了他反对的老式类型学认为每个物种都有一个永恒固定结构的观点。[②] 他可能是过于狂热的拥护者，传统的种族观绝对不是完全的柏拉图式理想主义，认为物种的真正设计都来自上帝的头脑。自然学家之所以希望看到自然界的物种明确区分定义是有实际原因的，最

---

① E.G. 麦克白（Macbeth），《重审达尔文》（*Darwin Retried*）。

② 迈尔，《生物学思想的成长》（*The Growth of Biological Thought*）和《一个长论断》。

显而易见的就是如果没有定义就无法制定出可操作的分类体系。但是迈尔已经注意到了重点所在，如果无法与每个物种都有“真实”形式的看法分隔开来，就无法体会自然选择的重要意义。至少有一位被誉为达尔文前辈的自然学家爱德华·布莱斯（Edward Blyth），就没做到这一点。他认为自然选择理论排除了不适宜变异，但将这些变异视为偏离物种真实形式过远的结果。在他看来，自然选择是一个为了保护物种稳定性的保留过程，而不是改变机制。

当然，达尔文后来开始过渡到种群思考了，虽然他的作品对传统的物种观做出了一些让步。他意识到如果像自然选择这样的过程发挥了作用，被地理障碍分隔开的种群就会开始彼此分离，直到最后变成了新的物种——但是在中间的发展阶段，就要看自然学家如何判断分叉的种群是一个单一原始物种的变异还是完全新物种的新生阶段。由此物种是开始失去作为清晰定义个体的地位，认为它们具有造物者决定的不变本质的观点也就无法为继了。

渐进主义

重新定义物种的本质强调了选择理论世界观的另一个特征：改变一定是渐进和持续的。改变的速度要看群体中个体变异的水平，如果大部分都是非常细微的，进化的速度就很慢，因为它是由世世代代的细微个体变异累计起来的。我们很少见到巨大的个体变异，所以进化的速度要看群体中发生多少普通的日常变异。跳跃式进化论认为几个个体产生巨大偏离是产生新物种的基础。迈尔和其他人将这种说法讽刺为“有希望的怪物”理论，并指出大多数情况下这样巨大的变异无法成功育种。

渐进主义是达尔文整个思维方式的基础。进化本身是渐进的，当然并不排除外部事件导致重大中断的可能性，比如说现代理论就接受地质变化或天文灾难引起大规模物种灭绝的说法。但是达尔文对这个不买账。他最初跟随的老师是剑桥的地质学教授亚当·赛奇维克（Adam Sedgwick），是"灾变说者"学派的主要倡导者，将地球表面发生的重大改变都归因为暴力巨变。[①]赛奇维克认为这些事件引起了大面积的物种灭绝，而且猜想需要某种超自然干扰才能在之后创造新的物种。但是在小猎犬号一行中，达尔文转向了查尔斯·莱尔《地质学原理》（*Principles of Geology*）中提出的均变论方法。莱尔怀疑灾变说是因为他保留了太多古老圣经地质学的成分，受到《创世记》中关于造物和诺亚大洪水描述的影响。他认为地球表面发生的所有变换——地层沉积、造山和腐蚀等现象——可以用经过很长时期，可以观察到的正常运作来解释。没有必要假设在人类历史上从未目睹过的事件，而且他表示（错误地）灾变说者认为巨变都是奇迹导致的。达尔文游历南美洲时看到了安第斯山脉由于正常发生的地震被渐渐抬升的证据，于是完全变节转向了莱尔的观点。

为了理解达尔文后面理论的形成，我们必须认识到这个论断是根本性的——在当时非同寻常。虽然莱尔现在被誉为现代地质学的鼻祖，当时几乎没有人采用他的思考方式。大部分地质学家不得不降低他们臆想出的灾难的重要性，但是几乎没有人完全摒弃这个想法。从某种意义上来说他们非常对，因为我们现在意识到曾经有一个时期地质活动比现在更剧烈（更别提小行星撞击时期了）。只有为数不多的几个人完全变节转向均变论，达尔文是其中之一，而他如果在思想上没有迈出这一步，就不会去寻找渐变发生、同时又完全基于现代世界起因的进化机制。多年后，华莱士也认同了莱尔的立场，但是就连他也漏掉了达尔文认识到的关键点。达尔文在寻找线

① 见赫伯特,《地质学家查尔斯·达尔文》（*Charles Darwin, Geologist*）。

索，解释什么过程在发挥作用转化物种时，他将目光投向了一个可以切实观察到巨大改变的领域：动物育种家和园艺家。这个领域为他提供了遗传学和变异的证据，而且还可以通过关键的类比帮助读者亲眼看到自然选择的过程。

还有另外一个因素也可以用来解释达尔文对持续性的热衷，或者更广泛来说是对将物种视为非相同个体群体模型的热衷。自从卡尔·马克思根据个人主义和自由企业制度提出自然选择和资本主义体系是平行关系后，达尔文的思想中是否存在意识形态部分的问题就一直备受争议。好几代的评论家都将该理论视为邪恶科学予以否认，认为它的成功不过是因为支持了自由放任主义的意识形态。许多科学家坚持认为其与思想意识的关联是肤浅的，并不会威胁理论的有效性。但是这两个立场可以达成共识，至少是在理论如何被发现的问题上。现实主义者认为这个理论就是真实的，因此是建立在事实证据上的，但这个观点并没有排除一种可能性，那就是一开始为了产生这个想法，有一个来自其他地方提供灵感的理论可能会有帮助。自然选择可能只是一个在等待被发现的真实理论，但这样的发现在一个鼓励与政治个人主义有关的独特思维习惯的社会才更容易发生。

如今大部分历史学家都接受了自然选择是在维多利亚时代资本主义鼎盛时期由英国科学家想出来的说法并不是偶然。[①] 更具体说，亚当·斯密和当时的政治经济学家提供的个人主义社会模型可能会促使人们认为生物物种不过是个体追求个体利益而构成的群体。得到许多大陆思想家青睐的一个体系，即国家是一个指挥每个人活动的全能机构，更适合拿来与物种类型学视角相比较。在这样的模型里，改变只能来自突发革命，而不是通过个体活动的累积逐渐发生

① 关于这个观点最有力的表达是戴斯蒙德和摩尔的《达尔文》。

的进化。达尔文来自一个中上阶级家庭，与韦奇伍德（Wedgwoods）这样的成功商业家族有关系——这样的人自然倾向个人主义思维方式。他每天目睹着周围发生的社会进步，而这种进步是由他这个阶级的人从事的日常商业活动推动的。这样的社会背景也解释了他为什么会读到马尔萨斯的人口论，为什么只抓住了马尔萨斯思想中与个人和食物供应关系的个人主义观点产生共鸣的方面。重要的是，华莱士也记得他读马尔萨斯是发现过程中至关重要的一点，但是他和达尔文的社会背景完全不同，在读到人口压力时可能解读出不同的含义。

功能主义

达尔文的进化模型不仅是渐变和基于个人行为的，而且是解释物种如何适应环境的一种方式。如果自然选择是唯一的进化机制，那么每个物种的每个特征都一定是具有适应性的，或者是在过去的某个时候具有适应功能的某个特征的残留。现代新达尔文主义者接受这个说法，但是它绝对不是进化论的唯一基础。许多自然学家认为物种拥有完全与适应要求无关的特征，因此无法通过自然选择（或者简单的拉马克理论）形成。他们认为是纯粹内生的生物学力量促使单个有机物沿着早已决定好的路径发展，对环境的影响无法做出反应。适应的要求可能会主导一个物种结构的表象，但它内在深层次的形式是规定好的，而正是更深层次的结构决定了物种之间的相似性，得以将它们清晰分类。

在达尔文时期的德国已经建立了这样的结构主义传统。19 世纪充斥着关于形式相比功能在决定生物结构方面哪个更有力的争论。[①]

---

① 罗素，《形式和功能》（*Form and Function*），提供了关于这个二分法的标准叙述。

形式主义者或结构主义者相信内在力量，即非适应的控制力，而功能主义者认为根据环境（过去的和现在的）进行调整既解释了形式的多样性，又说明了物种之间的更基本的关系。伟大的法国解剖学家乔治·居维叶（Georges Cuvier）采用了功能学者的视角，而他的竞争对手艾提纳·乔夫罗伊·圣-希莱尔（Étienne Geoffroy Saint-Hilaire）宣扬结构主义。布鲁门巴赫的德国追随者也倾向于形式主义者的方法。形式主义者假设是一个集体内部的力量控制着变异，以此来接受进化论；实际上乔夫罗伊曾提出一个新物种从我们所说的巨变异而来的理论。居维叶认为物种凭以分类的相似点反映了更深层次的功能有效性，超出了适应局部环境的范围，而针对这个观点达尔文会说它们的关系源于更早期形式的共同祖先，而这个形式本身也是从适应过去的环境而来。

达尔文坚持功能主义，坚信进化论的主要任务是解释物种如何适应所处的环境。他的坚持可以视为对英国自然学家过去笃信1802年威廉·佩利《自然神学》（*Natural Theology*）一书体现的功能学版"设计讨论"的一种思考，而这本书曾经让年轻的达尔文着迷不已。佩利的论证可以用他经典的手表和表匠的例子一言以蔽之。你看到一块表，你知道有一位智慧的匠人出于某种目的制作了它。所以当你看到生物的复杂结构，为了满足拥有该结构的动物而不断适应，你会问这个智慧设计（用现代的说法）从哪里来，唯一的答案就是造物者。达尔文要挑战的就是这个版本的造物论，他指出适应是个自然过程，而不是代表超自然设计的固定状态。因为佩利专注的是将适应作为造物者慈悲的一个标志，适应便成为达尔文理论的中心焦点。

佩利这个版本的设计论述与达尔文思想的重要基础自由企业意识形态如出一辙。佩利的论述有时候被称作"实用主义"设计论述，因为它专注于每个适应结构的有用性。而实用主义是不断崛起的工商阶级政治思想意识最关心的问题：任何活动的全部意义所在就是通过有用性来创造财富和幸福。这里我们再次看出为什么只有身处英国 19 世纪初期到中期文化环境中的人才能创造出自然选择理论。

与其对立的结构主义方法大部分都来自英语世界的生物学历史。结构主义被应用到生命历史上，宣扬与预设进化平行的观点，经常仿照胚胎发育的过程（因此我称之为“发育”论）。这个观点在达尔文出版著作之前很早就在法国和德国很活跃了，而且 19 世纪后期非达尔文理论盛行过后它仍然继续存在。但是——沿着达尔文自己的线索——英国和美国的科学家及历史学家倾向于将进化论的兴起视为达尔文理论和佩利的造物论之间的斗争。达尔文想让读者相信除了《圣经》中的造物论和他自己的理论没有第三个可能性，有效地排除了其他与之对立的关于发展的传统理论。从某种程度上来讲这反映了在英国的状况，在那里结构主义只是慢慢地在 19 世纪中期从大陆引渡过来。但是采取一个更广泛的视角——为了明白如果达尔文没有写《物种起源》会怎么样——我们需要肯定的是这种非达尔文自然观在当时的确在科学界出现过。甚至在我们的世界它也一直繁荣到 19 世纪晚期，而且随着现代进化发育生物学的发展又重出江湖。没有达尔文，它会在进化观的出现上发挥更显著的作用。[1]

动物育种家

我们现在建立了自然选择理论形成所需的所有基本假设——我们也看出这些假设是多么有赖于独特的科学和文化态度。但是将它

① 朗·阿曼德森的《进化思想中胚胎地位的转变》提出重新评估进化论历史，认识到发育视角发挥的积极作用，如尼古拉斯·鲁珀科的德国结构主义修复论研究所示。

们放在一起需要独特的理念创新。达尔文必须认识到在一个由不同个体组成的群体中，如果最适宜新情况的个体特征可以更多产，不适宜新情况的特征少产，这个群体就仍然可以适应不断变化的环境。对他来说——这点很重要，对于华莱士则不是如此——是因为与育种家接触后他才有了这个见地，这是（当时）唯一能在人类时间尺度内看到改变的领域。

达尔文着迷于人工选择和自然选择之间的类比，就连用词——“自然选择”——都意味着他的发现直接承认了自然界有相当于育种家的作用。研究他 19 世纪 30 年代笔记的历史学家现在认为这种启发灵感的方式不太直接，但是毋庸置疑，决定研究育种家的方法不仅给达尔文提供了关于变异和遗传的信息来源，还为他思考自然如何运行提供了模型。[①] 我们再一次看到了发现过程的偶然性。达尔文是个训练有素的自然学家，具有生物地理学经验，致力于均变论方法并受其鼓舞，甚至从人工过程中寻求关于动物如何每天发生变化的信息。他还变成了乡绅，可以随心所欲与养鸽专家、育狗专家和其他知道每一代个体不同的选择是成功培育新特征关键的人士互动。

育种家可以在驯养的种群中培育新的特征，因为他们可以决定让哪个动物繁殖，更倾向于那些会朝希望的方向发生细微变异的动物。在实践中经常意味着他们可以决定哪个个体可以活下来繁殖——而剩下的就都被屠宰了。达尔文的看法是育种家的设计之手和自然一样，因为个体具有对自己有利的变异会更健康，喂得更好，比那些适应力差的变异生存及成功繁殖的机会更大。后者可能只有消亡。有用性和具有适应力的特征会经过每一代的加强，最终成为整个种

---

① 考恩（Kohn），《达尔文主义的传统》（*Darwinian Heritage*），里面有许多关于这个话题的论文。

群的规范。

这是自然选择的基础，达尔文一生都在用人工选择作为模型，帮助读者想象自然选择的过程如何发生。与此相反，华莱士绝对不可能去调研育种家的方法，因为他在远东一直工作到 1862 年，即他想出自然选择理论后的第四年。除此之外，当他从《物种起源》中了解到了达尔文理论的细节后，就对人工和自然选择之间的类比产生了怀疑。他甚至不相信“自然选择”一词，因为它好像意味着自然界有一股智慧力量在发挥作用，有点像育种家的设计之手。他的怀疑完全正确，达尔文发现他经常遭到一些人的误解，这些人认为自然是为每个物种谋利的仁慈中介。[①] 这可能通过隐藏该理论真正本质的方式减少了公众的敌意——实际上并不存在什么仁慈的中介，而整个过程本质上是自私的，相比同类拥有某些优势的人更易成功繁殖。华莱士的担心是有理由的，但是如果考虑他的发现，我们必需要问他对人工选择没兴趣是否会导致他思考的自然选择过程与达尔文提出来的完全不是一个套路。

生存竞争

对于该理论其中一个部分达尔文和华莱士曾达成共识。原则上，自然选择应当在任何情况下都发挥作用，适者——即更适应环境的个体——比种群中的其他成员繁殖更成功。甚至在一个有着无限资源的环境中，即使不适者仍然得以生存，适者仍然会繁殖更多，因此可以通过下一代加强自己的特征。但是对于 1838 年的达尔文（20 年后的华莱士），这样似乎还不够。两个人最初都没有将自然选择视为一个有效机制，后来才将之视为由一股更强有力的力量驱动着，

---

① 见扬，《达尔文的比喻》（*Darwin's Metaphor*）。

这股力量就是人口压力导致的资源短缺——生存竞争。两个人的看法都是因为读了托马斯·马尔萨斯的《论人口的原则》(*Essay on the Principle of Population*)(华莱士是因为读了更早的文章)。马尔萨斯认为贫穷是自然的，不可避免的，以此来破坏社会进步是基于财富再分配的说法。和其他动物一样，人类繁殖的速度要比维持稳定人口所需的更快。结果是不断扩张的人口给有限的环境资源施加了压力。出生的个体越来越多，无法养活，许多个体不得不死掉，导致为了稀缺资源而竞争，马尔萨斯称之为“生存竞争”。达尔文和华莱士将之视为选择的推动力。[①] 不适者不仅繁殖能力差，而且会在竞争中失败，从群体中被淘汰。

在关于选择理论是否反映了自然界的自由企业体系，马尔萨斯的理论形成了关键讨论点。马尔萨斯和佩利一样，是个人功利主义意识形态的产物。二人都视人口压力为神圣法规，是用来奖赏勤俭勤奋的美德。唯一克服自然结果的方式就是教授人们克制自己，养不起孩子就不要生的智慧。国家最不应该做的就是帮助那些没有能力又要生育后代的人脱贫，因为他们的孩子也会继续生育，很快食物就不够吃了，虽然国家是好心。奇怪的是，马尔萨斯讨论中亚各部落彼此交战时使用了“生存竞争”一词，但在探索他的理论对工业化英国的个人主义社会造成的影响时并没有使用该词。但是达尔文马上看出这个理论同时适用于个体和部落，就像是育种家养的鸽子，受到偏爱的个体才得以生存和繁殖。达尔文揭示了马尔萨斯自己都没有注意的结论，因此他阻止公众慈善事业对自然残酷法则的一切干扰。

马尔萨斯的书出版于 1798 年，到了达尔文时期，已经增版成了

① 见鲍勒,《马尔萨斯，达尔文和竞争的概念》；赫伯特,《达尔文，马尔萨斯和选择》；扬,《达尔文的比喻》(*Darwin's Metaphor*)。

非常详细的著述。关于该书的意义曾有过慷慨激昂的讨论；改革者和革命者痛恨它，而认同其功利主义价值的人称赞他给政治经济学这门“沉闷的科学”增加了趣味。达尔文来自一个倾向于采取更严厉视角的阶级，虽然让一个自然学家到政治经济学中寻找灵感是极为不寻常的。他后来称自己读马尔萨斯的作品是出于“乐趣”，但实际上他将这种阅读作为帮助自己思考一旦将理论运用到人类身上所产生后果的手段之一。这里达尔文用心智上的极端主义结合政治保守主义为自己赢取到了独一无二的地位。只有他知道如何将马尔萨斯的原理、生物地理学研究与育种家的尝试联系起来。1838 年没有任何人可以将这些科学与文化因素结合起来，形成全面进化理论的基础。接着他花了 20 年的时间潜心研究，最终写出了《物种起源》。如果考虑到这段研究期间发生的各种因素，很难想象还会有谁能在当时写出这样一本书。

先　驱

我们现在回顾一下曾经不承认达尔文成就的历史学家，他们称自己是理论先驱或共同发现者，是自己独立想出了这个理论。如果这些说法都正确，那我把达尔文视为独一无二的思想家就不合理了。这个话题很敏感，因为各种发现者都有一大批现代支持者，为了支持自己所崇拜的英雄而不遗余力地鼓吹达尔文的地位被夸大了。有人指控达尔文和他的支持者密谋将竞争对手边缘化，甚至说达尔文从华莱士那里剽窃了一部分理论。

我们要讨论的不仅仅是简单的先后之争。有些人声称达尔文不是自然选择的真正发现者，这是由于他们过度简化现代标准的应用来评估研究发现和出版物的先后顺序。现在世界上每个科学家一般都会通过在期刊或网上发表文章尽快宣布自己的发现，好将功劳占为己有，19 世纪中期的情景是怎么样的很难想象。一些重要的新观点仍然通过书籍来传播，如果是真正具有革命性的论断还要赢得一定水平的支持率，才能确保理论不会遭到摒弃。关于自然选择基本观点的大纲可以非常简洁，1858 年达尔文和华莱士的论文就说明了这一点。但是能让自然选择分支进化论得到每个人的认真对待就需要更加翔实的讨论了。在这种情况下，只用出版物前后顺序这样的教条标准就不太合适了。帕特里克·马修（Patrick Matthew）可能早在 1831 年就提出了自然选择的说法，但他没有做任何尝试去探索其意义，说服读者这个想法可能掀起生物学大变革。他的贡献值得称道，但以此为依据就推翻达尔文作为该理论真正创始人的说法就是误解了科学革命发生的整个过程。

这里的真正问题是达尔文的诽谤者总是通过污蔑他的声誉来试图破坏他的地位。可以公平地说达尔文已经成为进化运动的先驱代表，抹杀了许多自然学家的贡献（包括许多没有声称发现自然选择的人）。但是那些试图诋毁达尔文声誉的人热情高涨，很难与他们在这个问题上理性对话。寻找更细微差别观点的历史学家必须与重复同样论断，但并不考虑理论复杂性的阴谋论者及作家们做斗争。针对 1858 年华莱士发表的论文，达尔文及其支持者的做法经常被当作排斥华莱士搞阴谋的证据，却因为华莱士当时在远东而没有对他如何发表的论文做调查。指控学术界阻止批评家发表意见的事反复出现。华莱士在很多书中都被说成是被遗忘的天才，每个人都忽略了首先提出这个理论的人。

也许我们看到的不过是对落水狗油然而生的同情，同时觉得达尔文的荣耀已经失控了。最开始这些动机值得同情，但是一旦批评者尝试破坏达尔文的《物种起源》重大的原创性，这种同情也可以消失了。说得更准确一些，所谓的先驱和共同发现者的说法不过是为了让人觉得自然选择理论当时已经呼之欲出了。所有组成部分都是现成的，其他人也将它们组合了起来，为什么要将这么明摆着的理论说成是达尔文的功劳？我为什么不接受这样的评价应该很清楚了。零散的部分也许已经出现在公众领域。但是如何将它们组合起来，探索最终理论体系更广泛的意义需要能将来自各种零散来源的信息融合起来的能力，对其意义要能打破常规地思考。如果我们回顾一下其他发现者的观点，会发现他们在某方面或多个方面都无法达到这个标准。

被视为在达尔文之前发现自然选择理论的主要竞争者是威廉姆·查尔斯·韦尔斯（William Charles Wells），帕特里克·马修和爱德华·布莱斯。华莱士属于另一个范畴，因为他被视为该理论的共同发现者，1858 年和达尔文同时出版了著作。作为竞争者的原告当然要说明"生存竞争"的说法 19 世纪初期就已经得到共识了。但是许多人意识到自然的残酷，却没有看到它可能带来的改变——毕竟马尔萨斯本人曾用他的原则反对进步思想。有些人，比如说哲学家赫伯特·斯宾塞，认识到竞争可能也有积极的影响，只不过是视之为激发自我进步的力量（本质上就是拉马克主义的一种形式）。只有少数几个自然学家认识到个体之间的竞争会导致选择的效果，与动物育种家的选择有点类似。为了充分利用这个观点，他们可能会放弃物种固化论，认识到个体变异是具有无限可能的，这是在 19 世纪 50 年代之前几乎没有人愿意碰触的理论革命。

韦尔斯和布莱斯

有两位达尔文的先驱在第一个障碍前就被排除了，因为他们不认为自然选择的过程能够产生新物种。威廉姆·查尔斯·韦尔斯写的《部分皮肤类似黑人的白人女性记录》出版于1818年，包含了一些关于人类形成的评论。[①]韦尔斯简短指出类似于动物育种的选择过程可能帮助了人类在迁徙后适应不同的环境。他并没有就这个问题继续研究下去，也没说选择的过程会产生足够的变化和新的物种。韦尔斯认为人类是一个物种的变异，很少提到动物，提到的时候只是说了人工育种。

洛伦·艾斯利和其他人支持爱德华·布莱斯主要是根据他1835年的论文《对动物变异的分类尝试》(*An Attempt to Classify Varieties of Animals*)[②]。布莱斯在其中主要关心的是弄清楚当时使用的"变异"一词的多种意思。在讨论"真实变异"时，即具有占据某个特定区域明显特征的稳定种族，布莱斯提到了人工与众变异和人类之间的相似之处。和韦尔斯一样，他提出了这些变异形式可能是由于适应环境产生的，他还提到了由最强个体代替弱者的趋势引起的一种自然选择。比如说野牛，最强壮的公牛赶走竞争对手，"这样所有繁殖的小牛都一定来自拥有最大力量和最强壮体魄的公牛；结果在生存竞争中最有可能守住地盘，赶走一切敌人保护自己"。一般来讲永远是最条理有序的个体能够"将优越品质遗传给更多数量的后代"。因此这个过程可能会产生适应局部环境的新变种，但是并不意味着这个过程可以产生新的物种。布莱斯实际上坚信物种的稳定性，他的理论是从自然神学框架中产生的。人类育种家使用的是"上帝维持物种典型特质的……同样法则"。[③]

---

① 韦尔斯、布莱斯、马修和华莱士的论文收集在麦肯尼(McKinney)的《从拉马克到达尔文》(*Lamarck to Darwin*)中。

② 见艾斯利,《查尔斯·达尔文，爱德华·布莱斯和自然选择理论》，同见温赖特(Wainwright),《自然选择》。

③ 引用自麦肯尼,《从拉马克到达尔文》，49页。

韦尔斯和布莱斯说明了当时至少有几个自然学家愿意看到自然选择和人工选择之间的相似之处，二者都意识到最适应环境的繁殖也更成功。但是二者都没有将自然选择视为足以威胁传统固定特征物种观点的改变机制。可以想象达尔文读过布莱斯写的文章，可能对他的简短论述有所借鉴，不过在笔记中的关键点上并没有提到布莱斯。但是即使他在获得自身灵感之前一直都在想着布莱斯的建议，这也仅仅是一种可能性，因为是他将这个想法发展成了更激进的进化理论。

马　修

帕特里克·马修的论断基础更加稳固，因为他至少认识到自然选择是我们称之为进化的一个真正机制。他的论述收录在1831年《海军木材和树艺学》（*Naval Timber and Arboriculture*）一书中的附录部分。就是因为他写的是可能改善植物物种，特别是树的物种，就与育种家使用人工选择有直接联系。马修意识到自然界会有生存竞争（虽然他没提到马尔萨斯），最适应的个体将得以生存和繁殖，将自己的特征遗传给下一代。“随着生存空间越来越有限并已经被占据，只有更坚韧、更强壮、更适应环境的个体能够挣扎着走向成熟，只居住在自己比其他个体拥有更高适应力和更强占据力的环境中；而弱小、不适应环境的个体会夭亡。”[①] 他领悟到最后导致的不仅是物种适应环境的改变，同时在地质时期的进程中也造成了生物多样化。

马修和达尔文的观点一个主要不同是马修将自己的理论与地球历史灾难论联系起来，设想经过了一系列大规模灭绝后的幸存者引

---

① 引用自麦肯尼，《从拉马克到达尔文》，38页。

发的进化分支突然爆发。这也不奇怪：1831 年查尔斯·莱尔刚刚出版了《地质学原理》第二册，介绍了达尔文后来采取的对立均变论立场。毫无疑问马修的确是看出了一点自然选择的端倪，选择理论使得物种在地质活动不活跃时期缓慢地适应不太突然的改变，比如说现在。

马修因为对树艺学感兴趣，甚至建议做实验来研究新变体是如何产生的。但是没有证据表明他后来继续研究了下去，也没有出版任何其他著述将想法发展成能抵挡一切反对的声音，统一自然历史各领域的完整理论。他的论述仅限于书的附录中的几段话，而且在达尔文出版《物种起源》之前一直无人问津，后来马修自己为了让人们承认是他更早提出选择理论而努力宣传才浮出水面。

达尔文承认自己是抢占了先机，但是他指出马修没有充分全面地发挥自己的想法。马修的现代支持者，特别是 W.J. 邓普斯特（W.J. Dempster），强调马修的发现早于达尔文最早的研究，坚持说因为是他首先出版的，所以应当是这个理论真正的发现者。[①] 这当然说明其他人是有可能想出自然选择作为一种进化机制的，但马修明显对这个想法不太感兴趣，更加说明了仅仅是发现和发表了文章是不足以引发科学革命的。只是有一个基本的想法，甚至出版了相关的论述，但如果论述得不到位，而且没有进一步发挥和推介，是不会产生任何效果的。达尔文和华莱士 1858 年共同发表文章也是无人问津，但达尔文因为拥有 20 年的经验，第二年写出了更为确凿翔实的著述，迫使每个人不得不注意到该理论。我们说的是“达尔文革命”，因为是达尔文改变了我们思考这个世

---

① 邓普斯特，《自然选择和帕特里克·马修》（*Natural Selection and Patrick Matthew*）。

界的方式，而不是马修。

华莱士

阿尔弗雷德·拉塞尔·华莱士的情况则完全不同。他当然不算是共同发现者，因为他比达尔文晚了20年才想出了自然选择。但是他比马修向适应进化论更进了一步，因此能够体会到这个构想的重大意义。他的发现所处的独特环境以及最后与达尔文作品的摘要共同出版的论文引起了无休止的争议。华莱士的支持者普遍承认他是步达尔文的后尘，但他们认为因为达尔文名誉缠身时没时间出版著述，所以华莱士被占了便宜，与之联合出版了论文。[①]看起来他是第二作者，但实际上应该被视为该论文的主要撰写者。其他批评者更进一步。阿诺德·布莱克曼（Arnold Brackman）甚至说是达尔文剽窃了华莱士的分支理论，掩盖了华莱士1858年论文写成的真实日期。[②]几乎没有哪个历史学家认同这个说法，约翰·凡·韦恩（John Van Wyhe）和基斯·鲁卡克（Kees Rookaaker）则坚决反对。[③]但是华莱士被达尔文的支持者无耻利用的说法吸引了大量支持者坚定不移地要将华莱士从达尔文的阴影中解救出来。迈克尔·鲁斯曾毫不客气地说他们是“华莱士的痴迷者”。[④]

---

① 见布鲁克斯，《就在物种起源前》（*Just Before the Origin*）；乔治，《生物学家–哲学家》（*Biologist-Philosopher*）；拉比，《阿尔弗莱德·拉塞尔·华莱士》；及威廉姆斯–埃利斯，《达尔文的月亮》（*Darwin's Moon*）。

② 布莱克曼，《巧妙的安排》（*A Delicate Arrangement*）。最近罗伊·戴维斯（Roy Davies）的《达尔文密谋》（*The Darwin Conspiracy*）再次重复了这一指控。

③ 凡·韦和卢克马克（Rookmaaker），《解释1858年达尔文收到华莱士的特纳特文章的新理论》更加仔细地追溯了邮寄的过程，显示华莱士的论文离开特纳特岛的时间比广泛认为的时间晚一个月。

④ 鲁斯，《达尔文主义的竞争》，417页。

Alfred Russel Wallace, O.M.

图 3 年轻时的阿尔弗雷德·拉塞尔·华莱士

重要的是，华莱士本人并没有反对达尔文的支持者对他的论文所持的态度，一直都认为自己在该理论的发展过程中起到的作用并不大。他很乐意接受“达尔文主义”这一词，甚至在后来的书中用该词做书名。在最近发现的 1869 年华莱士写给查尔斯·金斯利（Charles Kingsley）的信中，他将自己比作能解决一些小纷争的游击队队长，而达尔文是带领军队战斗的大将军。[①] 华莱士没有将自己视为能够掀起一场科学革命的人——不过这也不代表他在没有达尔文的世界里会不名一文。

---

① 华莱士写给金斯利，1869 年 5 月 7 日，盖茨堡科诺克斯图书馆。这封信在詹姆斯·塞考德对达尔文的介绍中引用过，《查尔斯·达尔文：进化论著作》，21 页。

华莱士的发现

华莱士来自一个相对贫穷的家庭，后来成了游走自然学家，先是到了南美洲，后来又去了马来群岛（现在的印度尼西亚），通过向国内收藏家出售稀有物种标本维持生活。经过对生物地理学的研究，他认同了转化的想法，同时也是因为他对莱尔的地理学方法很欣赏，又读了钱伯斯的《自然造物历史遗迹》（华莱士对这本书的评价远高于达尔文的作品）。1855 年他发表了一篇论文，提到了新物种出现的领域总是早就存在关系紧密的物种。他使用分叉树模型解释物种之间的关系，与达尔文最初对进化关系的见地如出一辙。莱尔对此颇为欣赏，但达尔文不以为然，因为华莱士没有明确指出他的论断最明显的含义就是新物种是通过以前的物种转化而来。华莱士的重要灵感产生于 1858 年，他当时急性高烧发作。他想起了之前读过的马尔萨斯的文章，意识到了存在竞争的重要性，得出了最适宜物种能够存活繁殖，而不适宜物种最终会消亡的结论。华莱士将这个想法写成了一篇短论文交给了达尔文，他知道达尔文会对此感兴趣，于是问他这篇论文是否值得发表。

达尔文读了论文，看到了其中与自己理论之间的相似性，惊慌失措，担心自己会丢掉早了 20 年的先驱地位。他叫来莱尔和胡克（Hooker）商量，他们建议出版华莱士的论文时可以由达尔文加上简短的评论，包括能够独立确认是写在华莱士的发现之前的材料。因此 1858 年的合作论文包括了达尔文 1857 年写给美国植物学家阿萨·格雷（Asa Gray）的一封信的节选。华莱士 1862 年回到英国后继续研究该理论，并且出版了关于物种形成和地理分布的重要研究成果，同时通过信件往来与达尔文激烈讨论该理论应如何深入发展的细节。

两个版本的自然选择论?

华莱士的贡献引发了一系列和达尔文影响力有关的问题。这真的是独立发现了一模一样的理论吗?华莱士的现代支持者当然认为是他想出了整个自然选择理论，有些人还说他的最初构想比达尔文的更高明。华莱士1855年的论文有可能帮助了达尔文理解自然选择如何推动物种经历分支细化，这一点至少值得给予一些关注。但是这一点并不需要华莱士在1858年的论文中清楚描述自然选择理论对群体中个体变异的影响。华莱士的拥护者把对论文的这种解读视为不言而喻，正如所有支持“独立发现”理论的人一样。但是有个一直存在的传统对这种解读有所怀疑，注意到了这两个人所认为的自然选择发挥作用的方式有着重大不同。如果由华莱士自己做决定，有可能他提出的进化理论会和达尔文在《物种起源》中介绍的进化理论完全不同——实际上在读了达尔文的书之后他的思想也受其左右。除此之外还有一些实际问题。在一个没有达尔文的世界里，华莱士会把论文交给谁以期望能发表吗?他的论文究竟有没有发表的希望?即使他的论文发表了，会有任何效果吗（在我们的世界里就连两个人合作发表也几乎没有引起任何注意）?为了产生与《物种起源》几乎相同的影响力，华莱士必须要自己写一本实实在在的书，而这需要花费他很多年。

这些问题中最富有争议的是华莱士1858年的思想是否与达尔文建立的要点同时存在。华莱士的支持者采用达尔文自己最初的看法，认为1858年的论文就包含了整个理论。除此之外对论文还有另一种解读，1894年由美国考古学家亨利·费尔菲尔德·奥斯本（Henry Fairfield Osborn）首先提出，1896年因为生物学家爱德华·巴格纳尔·普尔顿（Edward Bagnall Poulton）而引起注意，现在还有一些历史学家（包括我自己）坚持这种解读。1959年为了庆祝《物种起源》出版一百周年而出版的一套论文集中，A.J. 尼克尔森（A.J. Nicholson）提出达尔文一直将选择理论视为竞争个体为了在某一环境中生存，而华莱士似乎认为是环境制定了固定标准来衡量各种有机体，通过测试的就存活下来，没有通过的就消亡。这个解读与奥斯本的同出一辙，我也在1977年重新提出来（当时并不知情），因为我注意到华莱士在1858年的文章中使用的“变种”一词含混不清，非常奇怪。[①]

华莱士的论文题目是《论变种无限偏离原始类型倾向》（*On the Tendency of Varieties to Depart Indefinitely from the Original Type*），奥斯本关注的是“变种”一词的含义。华莱士认为“变种”是存活还是被淘汰由它们的适应性决定，而传统假设认为他所指的是群体中的个体变种，而这是达尔文提出的机制的基础。但是“变种”一词一般被用于指代一个完整连贯的局部群体具有适应微环境的独特特征，也就是分享同一特点的有机群。华莱士的文章大部分可以视为对一个种群选择的描述。物种会将自己分割为一系列的局部种群（变种），最终有的种群会对该物种占据的整个区域表现出更高适应性，因此它会继续扩张直至接管该区域，并且在这个过程中消灭其他变种。

达尔文接受关系紧密的变种和物种会互相竞争的说法，但是对于他来说这不是选择行为发挥作用的最基本层次。核心的达尔文机制是一个自然选择影响单个种群中个体的过程，是它将物种分割成

---

① 奥斯本（Osborn），《从希腊人到达尔文》（*From the Greeks to Darwin*），346—348页；普尔顿（Poulton），《查尔斯·达尔文》，80—81页；尼克尔森，《自然选择中种群动态学的作用》；鲍勒，《阿尔弗莱德·罗素·华莱士的变异概念》。对于关系的讨论见考特勒（Kottler）的《查尔斯·达尔文和阿尔弗莱德·罗素·华莱士》。

不同变种最终变成新物种的。1858年华莱士就认识到这种选择水平了？他读马尔萨斯的作品后的确建立了个体层次竞争的概念，但是他的大部分论述在这点上都是含糊不清的，还有些段落将选择理论描述成一个种群替代另一个种群。因此一旦情况发生变化："很明显，在所有组成物种的个体中，形成数量最少的和组织结构最弱的变种最先遭殃，如果压力很大，它们会迅速灭绝。同样的因素还会继续发挥作用，接下来遭殃的是上一级物种，数量会逐渐减少，如果发生类似的不利条件也会灭绝。最后只剩下更优越的变种，一旦环境变得有利它们就会迅速繁殖，占领灭绝物种和变种的地盘。"[①]"灭绝"和"占领地盘"这样的词意味着华莱士想的也是竞争群体，而不是个体。他可能认识到了个体自然选择的存在，但是这个阶段他更关注的是达尔文所认为的不同种群之间的二级选择机制。有几位现代进化论历史学家，包括珍妮特·布朗尼（Janet Browne）和迈克尔·鲁斯（Michael Ruse），同意对华莱士的这种解读，认为他（至少是一开始）是群体选择论者。[②]

后来在写给普尔顿的一封信中，华莱士坚持说他用"变种"一词只是因为个体变异在当时几乎没有得到承认，而且他本来打算包括后面这个现象的。[③]不可否认，华莱士很快就领悟到个体选择的重要性了——不过是在读完达尔文的作品之后。重要的是，他将1858年的论文收录在《对自然选择理论的贡献》（*Contributions to the Theory of Natural selection*）中，在原文上增加了段落标题，至少有一个标题会让读者将变种理解为个体变异："有用变异会增加；无用

---

① 引用自麦肯尼的《从拉马克到达尔文》，94页。

② 布朗尼，《查尔斯·达尔文：地点的力量》（*Charles Darwin: The Power of Place*），18页；鲁斯，《从单子到人》，194页。同时见史密斯和贝卡洛尼（Beccaloni）的《自然选择及其他》（*Natual Selection and Beyond*）。

③ 引用自波尔顿，《查尔斯·达尔文》，79—81页。

或有害变异会减少。”[1] 这些标题在后来几乎所有的重印论文中都保留了，让读者觉得最初的论文主要说的就是个体选择。

读完《物种起源》，华莱士就开始与达尔文无休止地讨论该机制如何发挥作用的细节，他很快就捕捉到了个体选择的概念。接着他在自己的研究中进一步探索该理论，在某些方面得出了比达尔文更清楚的个体变异理念。在他的《达尔文主义》一书中，华莱士用了与现代统计分析中使用的钟曲线十分相似的图示描述了野生种群的变异区间。[2] 但是反事实推理的关键问题是，他 1858 年的论文说得含糊不清，如果没有达尔文的作品，他怎么可能进一步发展自己的想法？可以合理判断他会继续关注群体选择，用它来解释地理分散和物种复制，而这实际上是他最感兴趣的一个领域——甚至在我们的世界——也是他对科学的主要贡献。

个体层面的选择理论可能就会因此被忽视，不会进入公众的视线。全面达尔文理论更残酷的意义可能会被一定程度上掩盖，但是生存竞争中消灭不适宜变种和物种的效果仍然会显而易见。最后这一点很重要，因为 19 世纪晚期这个层次选择理论的效果已经被广泛接受，甚至连不理解个体层次选择重要性的科学家和思想家也都接受了。在我们的世界，许多反达尔文的进化论者将群体选择观作为一种消灭进化无效产物的消极过程来接受，同时坚持认为实际上是一种更有目的性的力量产生了新的形式。

达尔文和华莱士之间的两个不同点更加说明了后者无法发展出一个全面的个体选择论。其一，华莱士在 1858 年对自然选择和人工选择之间的类比尚不感兴趣，在后来与达尔文的交流中对其合理性一直持有怀疑态度。他在 19 世纪 60 年代的著作关注的都是野生自

① 华莱士，《对自然选择理论的贡献》，34 页。
② 华莱士，《达尔文主义》，64 页。

然选择，没有提到任何动物育种问题。到了1889年，他的《达尔文主义》只包含了一章只有18页的关于人工选择的简短叙述，诉诸育种家主要是为了证明种群发生变异的范围很大。但是对于达尔文来说，类比育种家的工作一直都是关键的解释策略，重要的是它将读者的注意力牢牢定在个体之间的选择上。华莱士一直都没有认同与育种家方法的可比性，符合他1858年还没有开始思考个体选择的这个事实，也说明了他自己发展的任何理论都会缺少《物种起源》的中心思想。华莱士自己有充足的理由——他不喜欢"自然选择"一词，因为它鼓励读者将这个过程视为由一个智慧的选择中介主导，与育种家的工作进行对比会加深这个印象。选择是一个不恰当的比喻，因为这个过程实际上纯粹是机械化的。但正是这个比喻的力量给达尔文的读者留下了深刻印象，迫使他们关注个体选择过程，即使他们对其做出了并非达尔文本意的解读。如果是华莱士自己发现了这个理论，但由于缺少了这样有力量的形象，再加上华莱士更倾向于专注群体选择，会造成我们所说的达尔文理论有许多关键方面被忽视。

这两个人之间的第二个不同在于他们更广泛的信仰。[1]华莱士的出身比达尔文贫穷，因此在政治上更激进。他不会喜欢一个以对比自由企业资本主义这个竞争思想意识为基础的理论。华莱士还有深刻的宗教信仰，他曾经表示人类思想更高级的智慧无法通过自然选择进化而来，而是需要超自然的启发。虽然他曾经宣称自然选择是动物进化的唯一机制（拒绝达尔文加入的拉马克理论因素），但华莱士写的最后一本关于进化论的书《生命世界》（*The World of Life*）（1911年），称地球上的生命历史代表了神的计划。他一生都在努力

① 关于这些差异的讨论，见费奇曼（Fichman），《一个不可捉摸的维多利亚时代的人》（*An Elusive Victorian*）。

减轻这个理论包含的残酷意义。他坚持说动物不像我们一样感受痛苦，所以没有必要因为不适者会被淘汰而将自然看得那么残酷和残忍。他坚持认为坦尼森（Tennyson）那句著名的“自然是鲜红的大口和爪子”很不恰当，是将人的经历映射到了动物王国。[①] 他很少提寄生虫或者肉食动物面对猎物的痛苦多么冷漠，而这些因素在达尔文看来都是自然的残忍和自私之处。华莱士自己发展和呈现的理论不太可能冲击读者，挑战其深层次的信仰。

华莱士也会面对实际层面上的困难。1858 年他写论文的时候，身处远东一个偏僻的地方。他将手稿寄给达尔文，因为他听说达尔文在研究物种问题。但是如果没有达尔文，华莱士会怎么处理他的论文？他极有可能将论文邮寄给莱尔，但那就无法保证论文会得到同样的重视了。莱尔因为华莱士 1855 年的论文大受震动，怀疑它是关于变异的论述，但他当时非常排斥这个说法。即使达尔文首先提了出来，他也是到了 19 世纪 60 年代晚期才不情愿地接受进化论。简言之，没有达尔文，华莱士 1858 年的论文会让莱尔震惊不已，但无法预料他会做何反应。他可能因为论文太激进而置之不理，或者发回去一系列问题和反对意见。即使华莱士能够发表论文，我们要记住在我们的宇宙里，达尔文和华莱士的合作论文并没有得到任何关注。那么一个不为人知、在马来群岛的丛林里收集标本的自然学家写的一篇短文又能引起人们多少兴趣呢？引发伟大讨论的是《物种起源》，而不是 1858 年的论文，因此在一个没有达尔文的世界里，华莱士自己必须写出一篇同样分量的著述才可能得到认真对待。由于他直到 1862 年才回到英国，很难想象他在这之前就开始了这项任务，而且也不大可能在五年之内就写出这样重要的手稿。华莱士如

---

① 华莱士，《达尔文主义》，36—40 页。

果开始着手这项事业，那也要等到 19 世纪 60 年代晚期，甚至是在 70 年代。到这个时候整个形势已经完全改变了。

达尔文是 1858 年到 1859 年间唯一一个能够根据自然选择的观点掀起一场重大运动的人。“呼之欲出”的论断也站不住脚，因为其他发现者的数量太少，而且他们看待该理论的方式完全不同。但是自然选择并不是当时唯一存在的理论，一系列其他进化论的说法也经历了发展。达尔文在 19 世纪 50 年代中期感觉到人们的态度已经发生了转变，可以更容易接受物种自然产生的说法了，甚至是在英国。这个时候整个进化论的确“呼之欲出”了，如果达尔文没有出版著述，也还会有其他人尝试的。但他们会推广非选择理论，比如说拉马克理论，而这些理论将成为第一个进化范例的基础。如果华莱士要等到 1870 年左右才出版关于理论的重要著述，那首先要在一场辩论中得到认同，因为当时已经有了完全不同的进化模型定义了所有参数。为了想象这个假设辩论的基础，我们只需要回顾一下在我们的世界里，达尔文是如何在 1858 年之前秘密进行研究工作的。

3. 超自然论气数已尽

关于他的理论达尔文 1844 年就写了大量文章，但是没有发表。历史学家认为他担心公众的反应，特别是他的妻子艾玛担心他的想法会引起轩然大波。1844 年钱伯斯的《自然造物历史遗迹》出版，科学界的保守派精英对书中所说的人类是自然发展过程的产物诚惶诚恐。历史学家约翰·凡·韦恩指出达尔文从未明确表示他延迟出版是因为害怕，只是说自己接下来的十年里一直忙于其他研究。即使经过了小猎犬号的九死一生，他仍然继续地质观察工作，很快开始了极为浪费时间的藤壶研究。他还着手收集更多证据，帮助他给出比 1844 年的文章中使用的更有说服力的案例。这些实际问题当然需要他的关注。但是大部分达尔文学者怀疑他至少对公众的反应有一种潜意识的恐惧，这促使他找借口推迟出版自己的理论。[①]

达尔文在 19 世纪 30 年代末设想理论的时候，大部分英国自然学家认为进化论会危及宗教、道德和社会秩序。它也被视为邪恶的科学。19 世纪 40 年代中期很多人仍然这样认为，这点可以从人们对《自然造物历史遗迹》的反应看出。但是许多法国和德国自然学家的

---

① 见凡·韦恩，《小心距离》。关于达尔文生平中强调他的作品如何引起紧张情绪的叙述，见戴斯蒙德和摩尔的《达尔文》(*Darwin*)。

态度不那么否定，而且有证据表明在英国，支持奇迹造物论观点的人在 19 世纪 50 年代也开始减少。达尔文开始重新考虑自己的保密原则，同时也是由于胡克和莱尔的鼓动，因为他曾向这两位朋友倾诉（胡克是在 1844 年知道了这个理论，莱尔是在 1856 年）。只是因为他这个时候结束了对藤壶的研究，收集到了足够的证据来支持自己的理论吗？还是这三位科学家的做法表明他们已经注意到了公众对进化论态度的转变，可以进行一场新的运动，但不会引起像《自然造物历史遗迹》一样遭遇的敌意吗？

当时出现了一种新的自然视角，的确提供了一个较为宽松的环境来讨论进化。虽然几乎没有人知道达尔文的自然选择理论，对物种起源的自然解释已经呼之欲出了。达尔文决定开始写他的“论著”（1858 年因为华莱士的论文而被暂时搁置），一方面是因为他对自己要提出的案例更有信心，另一方面是因为他意识到现在面对的公众和科学家不那么充满敌意了。

这个新的态度不是达尔文自己活动的产物。虽然他和广泛的自然学家保持联系，但在向世界传播理论方面速度很慢。从 1844 年到 1856 年，胡克是他唯一的倾听者；1856 年他告诉了莱尔，第二年告诉了阿萨·格雷。赫胥黎只知道达尔文不再接受物种稳定性的说法了——他在出版之后才知道自然选择理论。达尔文对自己的理论这样低调，根据我们对这个想法多变的世界的了解，我们可以稍微肯定地预测没有达尔文的世界事情会如何发展。当时大的趋势是偏离传统的物种奇迹造物论，人们越来越倾向于思考某种自然形式。超自然主义的势力在逐渐消退，人们都开始寻找一种自然解释——虽然理论转换是唯一被考虑的可能性。

在我们的世界里，《物种起源》促进了整个向进化论过渡的趋势（大部分自然学家忽视了 1858 年达尔文和华莱士写的论文）。进化论作为一种最极端的自然形式成为辩论的焦点。但是没有《物种起源》，是否会有推动力让人们重新提出这个备受争议的话题？毕竟15年前《自然造物历史遗迹》出版时引起众怒后就没人再提了。我们习惯认为达尔文的书就像晴天霹雳一样完全扭转了形势。除非我们可以从华莱士那里寻找到同样的推动力——我已经说明了这是不太可能的——否则整个进化论将会继续埋没好多年，不会出现能与达尔文革命相比的事件。

达尔文的书作为一种变革影响力的形象也要归功于T.H.赫胥黎。正如阿德里安·戴斯蒙德所指，赫胥黎1880年的《〈物种起源〉时代的到来》（*Coming of Age of Origin of Species*）给人的印象是在1859年之前，几乎所有人都将生命历史视为一系列灾难性的大规模物种灭绝后爆发的超自然造物。达尔文的另一个主要支持者厄尼斯特·海克尔后来表明19世纪60年代的时候，大部分德国科学家对任何形式的进化论都充满敌意。但不能相信这些评价的表面意思。两个人都能通过突出自己对达尔文掀起的革命做出的贡献而大大受益。实际上赫胥黎在1859年之前不爱谈进化论，对达尔文研究的适应论和共同祖先理论都持怀疑态度。他后来回忆往昔时说自己曾经认为造物论者和进化论者是“各家房顶上的灾难”。如果这种态度是普遍存在的（如赫胥黎所说），那么没有达尔文对改变机制的新假设提供的刺激，整个进化论有可能还处于搁置状态。[①]

但是有可能赫胥黎和海克尔夸张了科学家不愿思考进化革命论的程度。声称几乎每个人都是极端灾难论者一定是错误的，因为当

① 见戴斯蒙德，《原型和祖先》，59页。赫胥黎的评论见他的《达尔文理论集》（*Darwiniana*），《〈物种起源〉时代的到来》，231页。以及他的《〈物种起源〉的接受》，197页。海克尔的回忆都在他的《关于进化论最后的话》（*Last Words on Evolution*）中，29页。

时已经有一些卓越的科学家和知识分子开始表明需要神造论之外的理论。但即使这样，如果没有达尔文关于进化起因的新假设，科学家们还是有可能不愿意重提旧事。迫切需要改变的压力越来越大，但是走向进化论之路因为科学界无法给出合理解释进化过程而受到阻碍。关于“发展法则”的模糊概念不足以将进化论从纯粹的猜想变成科学理论，没有科学家的支持，关于这个话题的公开讨论也无法进行。赫胥黎说的“各家房顶上的灾难”意味着这个话题打了死结，只有达尔文的理论能将它解开。[①] 但也许还有其他力量在发挥作用，即使没有达尔文的干扰也会向前发展。其他自然学家，特别是对达尔文在干什么完全不知晓的，提出了一系列的可能性，所有都指向了重新思考物种稳定性，即自然法则无法解释物种起源的传统观点。西方文化中发生的更广泛改变也在质疑基于超自然力量的说法。

即使没有达尔文的提醒，到了 19 世纪 60 年代，自然学家和知识分子应该也已经摆脱《创世记》的传统世界观，重新考虑进化的可能性了。科学家们对物种的思考瓶颈可能没有赫胥黎说的那么严重，可以经过不那么戏剧化的干扰而分阶段打通。进化论最终还是会繁荣发展的——但它可能是基于非达尔文观点的进化论，不是基于自然选择的。

这个立场需要重新考虑《物种起源》在我们的世界究竟做了什么贡献。如果我们可以分析这个贡献是由什么组成的，就可以更好地理解没有达尔文会发生什么。历史学家一般会指出进化机制问题是个重要的创新。拉马克的获得性特征遗传理论已经存在一段时间

---

① 在我的《非达尔文革命》(*Non-Darwinian Revolution*)(48 页)中，我用了个比喻说达尔文是伐木工，打通了河上漂浮的原木阻塞，这样能推动流水向前。我现在认为这个阻塞并没有那么严重，也可以通过其他不太激烈的方式打通。

了，但赫胥黎和其他人不以为然，认为它不值得审视。赫胥黎也十分反对钱伯斯关于发展法则的模糊说法，主要是因为它太倾向于设计论了，认为改变的方向是神安排好的。自然选择对于赫胥黎来说很重要，并不是因为他认为这个解释足够，而是因为它说明了新的假设可以填补过去只能用超自然力解释的空白。像人工选择这样的新话题突然变得相关起来，为更广泛的综合推理打通了道路。但是达尔文的综合推理在当时并没有得到赞同，非选择理论很快就盛行起来。所以《物种起源》中的新理论可能没有赫胥黎说的那样具有决定性。比如说当时已经出现了对拉马克机制重新产生兴趣的迹象，特别是赫胥黎的朋友赫伯特·斯宾塞。

但是达尔文的影响力超出了机制的问题。他提供了大量事实支持进化中共同祖先的说法。他总结了不同条线的证据来质疑物种作为定义清楚、永恒存在的说法。生物地理学在这方面提供了帮助，同时为共同祖先分支模型提供了基础。这里我们可以看得更清楚了，在一个没有达尔文的世界里，进化的问题最终还是会被提起来的，因为我们知道其他自然学家，包括胡克、格雷，当然还有华莱士，都越来越意识到证据所指的方向。这个证明适应进化和共同祖先的一般证据可能会引起对拉马克机制的重新思考，而拉马克机制可能会被用来解释这个过程——实际上在我们的世界的确有许多反达尔文的进化论者这样做了。

我们要时刻记住不是每个人都在寻找基于适应和共同祖先的理论。与之对立的功能主义传统支持的其他理论视新形式的出现是预设法则的结果。这个传统下的一些自然学家仍然认为生命的新形式可能直接出自无形无质。形式主义也鼓励寻找能够朝着事先决定的方向推动进化的内嵌变异趋势，一个在 19 世纪晚期达尔文主义衰退时活跃在我们这个世界的模型。持有传统观念的自然学家希望将进化视为一个神圣计划实施的过程，他们很容易就采取这种方法，而钱伯斯在《自然造物历史遗迹》中至少从表面看是推行了这种方法的。1859 年已经有大量自然学家开始沿着这个线索思考了，如果没有达尔文，这种反适应论者的进化论方法可能会繁荣起来，可能会将赫胥黎算作主要拥护者之一。定向进化论——自然强加的变异趋势——可能会替代神圣计划造物论。在一个没有达尔文的世界里，拉马克理论与定向进化论相结合，在我们的世界里作为适应论的替代理论而被推广，可能会成为 19 世纪 60 年代晚期或 70 年代初期进化运动的原始基础。

这时候我们需要概览一下到了 1859 年自然学界多大程度上走向了进化论。这需要好好评价一下为系统探索物种起源铺平道路的科学发现和创新。但是这种探索涉及的不仅是科学革命，除非人们的思考方式同时发生改变，特别是关于上帝、自然和人类之间的关系的思考，否则不会酝酿或推广关于进化的新想法。进化论威胁着传统信仰和价值观，但是危害到教会权威的文化势力已经破坏这些传统了。对《圣经》的历史研究，伴随着对无信仰者会永远在地狱饱受折磨这种说法越来越强烈的道德反感，都在鼓励人们超越字面意思去解读造物论和原罪的《创世记》故事。

有些我们总是习惯与达尔文理论联系起来的新态度，特别是越来越热衷于将自然视为一个斗争和矛盾场景，早在达尔文的作品没有出版前就广泛流传了。在我们的世界里，这些态度当然是因为达尔文的作品而得到了加强，但是它们的根源不是他，我们不能简单地以为社会达尔文主义的意识形态会在一个仍然不了解选择论的世界里出现。达尔文革命不仅是一个科学事件——它是一个从许多方面改变了人们世界观的文化运动。但是正是因为改变的基础十分广泛，我们绝对不能掉入思维的陷阱，认为达尔文观点的方方面面只能来源于《物种起源》。马尔萨斯的幻影和生存竞争无论如何都会出现，无论达尔文是否将这些因素纳入到自然选择进化论中。

其他反事实推理

如果其他科学家和赫胥黎一样都怀疑科学进化论的可能性，那如果没有达尔文是永远不会出现进化论运动的。但是科学界及其他领域的一些行动正在为某种形式的进化思想铺平道路。这本书的主要目的是探索如果达尔文没有出版《物种起源》会产生哪些其他方法。但是如果他多活了几年，对自己1844年写的理论进行了重要的概括又会怎么样？毕竟他在遗嘱中表示，一旦自己意外死亡，妻子艾玛应当将书出版——这时候他已经是身体欠佳了，而且余生都在病痛中度过。想象一下他在写《物种起源》之前就去世了，但是1844年的文章也许在莱尔和胡克的帮助下得以发表。我们是否可能看到与真实情况差不多的达尔文革命，只不过发生的时间早了几年？

这个“高级”达尔文革命是否会发生要看事件发生的确切时间，它也提醒了我们达尔文同时通过与其他自然学家的非正式交流以及出版物而带来了影响。19世纪40年代末，胡克已经了解到了达尔文的理论，但是对其有效性并不信服，而赫胥黎的职业科学家生涯尚未开始。一些显赫科学家对《自然造物历史遗迹》的负面反应仍然还在每个人的脑海里。这时候出版任何东西可能都没用，但很难预计可能会发生什么。但是如果假设达尔文是在19世纪50年代中期病入膏肓，那有可能他的理论在死后才得到广泛流传。胡克这时候已经转变了，莱尔也开始动摇，其他人像阿萨·格雷和正开始自己作为新一代职业科学家生涯的赫胥黎，都正在慢慢被带入达尔文理论的圈子。许多自然学家虽然不了解自然选择，但已经开始意识到达尔文正在研究物种起源的课题，所以华莱士才把自己 1858 年写的论文邮寄给了达尔文。我们可以想象这个时候如果出版 1844 年的论文——在胡克和莱尔分别的大力支持和一般支持下——一定会产生巨大的效果。在这些情况下，华莱士可能会在写 1858 年论文前就已经知道了选择理论（除非他身在远东，没有看到达尔文发表的论文）。

这些反事实推理提醒我们在一个完全没有达尔文的世界里，19 世纪 50 年代不会有人向胡克、莱尔和格雷推介进化论。选择理论不会有幕后推介，这个世界也就缺少了对更广义分叉适应进化论的主要支持来源。我们必须确定可以想象其他自然学家在没有达尔文推介的情况下朝这个方向思考。值得记住的是当时还有并不以局部适应为重点的进化论，换一个世界这种非达尔文理论可能会比在我们的世界里发挥更重要的作用。必须承认如果都意识到像达尔文这样受人尊敬的人物在研究这个问题，人们就会对进化论在科学界的理论化抱有更宽容的态度。研究在一个没有达尔文的世界里如何出现进化的观点比我们最开始想的稍微难办一点。另一方面由于大部分自然学家对达尔文的方向只有模糊的概念，我们也许可以对这个间接影响不予考虑，只要能找到朝向类似方向独立发展的足够证据。

化石和生命历史

19 世纪早期的世界观在一个重要方面被颠覆了，没有这种改变进化论基本上是不可想象的。在前一个世纪，普遍看法是地球只有几千年的历史，所以《创世记》中的描述可以按照字面解读。到了 1802 年，威廉·佩利的《自然神学》仍然认为只有一次造物，形成了现代的物种。但是随着地质学家建立了地球历史的轮廓，证明在很长的一段时间里地球经历过巨变，这个假设就遭遇了威胁。

用《圣经》的视角看过去就不会存在一个人类出现之前的史前时期。但是化石证据证明在地质时间上地球上的居民一直在发生改变。关于到底时间有多长一直争论不休，但所有地质学家都认为地球的历史占据了一段比人类历史更漫长的时间。达尔文喜欢莱尔的“均变论”方法，假定时间几乎是无限的，将分开地质时期的明显中断视为一种幻象。随着发现的化石越来越多，弥补了时间间隔，连续种群之间存在某种形式的过渡就成为了可能。最重要的是，化石记录似乎意味着生命历史中一个循序渐进的趋势，莱尔曾经试图忽视这一点。地球上的生命发展代表向现代延伸的过程，其意义与人们对社会历史进步论不断高涨的热情相契合。[①]

建立对地球历史的现代观是 1790 年到 1840 年间最伟大的科学成就之一。晚些时候我们今天所了解到的地质时期序列得以建立，根据化石记录绘制的生命历史轮廓业已出现。大部分地质学家认为地壳上发生的主要变化，比如山峦形成，都是大灾难突变引起的。威廉·休厄尔（William Whewell）发明了“灾难论”一词表明立场。在 19 世纪 30 年代初期之前，大部分科学家还认为最后一场灾难事件可能相当于诺亚大洪水，虽然到了 1840 年，人们摒弃了地质史上最近发生了大洪水的说法。但是灾难论者仍然将突变视为区分地质时代及其不同化石的分隔符。他们认为物种灭绝就是这些灾难导致的结果，然后又出现了新的物种来适应下一个时期的不同环境。这些新物种从哪里来的问题没法逃避。在英国，大部分灾难论者假设有奇迹造物事件发生，可是在大陆不太流行借助神的干扰。如果接受生物可以经历巨大过渡而存活下来，进化可以作为一种解释，不过进化不是值得思考的唯一机制。

---

① 关于地质学的这些发展更详细的记录，见路德维科（Rudwick）的《打破亚当前时间和世界的限制》（*Bursting the Limits of Time and Worlds before Adam*）。

灾难论者认识到虽然他们假设的地球运动非常迅速，蚀化和分解在每一个地质时期都需要大量的时间来形成沉积岩层。他们绘制的并不是一个年轻地球的大事记表，虽然他们当时想象的时间度量比我们今天所接受的要短得多。在 19 世纪中叶，人们达成了一个广泛的共识，认为地球的年龄大概是一亿年。这个广泛共识面临的最大挑战来自查尔斯·莱尔《地质学原理》（1830—1833 年）中提出的均变论地质理论。莱尔希望科学地质学与《圣经》中的造物故事撇清关系。他不喜欢灾难论，因为该理论所说的最后一场灾难仍然与《创世记》中的洪水有关。他也怀疑灾难论者关于整个地质序列有起点的假设，他们将之用来证明地球造物论。他提出地质序列是一个渐进的无尽循环的过程，自然改变分布于一个无法想象的漫长时期，而对这个时期我们只有关于晚些时候的证据。山峦是几百年来地震导致的结果，和我们所观察到的地震一样剧烈，所有的蚀化是小溪河流在同一个延伸时段上自然流动的结果。与如今的广泛信仰相反，莱尔并没有用自己的观点说服灾难论者。达尔文是他最有热情的学生，没有达尔文的努力莱尔的观点可能不会如此迅速地得到支持。但是莱尔最终达到的，而且是必然达到的，是人们更加意识到自然因素在改变地球中的作用，而且削弱了（甚至消灭了）灾难论的假设。到了 19 世纪中期，几乎没有地质学家认为是灾难消灭了地球上的生命——在连贯的历史时期之间至少有一些连续性。

需要解释化石序列中如何出现新的物种似乎很明显。但是大部分自然学家不愿意无端臆测——他们好像是更愿意先不想这个问题。连贯式的奇迹造物论明显是个折中的说法，不过没有人想去猜测超自然干扰如何发生的细节。而是自然学家到化石记录中去寻找证据，证明可能存在高于一切的神圣计划。化石记录中存在明显的进步因素，从原始的脊椎动物到鱼类、爬行动物和哺乳动物，最后到人类的出现。也许随着地质时期的更替，地球环境发生了变化，曾经产生出更为高级的生命形式。或者也许造物者精心安排了人类在计划中的地位，创造了一个以人类为最终目标的动物王国发展模式。解剖学家理查德·欧文（Richard Owen）19世纪50年代提出每一个新纲目出现，特化作用都会朝更先进的现代物种放射。虽然他不愿意公开接受变种说，但是他注意到眼前的化石记录展示出的模式与进化论者假设的序列惊人地相似。①

变种论的起源

新物种可能是之前的物种变种而来的观点是在19世纪末提出来的。（现代环境中的“进化”一词后来才普遍使用。“变种”在19世纪早期是常用的词，虽然达尔文更喜欢“经过改变的后代”一词。）18世纪的激进思想家曾提出过自然过程对现存形式的转变，不过现代学者比较警惕，不太愿意自己的看法和现代进化理论太过相近。到了19世纪90年代出现了完整的机体发展理论。这一领域的一个先锋人物就是达尔文的祖父伊拉斯谟斯·达尔文（Erasmus Darwin），是位显赫的医生，也是诗人，他在1794年到1796年间写的《动物学》（*Zoonomia*）设想生物通过长期斗争来改善自己，渐渐使得生命朝着更复杂的结构前进。达尔文甚至将这个设想融入到了诗歌中，使得它在科学界和医学界之外也产生了影响。佩利写《自然神学》，部分原因是为了捍卫设计论，反对达尔文所说的适应是生物有目的活动导致的自然过程。年轻的查尔斯·达尔文了解祖父的猜想，和他一样都相信性繁殖是理解自然扩张力的关键。伊拉斯谟

---

① 见鲍勒，《化石和进步》（*Fossils and Progress*）；戴斯蒙德，《原型和祖先》；路德维科，《化石的意义》（*The Meaning of Fossils*）。关于欧文的观点，见鲁珀科，《理查德·欧文》（*Richard Owen*）。

斯·达尔文也诉诸自然界的竞争元素，但他是从猎食者和猎物的角度分析，而不是一个种群内个体之间的竞争。[1]

在当时许多寻找一种激进理论替代神学造物论的人当中，更为有实力的一位是法国生物学家让-巴蒂斯特·拉马克（Jean-Baptiste Lamarck）。他在1809年出版的《动物哲学》（*Zoological Philosophy*）一书中提出的理论因为一个名词而被人记住——获得性特征遗传，一般被称为“拉马克理论”——它是19世纪晚期自然选择理论最合理的替代理论。也许可以说拉马克理论和自然选择是关于适应进化论仅有的两个机制。这也是为什么孟德尔的基因学提出获得性特征不能遗传给后代，新达尔文理论便成为占统治地位的进化理论。奇怪的是，回顾他后来获得的声誉，拉马克理论只是其整个体系中的第二个组成部分。他认为存在一个更基本的进步趋势，推动物种变得越来越复杂。适应性改良产生偏离，而从最简单的有机体到人类本来是个直链。拉马克及其早期追随者似乎相信多重平行发展进化路径。虽然他给出了一个看似分叉树的关系图，大部分历史学家认为拉马克并没有真的预期到共同祖先理论。

更古老的生物学历史认为拉马克因为他的宿敌乔治·居维叶在法国科学界被边缘化了。但是最近研究表明当时还有激进的法国自然学家更认同拉马克的理论。达尔文早期在爱丁堡学习时从解剖学家罗伯特·格兰特（Robert Grant）那里听说了拉马克理论，阿德里安·戴斯蒙德也说明了当时激进者在英国医学界发起了一场积极运动，挑战设计论。当时从科学界和医学界发出许多反对之声，理查德·欧文是19世纪30年代变种论者最主要的痛苦根源。欧文竭尽全力破坏地球生命连续发展的说法，指出了化石记录与物种排列之

---

① 关于伊拉斯谟斯·达尔文，比如说见哈里森，《伊拉斯谟斯·达尔文的进化论观》。关于早期进化论，见鲍勒，《进化》（*Evolution*），第三章。

间有许多缺口。到了后来他才试图更新设计论，加入了看似是一种进化形式的理论。[①]

激进派还很热衷于一种看待物种之间联系的新视角，叫“超验解剖学”，关注表面适应功能下的相似点，以此说明动物王国存在一种基本的统一。超验论的方法始于德国，被欧文带到英国，他劝说自然神学家统一本身就说明自然遵循的是一个神圣计划。但是超验论并不是基础更广泛的结构论者所持自然观的唯一表达。许多人都怀疑劳伦茨·奥肯（Lorenz Oken）这样思想混乱的理想主义作家及其关于结构模式嵌入整个世界构造的说法。J.F. 布鲁门巴赫的追随者用自然过程替代《圣经》造物论观点，虽然他们的想法除了变种还包含其他过程。在法国，居维叶的另一个主要竞争对手乔夫罗伊·圣–希莱尔推崇一种更物质观的“自然统一”论点。乔夫罗伊认为对比解剖学家发现的相似点可能说明一个物种来源于另一个物种。他提出了一个突变或巨突变的变种论，个体发展的过程偶尔变异，胚胎成熟后与亲代大相径庭。也许是外部环境造成了变种，不过乔夫罗伊似乎并不认为新的物种形式更适应新环境。他用自己的理论解释现代鳄鱼如何看似是早期鳄鱼目的变种后代，现在已经在化石记录中找到了鳄鱼目的遗迹。[②]

认为一个新物种最早出现的个体可能是突然出现，是他们亲代的突变，这个说法被戏谑地称为“希望怪物”理论。这样的怪物可能是

---

① 霍奇，《拉马克的生物体科学》中介绍了拉马克理论。关于他的想法的影响力，见《考斯，拉马克时代》（*Corsi, The Age of Lamarck*）；关于格兰特和英国人的辩论，见戴斯蒙德，《进化的政治》（*The Politics of Evolution*）。后者也和鲁珀科的《理查德·欧文》一样介绍了欧文的回应。

② 关于吉弗洛伊的观点见勒·基雅德（Le Guyader）的《乔夫罗伊·圣–希莱尔》（*Geoffroy Saint-Hilaire*）；关于他与保守派乔治·居维叶之间的争议，见阿佩尔（Appel）的《居维叶–乔夫罗伊大辩论》（*Cuvier-Geoffroy Debate*）。

幸运的，因为伴随个体发展过程的突发干扰并不能保证它能够适应环境，甚至能生存（最严重的突变实际上是致命的）。为了发展另一个物种，必须要找到另一个性别的相似怪物——这个可能性不大，因为任何形式的突变都是极少发生的。突变论与现代达尔文进化论完全不同，它使得自然学家继续持有物种固定论的观点，虽然产生了变种的后代，但父辈形式仍然不变。但是这个说法至少是提及了变种，可以作为共同祖先理论的基础。只要变种不是太剧烈，人们还是可以识别出哪个新物种是在一个特定的共同祖先范围内变种的产物。

对立理论

乔夫罗伊的突变论说明自然学家在寻找替代神圣造物论的理论过程中曾设想过许多个变异理论，但与达尔文的缓慢适应性改变理论模型相差甚远。当时还有其他与现代进化观大相径庭的理论。理查德·欧文 1848 年在写给出版商约翰·查珀曼（John Chapman）的一封信中说他可以想出六七种可能产生新物种的自然机制。拉马克理论和突变论是最突出的两个可能性，其他的还有什么呢？[①]

其中一个是新物种可能是由于两个现存形式杂交的结果。不同的物种之间应该是无法繁殖后代的，但是人们怀疑偶尔也是可能配种成功的，产生一个融合了双方特征的杂交物种。如果是真的，那杂交物种就是个新物种。人们认为这个过程大多发生在植物之间，现代生物学家认识到有时候新物种就是这样产生的。18 世纪中期，伟大的分类学家卡罗勒斯·林奈（Carolus Linnaeus）曾说上帝可能仅仅为每个属创造了一个基本类型。我们现在看到每个属之下相关物种族群是经过历史长河，各种原始形式之间杂交而来的。因此世

① 欧文的声明详细记录在鲁珀科《理查德·欧文》第五章中。

界上的物种数量只能通过纯粹的自然手段慢慢增加。新物种有可能是通过这种方式产生的，整个19世纪人们都这样认为。有些基因学历史学家认为19世纪60年代格雷戈·孟德尔（Gregor Mendel）进行的杂交试验——我们将之视为基因学的基础——实际上是因为希望用杂交理论代替达尔文理论而受到启发的。一位基因学家J.P.劳茨（J.P. Lotsy）认为杂交产生新的特征，因此是所有新物种的本源。他甚至表示脊椎动物有可能源于两个无脊椎动物之间的杂交。[①]

欧文还对昆虫变形和世代更替很感兴趣。我们都熟悉昆虫物种在生命周期内要经历不同的阶段，就像蛾子和蝴蝶。一些无脊椎物种甚至表现出更剧烈的变化——他们原本世世代代以一种形式繁衍，然后突然变成了另一种形式。欧文可能想知道如果这些阶段永远被分割会发生什么，比如说如果蛾子达到性成熟并开始繁殖，不需要达到成虫形式变成蝴蝶。那么我们就会看到两个完全不同的物种，但是没有意识到它们不过是一个物种处于生命周期的不同阶段而已。

这个想法的问题和杂交论一样，在于没有解释随着时间分化的原始形式从何而来。林奈简单地把每个属的原始形式说成是神创造的。欧文可能更愿意不去想这个问题，但是他一定已经意识到这些理论和任何变异理论的形式不同都无法有效解释生命形式多样化的最终根源。不同物种的数量可能通过自然的过程翻倍，但所有的基本特征必须已经存在这个过程才能开始。劳茨回避了这个问题，说杂交实际产生了新的基因物质，但是他的理论仍然需要之前就存在至少一些独特的原始形式。

还有另外一种可能性也回避了这个问题，虽然如今在我们看

---

① 见鲍勒，《进化》，第三章；鲍勒，《孟德尔革命》（*The Mendelian Revolution*）。关于孟德尔的立场，见奥尔比的《孟德尔学说的起源》（*The Origins of Mendelism*），附件5.洛茨比的书是《杂交手段的物种起源》（*The Origin of Species by Means of Hybridization*）。

来非常离奇。18世纪激进思想家提出无组织的有机体在某些情况下能够将自己构成生物，一些实验似乎也验证了微生物能够通过这样一个“自然发生”的过程而出现。拉扎罗·斯帕拉捷（Lazzaro Spallanzani）后来说这些实验不可信，虽然这些争论的结果并没有现代教科书里写得那么清楚。[①] 拉马克和伊拉斯谟斯·达尔文继续认为这个过程实际上发生过，解释了进化进步开始的原始起源。但是在前一个世纪，自然学家布冯（Buffon）曾思考“自然发生”是否能在极其稀有的情况下直接从无组织的物质中产生复杂的生物结构。这样就不需要激发变种的过程了。

历史学家一致认为这个说法到了大约1800年就不流行了，只剩下更狭义的自然发生概念以一种非常原始的形式作为替代理论（虽然是备受争议的）。但是尼古拉斯·鲁珀科指出了一个类似的说法，他称之为“原生代说”，一直流传到19世纪。德国解剖学家卡尔·福格特（Karl Vogt）和奥地利植物学家弗兰茨·乌戈（Franz Unger）都接受这个说法，包括亚历山大·冯·洪堡和约翰尼斯·穆勒（Johannes Mueller）在内的卓越思想家也都曾对此考虑过。[②] 这是形式主义者传统的另一个体现，因为它假设自然的基本法则已经预先决定好了新的生命形式。通过假设新的生命形式可以直接产生于物质，这个早期的形式主义理论夺走了人们对变异说的关注。但是大部分形式主义者承认在主要有机体类型内部也存在预先决定的进化，他们逐渐增加了理论中的这个元素，放弃了“原生代说”。

历史学家忽视了“原生代说”，因为它在19世纪中期就迅速衰败了。乌戈在19世纪50年代摒弃了该理论，因为他意识到在生命

---

① 罗，《物质、生命和繁殖》（*Matter, Life and Generation*）和罗，《约翰·特伯维尔·尼达姆和生物有机体的繁殖》。

② 见鲁珀科，《既没有造物也没有进化》和《达尔文的选择》；以及格力博夫（Gliboff）的《维也纳的进化、革命和改革》。

以细胞为基础的新理论下，多细胞有机体自然发生的说法不太可能了。他转向了一种进化理论形式，福格特也成为了狂热的进化论者。通过这一插曲我们看到了 19 世纪早期自然学家的思想处于多么复杂的状态。这种情况说明虽然没有什么自然学家公开支持变异论，但我们不能因此就假设他们都是支持神圣造物论的。有许多人都非常怀疑在整个地球的历史上发生过多次超自然事件的说法。但变异论绝对不是一开始就被认定为最好的替代理论，所以最好是不偏不倚，在公开场合保持缄默——欧文采取的就是这个策略。

早在 1836 年，莱尔就给备受尊重的天文学家和科学哲学家约翰·赫谢尔爵士（Sir John Herschel）写信，信的内容说明两个人都认为新生命形式的起源有可能是“间接原因”造成的，也就是自然法则控制下的过程。但是莱尔和赫谢尔和欧文一样，仍然认为这些法则代表了造物者的先见之明。查尔斯·巴贝奇（Charles Babbage）1838 年非正式的《第九布里奇沃特条约》（*Ninth Bridgewater Treaties*）说得很清楚，设计——包括新物种的设计——最好是通过法则去想象，而不是奇迹。这些卓越人物都满足于让别人以为他们倾向于某种形式的“法则造物”——这个定义模糊的概念是指造物者通过制定法则来控制过程，最终实现自己的设计。至于到底有哪些过程，最好不要去探求。[①]

之所以这样谨慎最明显的原因就是担心公众的反应，但是另一个原因是需要探索的可能性实在太多了。当时为数不多的几个公开提出用自然方式解释物种起源的激进思想家必须探索大量的可能性，远远超出我们的想象。变异只是一种可能性——而且很危险，考虑

① 莱尔的信收录在莱尔等人写的《查尔斯·莱尔的生命、信笺和日记》（*The Life, Letters and Journals of Charles Lyell*），1：467. 关于这个时期的发展，见鲍勒，《进化》第四章；和鲁斯，《达尔文主义革命》，第 3—6 章。

到居维叶这样的保守科学家给予拉马克理论的负面回应。但是 19 世纪 40 年代和 50 年代，公开支持奇迹论的人减少了，越来越多的思想家开始考虑自然法则的角色。其他可能性的范围也减少了，因为大部分稀奇古怪的想法都被排除了，人们开始专注于变异论，认为其是向前发展的最佳理论。即使没有达尔文的贡献，自然学家和有心的思想家也会对我们所说的进化论采取一种更积极的态度。

《自然造物历史遗迹》及其出版后

这种态度明显转变的标志就是 1844 年出版的一本引起了巨大反响的书，也就是在《物种起源》出版前 15 年。书名是《自然造物历史遗迹》，作者是爱丁堡出版商罗伯特 · 钱伯斯，但出版时是匿名的。钱伯斯是个业余自然学家，他认为科学界的主流专家都不愿意承认许多新的发现都指向了基于自然发展，而不是基于奇迹的世界观。除此之外他还有自己的政治目的。他出版的书主要是关于不断崛起的中产阶级，希望说服读者社会进步是不可避免的。这样做的一个方式是向他们说明人类历史只不过是宇宙进步过程的一个延续。用历史学家詹姆斯 · 赛考德（James Secord）的话说，这是“进步的大众科学”。为了能让他的中产阶级读者接受这样一个激进的说法，钱伯斯提出发展背后的法则——包括身体、有机体和社会的发展——是造物者制定的，是他间接达到目的的一种手段，而不是通过奇迹来干涉。[①]

《自然造物历史遗迹》提出了一个由自然法则控制宇宙的历史视角。它假定行星是旋转尘埃的原始星云在自身重力下坍塌而形成的。这个“星云假设”是法国天文学家皮埃尔–西蒙 · 拉普拉斯首先提出

---

① 有一个现代版本的《自然造物历史遗迹》，詹姆斯 · 赛考德编辑的。关于钱伯斯非达尔文的发展视角最详尽的记录是霍奇的《自然的宇宙构思》。

来的，被广泛流传为理解世界如何在物理学法则的运行下变成今天这个样子的模型。[①]它因此提供了一个鼓励人们从进化角度思考的方式。但是它的意义所在明显与达尔文无关，因为这个过程是不自主地朝着单一方向前进：从尘云到行星的有序系统。在钱伯斯看来它是一个起点，接下来就是一个更普遍的进化宇宙学，基于受法则约束的不可避免的进步。

地球形成后，钱伯斯认为电波从无机物质中产生了简单的生物。后来相继出现的一代代生物慢慢变得更复杂，最终出现了人类。这是我们称之为进化的全面唯物论，最早是由拉马克和伊拉斯谟斯·达尔文描绘出来的，后来再次兴起并向公众宣传。但是钱伯斯对适应没有任何兴趣，他的发展模型也不是基于生命树的。他看到多重进化平行线都朝着相似的方向，每个都受到内嵌倾向的向前推动。进化是个预设的过程，很像胚胎发育成熟的过程。关于变化几乎没有什么自然解释，因为它是基于一个符合发展法则的程序而进行。“程序”一词在这里只是稍微用错了时代，因为钱伯斯使用的是计算机之父查尔斯·巴贝奇首先提出的论点，他认为上帝设定了宇宙改变的程序，就像巴贝奇能够预设他的电脑操作一样。一切都是基于法则而不是奇迹，人类是这个按照法则发展不可避免的结果。

保守派科学家对《自然造物历史遗迹》的反应是恐惧——这是最糟糕的一种唯物主义，拙劣地隐藏在造物主制造了这些法则的说法背后。达尔文读到《自然造物历史遗迹》中由他在剑桥的地质学导师亚当·赛奇维克充满敌意的评论后，被迫深入思考他的新理论。历史学家根据传统认为这本书对科学的影响甚微，但是詹姆斯·赛考德详细研究了公众对这本书的反应，发现地点和社会阶层

---

① 夏弗（Schaffer），《星云假设和进步科学》；南伯斯（Numbers），《自然法则造物》（*Creation by Natural Law*）。

不同人们的反应也不同，更重要的是在接下来的十年里也发生了巨大的改变。[①] 最终，许多普通人的确开始认真用自然学的发展模型思考了。阿尔弗雷德·坦尼森爵士的《悼念》（*In Memoriam*）只是一个受到这个观点影响、试图接受其意义的文学作品的例子。本杰明·迪斯雷利（Benjamin Disraeli）在他1847年的小说《坦克雷德》（*Tancred*）中恶搞了大众对这个发展假设的狂热。这些文学典故也提醒了我们当时更广泛的前沿分子已经转变了态度。现在越来越少受过教育的人能够接受传统的基督教观点，认为人类只有通过基督接受《圣经》中的救赎才能免于诅咒。人们也无一例外地不再将自然法则主导的世界看成是仁慈上帝设计的和谐平衡的乌托邦；用坦尼森的话，生命世界是“鲜红的大口和爪子”。没有达尔文站出来，人们开始将宇宙视为由竞争促使其进步的地方，他们愿意接受人类是这个过程的结果。社会进步仅仅是宇宙法则延伸到新的领域，同样残酷的法则一样在发挥作用。

那么科学界的反应呢？在英国，老一代的科学家几乎都是保守派，充满敌意，但是年轻一代的科学家中混杂着激进自然学家。后来发生的紧张情况可以从理查德·欧文的作品中看出来，他曾猛烈抨击格兰特这样的拉马克主义激进分子。欧文拒绝给《自然造物历史遗迹》写敌意评论，在《关于四肢特性》（*On the Nature of Limbs*）（1849）一书中公开表示地球上生命的发展可能是按照神植入的法则展开。他继续强调化石记录说明特殊后代是来自于一个共同祖先的分支，达尔文也用了这个证据来支持分叉树模型，反对单一思想进步论。欧文的保守派支持者似乎限制了他在19世纪50年代走向进化论视角，但是在《物种起源》大辩论之后，他很乐意用进化是根

---

① 赛考德，《维多利亚时期的轰动》，其中包括迪斯雷利和坦尼森的回应（见188—190、530—532页）。

据神植入的法则展开的观点来反对达尔文理论。很难相信他会在一个没有达尔文的世界里永远停留在原地，不会迈出同样的一步。[①]

人们可能会觉得像赫胥黎这样有抱负的专业人士会支持该理论，但实际上他对后来再版的《自然造物历史遗迹》写了极其辛辣的评论，指控钱伯斯捏造了化石证据，使得生命进步的过程比实际上更连贯。更严重的是，赫胥黎意识到这本书只给出了模糊的理念，而不是有效的科学理论。它暗示进步是根据造物者的计划而进行的可以用来保留以前的设计论。这就是欧文的研究所要达到的让步，赫胥黎对此持怀疑态度。但是赫胥黎没有发表评论的地方，其他年轻的自然学家——最突出的就是华莱士——受到《自然造物历史遗迹》的启发，用更加开放的思想思考自然法则如何引导新物种出现。最后赫胥黎也选了这个方向——当然是受达尔文的鼓动，但如果没有达尔文还有其他压力也会迫使他走这条路。只要能排除设计的元素，进化论就成为打击自然神学的武器。这会帮助像赫胥黎这样不断崛起的新兴专业人士，他们急于在处理国家事务上用科学替代宗教。

19 世纪 50 年代末，钱伯斯对他的出版商约翰 · 丘吉尔（John Churchill）表示，他愿意出一笔钱奖给关于科学证明发展假设的文章。[②] 比赛没有进行，但是当时已经有几个钱伯斯希望能上钩的颇具影响力的人物。包括生理学者威廉 · 本杰明 · 卡朋特（William Benjamin Carpenter），科学作家乔治 · 亨利 · 路易斯（George Henry Lewes），数学家兼哲学家巴登 · 鲍威尔（Baden Powell），以及社会哲学家赫伯特 · 斯宾塞。斯宾塞曾在 1851 年公开支持拉马克的理论，并且在 1855 年出版的《心理学原理》（*Principles of Psychology*）中从进化角度解释了人类思维如何发展。斯宾塞指出他解释思维官

---

① 鲁珀科，《理查德 · 欧文》，特别是第五章。

② 见赛考德，《维多利亚时期的轰动》，506—507 页。

能起源的方法是它们在日常生活中如何被使用，这证明了他接受“发育假设”——也就是我们所说的进化理论。[①] 同年鲍威尔在《归纳哲学论文》(*Essay on the Inductive Philosophy*) 中提出造物者的能力在使用法则产生的效果上比在奇迹事件上能得到更明确的诠释，并且明显暗示可以将之运用到地球的生命历史上。[②]

在钱伯斯希望能影响的重要人物中间也存在意识形态的分歧。鲍威尔是个信奉自由主义的英国国教信徒，更乐于接受法则主导进化是神意志的体现。这也是欧文支持的立场。斯宾塞和赫胥黎是有组织宗教积极的支持者，他们希望进化基于自然法则，而对自然法则的理解是对事件发生的顺序中可以观察到的常规现象的日常感觉。即使没有选择理论，进化论也能满足这个目的，只要有像拉马克理论或突变理论这种对自然过程的描述。特别是对于赫胥黎来说，自然进化论运动可以成为改善小众利益，增加职业科学家数量的有力武器。

当时在其他国家也同时发生了其他运动，特别是在德国。像卡尔·福格特这样的激进人物将注意力从自生发展转到了变异论。更甚者古生物学家海因里希·格奥·布伦 (Heinrich Georg Bronn) 1858 年写了篇论文，研究化石记录揭示的发展模式，用分叉树代表整个效果。虽然布伦没有转向进化论，但他用了更精确的方法研究这个问题，超越了造物论和用于反映人类胚胎发育的简单进步模型。在我们的世界里是布伦将《物种起源》翻译成了德语（不过做了一些重要改编，掩饰了选择理论更为激进的含义）。这本翻译著作激励了当时德国达尔文运动最积极的拥护者厄尼斯特·海克尔。但是在

---

① 斯宾塞，《心理学原理》，577 页。斯宾塞 1851 年文章《发展假设》在他的《论文集》(*Essays*) 中重印，1：381—387 页。

② 关于巴登·鲍威尔，见考斯的《科学和宗教》；关于斯宾塞的修正主义描述，见弗兰西斯，《赫伯特·斯宾塞和现代生命发明》(*Herbert Spencer and the Invention of Modern Life*)。关于这一时期概览，见鲍勒，《进化》第四章。

他读到达尔文作品之前就已经开始思考发展的自然理论了，他的达尔文理论总是带着拉马克理论和德国超验主义的重要元素（达尔文、拉马克和歌德是他的进化理论中三个杰出代表人物）。和欧文的情况一样，很难想象在没有达尔文的世界里，海克尔经过 19 世纪 60 年代还没有得出自然发展过程控制着地球生命历史的论断。[①]

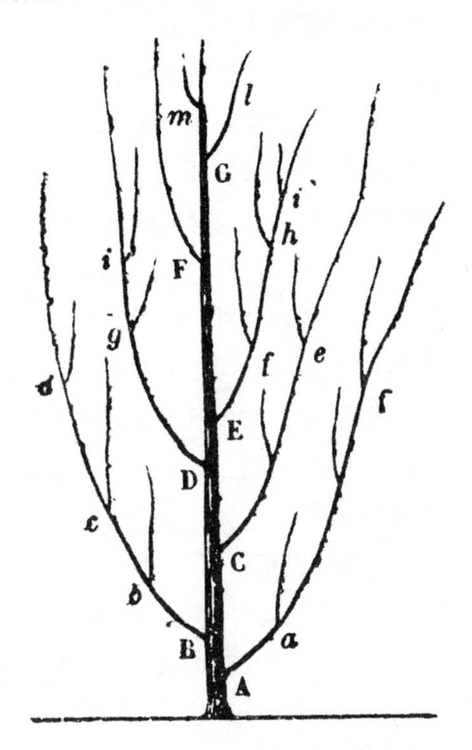

图 4　海因里希 · 格奥 · 布伦演示的生命发展模型，摘自他 1861 年的《论文集》(*Essai*) 第 907 页（1850 年巴黎科学学院征集关于化石记录分布法则的分析论文，他提交了此作品）。注意虽然这幅图描绘了橡树一样的分叉模式，但仍然有由下至上的主干，可能指的就是朝向人类的发展。

① 见格力博夫，《H.G. 布伦、厄尼斯特 · 海克尔和德国达尔文主义起源》(*H.G. Bronn, Ernst Haeckel, and the Origins of German Darwinism*)。关于海克尔，见理查兹(Richards)，《生命的悲剧感》(*The Tragic Sense of Life*)，以及迪 · 格里高瑞奥（Di Gregorio)，《从这里到永恒》(*From Here to Eternity*)。

改变价值观

科学界争论不休的同时，整个西方文化也在经历发展。钱伯斯的《自然造物历史遗迹》目标读者是中产阶级，为了说服他们在保留传统价值观的同时走向代表新的社会的进步意识形态。詹姆斯·赛考德对公众反应的调查揭示出1844年到1859年间的价值观发生了多大程度的改变。我们在科学家身上看出了这些改变，但是也注意到迪斯雷利和坦尼森这种作家的反应也是与科学发现和新价值观相一致。一般人已经不再相信《圣经》故事中的造物论。他们越来越不愿意单凭接受基督的受难就接受关于原罪和救赎的传统基督教观点。正如达尔文本人所注意到的，这将意味着他的家人和朋友大多数都被诅咒下地狱，永世不超生。人们希望看到关于上帝和人类关系的新看法，证明个人道德活动和努力是有意义的。钱伯斯说明了将人类社会进步视为地球生命发展的延续更加有意义了，这两个过程都是由自然法则主导的，而不是神的奇迹创造。查尔斯·莱尔指出《自然造物历史遗迹》的欢迎程度源自人们越来越觉得地球历史上发生无数奇迹的可能性太不合理了。问题是价值观的改变迫使每个人去考虑原始人类是从人猿演变而来的前景。[1]

是赫伯特·斯宾塞将钱伯斯关于进步法则的模糊概念变成进化论的，认为进步是个人努力和成就不可避免的结果。在一个变化了的环境中（物理、经济或文化变化），个人的行为要不断适应来改善前景——如果拉马克产生的效果是有效的，遗传的改善会被赋予后代。斯宾塞极力拥护自由企业制度自由主义，很愿意将竞争视为迫使个体适应的因素。他在1851年写的《社会静力学》（*Social Statics*）支持一种极端形式的放任主义经济学，认同没有通过挑战的

---

① 莱尔，《查尔斯·莱尔爵士的科学期刊》，84页。

人就会遭殃。在我们的世界里，斯宾塞后来成为社会达尔文主义的拥护者，不仅仅是因为他发明出了“适者生存”这个词。但是在达尔文之前，他和拉马克的思想一致，而不是选择的思路，早就意识到竞争可能是动物和人类世界进步的推动力。[①] 这警告我们在评价达尔文文化影响力时不要妄下结论。我们所说的“达尔文主义”世界观的许多方面早在达尔文的书出版前就已经存在了，这也是为什么自由企业的左翼批评家总是称达尔文只是将当时的社会价值观用在了自然上。

这种新态度的一个重要组成部分可以追溯到马尔萨斯的人口论。关于马尔萨斯 19 世纪早期写的这本书的意义曾引起过巨大争议，许多人都指责他提出的理论太残酷，认为穷人就应当忍受目光短浅的后果。自然神学一直都认识到竞争的一些特点，最明显的就是猎食者和猎物之间的关系。伊拉斯谟斯・达尔文详细解释了自然的超流态，但是假定最后竞争的结果最终是有益的。马尔萨斯也做出了同样假定，但是许多人认为他的人口论意义更黑暗。

马尔萨斯没有明确将他的人口说转变成恶性竞争的理念。实际上他发明的“生存竞争”一词是为了说明部落之间的冲突，而不是个体之间的竞争。但是认为人口给资源造成的压力会越来越需要个体竞争的说法渐渐得到广泛共识。斯宾塞本人接受这个观点，但是他认为随着我们变得越来越智慧（他天真地以为这会使得人在性方面不再活跃），人口压力最后会减小。调查这个时期的文献后发现当时已经接受社会上的互动是基于个人进步的渴望，对那些无法与对手竞争的人没有丝毫同情心。仁慈之心只留给那些不是因为自己的错而遭受不幸的人。这种狗吃狗的态度渗透到人们的行为中，斯宾

① 弗兰西斯，赫伯特・斯宾塞《社会静力学》。

塞的作品则鼓励每个人都将之视为自然规律发挥作用的结果。达尔文的确突出了自然残忍的一面，但他绝对不是第一个提出的人。[①]

不是每个人都觉得这个新的价值观容易被接受，坦尼森的《悼念》很好地说明了后来引起的矛盾。坦尼森因为失去了一个好朋友而难过，宁愿相信死亡本身是宇宙进步过程中一个必要部分。个人经历的痛苦使得他更容易接受已经在科学界和社会上描绘的自然更残酷的一面。化石记录让他知道自然对物种毫不关心——物种的形式千奇百怪，而且时时刻刻都有物种灭绝。莱尔的均变论认为物种灭绝是个自然过程，这时候自然学家意识到人类活动引起了一些物种的灭绝。坦尼森最著名的就是将自然描述为“鲜红的大口和爪子”，是猎食者和猎物、同一种群内部竞争个体之间不断斗争的场面，并不只有他觉得很难接受自然神学家所说的一个和谐世界。[②]评论家认为坦尼森的诗歌表达的价值观与达尔文理论遥相呼应，不过诗歌是在达尔文出版著作之前写的，说明价值观早就广泛流传了。实际上，坦尼森并不从自然选择的角度思考，不管是当时还是后来——他没想到达尔文会创造性地延伸了斗争这个比喻。他的看法让我们觉得可以从残酷自然的角度思考，它将不太成功的产物都扔进了废料堆，并不遵循个体自然选择的逻辑。

在我们的世界里，达尔文 19 世纪 50 年代决定开始写关于自然选择的书是因为越来越意识到人们的观点已经发生了改变，公众和科学界会更容易接受这样的假设。我们现在看到几乎其他人也都用同样的方式理解当时的情况。需要改变的压力越来越大，即使没有达尔文的介入，19 世纪 60 年代也会有更多的自然学家公开支持进化

---

① 关于对自然和社会竞争说法的态度转变的调研，见盖尔，《达尔文和生存竞争的概念》。

② 坦尼森，《悼念》，第 56 节。

观。华莱士、胡克和格雷会探索生物地质证据，与欧文和布伦研究出的发展分叉模型相呼应。更多像斯宾塞和海克尔这样的激进思想家一定会重新提出在进步论的世界观下用拉马克理论解释适应变化。就连赫胥黎也会被迫重新审视自己对发展假设的不信任——虽然他热衷于《物种起源》一书，但在读到海克尔的作品之前并没有使用进化论来进行科学研究。

1860 年左右还有一些与达尔文无关的因素也发挥了作用，每个因素都帮助人们将焦点转向进化主题。赫胥黎和欧文针对人猿和人类的关系有不同看法，而古生物学家和人类学家首创了人类史前历史新模型。自从《自然造物历史遗迹》出版后引起的争议本来已经销声匿迹，但此时又被提起来，即使没有《物种起源》一书这种情况也会发生。

4. 进化论的出现

《物种起源》的出版被广泛认为是达尔文革命决定性的时刻。就连在当时也有许多读者看出来这本书标志着一个转折点。达尔文提供了大量证据支持共同祖先理论以及关于改变机制的一个激进的新假设。他的写作风格易被普通读者接受，从大家熟悉的领域举例子，包括自然历史、园艺和动物育种。几十年来关于这本书影响力的故事越来越多，2009 年达到高潮，使得现代读者很难辨其原貌。

《物种起源》很重要，但是它的许多影响都是间接的。关于达尔文介绍的有效性人们观点不一：里面的证据会激发熟悉的想象，但他的写作风格并不具启发性。像吉利安·比尔（Gillian Beer）和乔治·勒文（George Levine）这样的文学家都赞赏过这本书的内容，虽然它早就被奉为经典，但在低成本印刷技术产生之后才成为畅销书。[①] 第一版的时候一本书 15 先令，除了富裕阶级没人买得起，达尔文在世时他的书的销量也远低于钱伯斯和斯宾塞这样的作家。在关键的辩论时期，大部分人都是通过二手渠道了解达尔文理论，所以我们需要认真思考一下这本书的直接影响力。当时关于这本书有许多评论，褒贬

① 比尔，《达尔文的情节》（*Darwin's Plots*）；勒文，《作家达尔文》（*Darwin the Writer*）。

不一，所以其他作家在传播该理论方面也一定做出了重要贡献。当时自然选择理论仍然遭到广泛拒绝。我们对这本书受欢迎程度的评估可能会有失公允，但达尔文迅速成为进化运动的象征和领军人物，他的地位到今天都不可撼动。他的影响力有没有可能因为其科学论断的附加因素而被加强？如果是这样，我们是否可以猜测会有其他因素以更温和的方式强迫每个人开始认真对待进化思想？

有两个因素加强了达尔文的形象：名字和外表。看起来也许无关紧要，但是历史学家现在很清楚推介新想法时的措辞和介绍方式也十分重要。T.H. 赫胥黎在 1860 年评论《物种起源》时发明了"达尔文主义"一词，这个词和形容词"达尔文主义的"很快广泛流行起来。[①] 这名字似乎是信手拈来的，与可能取而代之的"华莱士主义"或"斯宾塞主义"完全不同。赫伯特·斯宾塞至少将"斯宾塞主义的"一词视为专属其进化哲学的形容词，但是名词"斯宾塞主义"并没有广泛使用。名字可以轻松作为标签绝对提升了达尔文的地位，使他成为进化运动的先锋人物。

达尔文的传记作者珍妮特·布朗尼探索了第二个提升形象的因素。[②]19 世纪 60 年代初期达尔文突发疾病，于是留起了胡子，变成了受人敬仰的智者。60 年代末，照片、肖像和漫画像都开始广泛传播。甚至在达尔文主义并不流行的法国，留着胡子的达尔文的图像也开始出现在动画片里，象征这个关于人类祖先的新模型。在 2009 年的庆祝活动上，同样形象的达尔文仍然是个标志。同"达尔文主义"一词流行起来一样，我们值得思考一下这种呈现因素多大程度上增强了《物种起源》的影响力，不仅仅局限于理论本身引起的效果。这些因素还让达尔文直到今天都还在公众的视线里。但是历史学家越来越肯定达尔文主义

---

① 赫胥黎,《物种起源》，参见：赫胥黎,《达尔文论文集》，22—79 页，特别见 48 页。

② 布朗尼,《查尔斯·达尔文：地点的力量》，第十章。

并不是进化思想的唯一来源。斯宾塞的哲学可能比自然选择理论更有影响力，特别是在科学界之外（虽然他对科学家的影响力不容忽视）。但是斯宾塞形象并没有进入卡通片；从照片上看他也普普通通，没有激发起漫画家的创作灵感。如今斯宾塞的哲学已经被遗忘了，而达尔文的理论却越来越站得住脚，于是更难准确评价当时他们两个的相对影响力了。华莱士的确也留了和达尔文一样浓密的胡须，但是正如他的现代捍卫者抱怨的一样，他是个局外人，过去是，现在仍然是。

图 5　1881 年《双关》（*Punch*）杂志上的达尔文漫画。画上的虫子与他之前一本书的主题有关，但是题注提示我们真正的问题是人类是人猿的后代。

这些都不是在贬低达尔文的声誉。即使他的名字和外表没那么令人难忘，他的书也会引起巨大轰动。但是我们要明白推介新的理论并不只是介绍想法，给出不言自明的证据。它是一个社会过程，推介因素要发挥重要作用。没有达尔文并不只是排除了他的理论和他的论述，同时也是排除掉他作为一种新思想先锋人物的象征角色。他作为一个先锋人物迫使我们更认真地去思考他的影响力，也使得我们更容易考虑向进化论世界观过渡的过程中可能产生的其他影响。

没有达尔文，向进化主义过渡会更平缓，没有那么大的破坏力，因为引起天翻地覆改变的不会是一个事件，任何新想法似乎也不会威胁到传统价值观。到了 19 世纪 60 年代末，科学界和广大公众将会开始接受概括的进化视角，只是缺少自然选择影响个体变异的概念。刺激较小的因素会慢慢累积，不会只有一个焦点。参与其中的人也不会觉得自己正在经历一场科学革命。关于动物是人类祖先的意义这样的话题还会有争论，可能还会有冲突。但是不会有某一个人被奉为一场唯物革命的煽动者，这个替代宇宙里的历史学家可能对转变如何发生采取更现实的视角。

我们可以用一种方式尝试理解 19 世纪晚期进化论是如何发展的，那就是通过对比国际研究。达尔文理论并不是在全世界都受到了同样待遇。英国、美国和德国在 19 世纪 60 年代初经历了全面的达尔文主义革命——甚至有些德国人认为德国才是达尔文主义真正的诞生地。但德国的达尔文主义（Darwinismus）与英美的达尔文主义是否是同一回事值得怀疑，因为达尔文理论的有些地方很难翻译，德国生物学家将这个话题本土化了。在其他地方《物种起源》的影响就没那么激烈了。在世界上没有深厚科学底蕴的地方，进化论几乎毫无例外地是在呼吁社会进步的情景下扎稳脚跟的，具有影响力的人物是斯宾塞，不是达尔文。甚至在美国，斯宾塞的进化论思想影响了19世纪后半叶的许多对话。在法国,《物种起源》的影响很有限，部分原因是第一版的翻译具有鲜明的反教权偏见，还因为法国自然学家发现很难认真对待自然选择理论。达尔文作为进化主义的象征虽然获得了偶像级的地位，但是整个进化论思想仍是在慢慢被科学界接受，而且还主要是以拉马克理论复辟的形式。其根源不是斯宾塞，而是包括拉马克本人在内的法国早期理论家的残余。①

法国的经验可以作为一个模式，通过它我们能够想象如果没有达尔文这本书，在英国、美国和德国进化论会如何展开。没有选择理论，其他因素会推动人们根据拉马克理论等其他机制循序渐进地接受进化论。在英国和美国，斯宾塞可能会具有影响力，而德国人会到欧洲大陆寻找灵感，包括拉马克和他们本土的形式主义与超验主义哲学传统。传统的作用可能会更大，不会将适应作为形成生物结构的主要决定因素。进化主义也会渐渐进入科学和公众对话，到19世纪70年代找到立足的位置。这些发生可能要比我们这个世界晚几年，因为没有《物种起源》提供突然的刺激，在过渡期不会引起保守派思想家那么大的反感。

至于是否可以视之为一场革命则很难想象；可能它会更像是一种自然过渡，19世纪思想广泛趋势的一个高潮。几乎可以确定的是不会出现某一个人接替达尔文的偶像地位。进化理论将被视为集体努力的结果，有几位做出突出贡献的人，每个人都在建立新视角方面发挥了一些作用。这些人包括我们熟悉的一些人物，虽然他们做出的贡献价值不同。斯宾塞和海克尔会发挥举足轻重的作用，但我不太确定赫胥黎。

---

① 见格里克（Glick）的《达尔文主义对比接受》（*Comparative Reception of Darwinism*）中罗伯特E.斯戴宾斯（Robert E. Stebbins）关于法国的一章，同时见鲍勒,《达尔文主义的衰退》，第五章。

思想上有些更广泛的趋势只不过是已经活跃于19世纪50年代的因素的延续，包括人们越来越不信任奇迹，越来越热衷进步思想。其他新出现的趋势可能更具革命性质。人们掌握了非洲人猿的新信息后进行了关于人类和人猿之间关系的大讨论。因为发现了重要证据证明史前时期的存在和人类曾经历石器时代，彻底改变了古生物学家的思考方式，他们都转而采取进化论立场。文化也渐渐转变为科学，因为大部分旧石器考古学家也是地质学家。在生物学领域，华莱士和其他人将提出生物地理学证据来证明共同祖先和迁徙、隔离及种群间竞争引起的转变效果。形态学者会掌握越来越多对比解剖学和胚胎学的证据，证明种群之间的进化关系。重要的化石发现鼓励人们将生命历史理解为趋势，而不是孤立的创造行为。

可能出现的进化论基本结构非常容易架构，因为它的许多成分都在我们自己的科学和文化发展中发挥重要作用。它们包裹一些达尔文也适用的概念，还有的虽然与他表述的理论不兼容但也流行起来。达尔文的理论在19世纪晚期的进化论中并不占主导地位，即使是获得承认的“达尔文主义的”部分与现代科学所认为的自然选择核心理论也只有间接关系。所以将选择理论抽离出来，看看非达尔文的进化论什么样要比我们想象得更容易。共同祖先的理论固然重要，但因为人们视进化导致了欧洲种族和西方文化的线性上升发展而受到严格限制。达尔文接受进化长期是向前进步的观点，但他知道进步的脚步不太可能，而是认可生命树的不同分支会朝更高层的组织前进。这一点经常被希望看到自己处于发展制高点的人忽视，他们将小种族和物种降级到生命树的侧枝上。进步论经常鼓吹局部适应，将之作为一种解释工具，许多生物学家拒绝承认进化的关键阶段可以用一系列局部适应来解释。但是生物地理学很重要，因为它可以说明落后的物种和种族一旦遭遇高级物种入侵领地就会被消灭。因此即使在一个没有个体层面自然选择理论的世界也会出现种族及物种层面生存竞争的说法。

文化进化

宗教和政治观点的变革一直持续到 19 世纪 60 年代。一些广泛归功于达尔文影响力的文化改革可以和任何版本的进化论有关，实际上是价值观影响科学的产物，而不是源自科学。詹姆斯·赛考德在研究钱伯斯的《自然造物历史遗迹》影响力的结论中提出，从大众文化的角度看，达尔文只是完成了早期进化学说掀起的革命。它认为革命无论如何都会沿着既定轨道发生，不过也许达尔文的参与强迫科学家跨过藩篱，将包袱丢给进化浪潮，加速了革命。没有达尔文，赛考德所说的"进步的大众科学"在斯宾塞和其他激进思想家的影响下将仍然是主导思想，早晚会引起科学家的注意。

信仰自由化

新思想的一个关键特征是伴随着人们对圣经自由主义和奇迹造物教义的认可度越来越低，宗教信仰越来越自由化。现在几乎所有人都认识到了地质学和古生物学揭示的漫长的地球历史，很难想象历史上出现的大量新物种是造物者直接的行为造就的。每个科内部的化石形态序列也呈趋势化，这点也很明显，所以即使单个物种是奇迹造就的，它们之间也有确定的关系模式最终构成神圣计划。在许多非常虔诚的科学家看来，造物近似法则的特性将是进化哲学的核心特征。解剖学家理查德·欧文如今被普遍视为进化论的反对者，这是错误的，他当时是所谓有神进化论的拥护者。有神进化论是说进化是神圣计划实施的过程，而神圣计划要遵循造物者制定的法则。查尔斯·莱尔和阿萨·格雷在我们的世界都是达尔文的支持者，当时受到了这个进化论与设计论合成说法的影响。对于其他人来说，有神进化论是通向拉马克理论的桥梁，认为个体的努力和主动出击指导了进化。获得性特征遗传虽然只是个自然过程，但它似乎就是一个智慧仁慈的上帝通过进步和进化达到自己的目的而使用的一种机制。

思想自由的牧师在科学新发现面前也越来越愿意妥协。一个有力例证就是查尔斯·金斯利，在我们的世界他是支持达尔文主义的牧师。他 1862 年的著作《水孩子》(*The Water Babies*) 讽刺了这场科学辩论，但其真正的目的是说服读者上帝赋予了我们改善自己的权力——因此为人类的进步做贡献。因为金斯利对达尔文褒奖有加，他的作品经常被视为达尔文主义倾向，但是作品中通过努力而进步的哲学思想纯粹是拉马克理论。詹姆斯·摩尔说明了英美许多思想自由的牧师成为了斯宾塞哲学的追随者，实际上和金斯利一起将拉马克进化论转化成了强身派基督教形式。[①] 这样的转化并不容易，因为保守的宗教思想家仍然很难接受传统基督教信仰和价值观的消亡。1860 年一本名为《论文与评论》(*Essays and Reviews*) 的自由神学论文集引发了比《物种起源》更激烈的争论。但达尔文的理论不是唯一推动教会内部自由主义事业的影响因素，这一点就说明推动拒绝奇迹论、接受神制定造物法则运动的动力来自科学之外。

自由意识形态

牧师能接受斯宾塞的哲学显得很奇怪，经常被视为对 19 世纪思想的世俗化影响。斯宾塞和赫胥黎一同掀起了将奇迹论和设计论从

---

① 摩尔,《赫伯特·斯宾塞的心腹》,同时见摩尔,《后达尔文主义的争议》(*The Post-Darwinian Controversies*)；鲍勒,《猴子实验和大猩猩说教》(*Monkey Trials and Gorilla Sermons*)。这些问题会在第七章详细探讨。

科学思维方法中剔除掉的运动。后来流行起来的进化自然主义成为形式宗教的替代品。它提供了一个道德价值观的自然主义根源，其基础是假设所有改变——物质的、生物的和社会的——都是由规律主导的自然研究，而这假定这个研究是不偏不倚客观的。在赫胥黎看来，这个方法也有助于促进专业科学作为现代社会专业知识来源的事业。自然主义试图替代有组织的宗教，几乎经常用教会的术语来表达观点。但是赫胥黎和斯宾塞担心有人指控自己是无神论者。赫胥黎发明了“不可知论”（agnosticism）一词表明立场，而斯宾塞的哲学包括我们眼前真实世界背后一个“不可知物”。新世俗主义与自由宗教之间的差距并没有看起来那么大，双方都可以抓住进化论来解释世界是如何在没有直接超自然干扰下发展的。

斯宾塞的作品在19世纪50年代卖得并不好，但是1862年他的《一个新哲学的首要原则》（*First Principle of a New Philosophy*）出版后开启了他的“合成哲学体系”，很快就产生了巨大影响力。《首要原则》如今好像很少有人读，但是对于赫胥黎和许多眼光超前的思想家来说，它似乎给出了一个看待道德和物质世界的世俗方法。关键是进化思想，将之视为由自然法则驱动的不可避免的发展过程。在斯宾塞看来这不仅说明了单个系统越来越复杂，而且还说明系统的数量呈多重化和多样化发展。原则上讲他的进化观并没有朝单个预定目标前进的意思。但是在实践中这个观点很容易被推翻，取而代之的是将进化视为沿着线性阶梯上升的发展观，认为偏离主干的分支都是没有最终结局的侧枝。斯宾塞认为所有层面的进化都是同样法则推动的，所以从动物进化到人类社会的过渡是无缝的，没有新的机制参与。虽然生命发展出了多种复杂形式，但只有人类这一种形式过渡到了社会层次的进步。社会进步本身也是一个不可避免的趋势，在近代从封建主义过渡到了自由企业资本主义。

合成哲学体系通过一系列书提出来，其中1864年的《生物学原理》（*Principle of Biology*）是最早的一本。赫胥黎和斯宾塞在写这本书的时候互动频繁，很难相信在这个过程中赫胥黎不会被迫重新思考自己对生物进化的态度。的确，赫胥黎没时间研究斯宾塞的生物和社会进化论的核心拉马克原理，但当时还有其他机制供关心形态区别而不是局部适应的生物学家去研究。在斯宾塞看来，是个体有目的性地努力应对环境挑战而产生的遗传效果推动了生物和社会进化。在我们的世界里，《生物学原理》增加了对自然选择的所指，斯宾塞发明了标志性的"适者生存"一词。但是这本书还是更倾向于拉马克主义而不是达尔文主义，适合作为一个由竞争推动个体自我进步的社会进化哲学的序曲。在斯宾塞看来，"合适"似乎包含了适应性，所以自然选择只能延续拉马克理论——斯宾塞并不同意达尔文所说的许多变异都是无序的。[①]

在一个没有达尔文的世界里，斯宾塞的拉马克理论会鼓励一些年轻的自然学家开始尝试将一般的进步进化思想变成可行的科学理论。他推动了整个一代热血青年相信个人努力可以推动社会进步，使竞争的积极影响是改变背后的推动力成为信条。正如迈克尔·鲁斯所说，几乎没有人仅仅是因为科学证据就转向进化论的——是因为对进步思想的热衷才鼓励了许多人将这个学说从人类社会延伸到动物王国。[②]

当时在德国也出现了进步思想，虽然在这里人们对斯宾塞政治体系核心放任主义并不感兴趣。以前的德国超验哲学传统支持所有

---

① 见泰勒，《赫伯特·斯宾塞哲学》（*The Philosophy of Herbert Spencer*）。马克·弗兰西斯的《赫伯特·斯宾塞和现代生活发明》（*Herbert Spencer and the Invention of Modern Life*）提出斯宾塞在19世纪60年代越来越悲观，虽然他保持的受欢迎形象来自他早期的作品。

② 鲁斯，《从单子到人》。

生物都是一个连贯模式一部分的说法。这个看法与形式进化论相一致，不过它很少公开宣传实际发生的变异。J.F. 布鲁门巴赫的追随者很愿意寻找替代造物论的说法，19 世纪中的几十年他们开始将注意力从自然发生说（自主产生）转向变异说。卡尔·福格特这样的生物学家急于宣传替代造物论的学说，现在开始将希望寄托于进化论。对于 19 世纪 60 年代的年轻激进科学家来说，包括厄尼斯特·海克尔，由自然法则推动的进步进化论是综合生物学和社会思想的基础，与斯宾塞向英语国家推介的思想方式同出一辙。在德国拉马克主义也是解释物种区别的主要部分，就像将改进过的文化传递给下一代一样。

斯宾塞的《心理学原理》已经提出了人类如何通过进化获得官能的进化观点，海克尔也对人类起源很感兴趣。实际上，斯宾塞的心理学方法填补了生物阶段和社会阶段之间的空白，只是他的书论述方法太抽象，没有引发关于人类和动物祖先关系的争论——其实在《自然造物历史遗迹》之前就已酝酿。1860 年左右发生的两件事促使人们重新评估人类起源，无论有没有生物学的影响都会发生。一场考古革命揭开了史前时期，强调技术、文化和社会的原始起源，推动了人们对基于进步的人类历史模型日益增长的热情。历史学家曾将这场革命描述成《物种起源》的副产品，但是现在证明它的发生与达尔文的运动并无关联。同时关于人类与人猿之间关系的辩论因为解剖学上的新研究成果而重新开启。

史前考古

虽然地质时期跨度很大，但当时人们仍然相信人类遗骸没有超过几千年的，圣经模式的人类起源说仍然巍然屹立。发现的原始石器工具和灭绝动物的遗骸都被视为骗局。19 世纪 50 年代晚期，一群英国地质学家重新检查了石器工具和遗骸的发现地，坚信它们是真的。突然之间人类历史无法追溯了。《圣经》中记载的古代文明之前还有一段漫长的“史前”时期，我们那时候的祖先是原始野人。查尔斯·莱尔1863年写的《人类的古老历史》(*Antiquity of Man*)向广大读者总结了这些发现的明显意义。在化石记录中人类和人猿之间可能没有“遗漏环节”，但是现在更容易想象最早的人类是由人猿演变而来的。古生物学家约翰·鲁伯克(John Lubbock)，“新石器时代”和“旧石器时代”两个词的发明人，为了说明在制造工具方面的进步，公开将人类文化的进步与生命历史进化论联系起来。这个新视角正好与斯宾塞提出的人类智力逐渐发展是针对环境挑战做出的拉马克式反应的模型相吻合。[①]

在我们的世界里，鲁伯克是达尔文的支持者，但是他对文化进化阶梯向如今“先进”社会状态发展的看法并不基于共同祖先理论。鲁伯克和爱德华B.泰勒(Edward B. Tyler)及路易·亨利·摩根(Lewis Henry Morgan)一起都为新进化人类学的出现做出了贡献。对“野蛮”社会的研究，比如说澳大利亚的土著人，可以将之作为最古老石器时代原始人的遗迹，实际上使得人类学家得以亲眼看到古代石器工具制造者的真实生活。[②]野人是过去历史遗留下来的，是与进步主流隔离的活化石，因此能让我们看到最古老的祖先是如何生活的。这个观点不是来自达尔文主义——鲁伯克和摩根支持生物进化论，但是泰勒不支持。他宣称全世界人性统一，反对愈演愈烈的体质人类学家所描述的非欧洲种族从智力上和生物学上都落后的

---

① 关于考古学革命见格雷森(Grayson)，《人类古老历史的建立》(*The Establishment of Human Antiquity*)；凡·莱珀(Van Riper)，《猛犸象中的人》(*Men among the Mammoths*)；及鲍勒，《进步的发明》(*The Invention of Progress*)。

② 斯托金(Stocking)，《维多利亚时代的人类学》(*Victorian Anthropology*)；库珀，《原始社会的发明》(*The Invention of Primitive Society*)。

趋势。这个文化进化模型不仅不是达尔文主义的产物，而且宣传的是目标驱动的线性进步观，与达尔文的“分叉树”模型完全不同。

19 世纪 60 年代没有古代工具制造者的化石，但是体质人类学家越来越愿意将“最低等的”人类种族说成在智力上和生物学上落后于欧洲人。他们参考的是颅容量——如今这种衡量手段因为可以对证据故意或无意识操纵而被弃用了——认为“最低等的”人类种族大脑体积小，因此意味着智商水平低。像罗伯特·科诺克斯（Robert Knox）这样的体质人类学家虽然拒绝生物进化说，但认为较低等的种族也有与人猿相近的特征。虽然认同线性进步模型的人类学家对此乐此不疲，但对种族差异的解读是早于进化论的出现的。没有化石，如今的野蛮种族成为现代人和人猿祖先之间“遗漏环节”的活样本。早些年关于人类和人猿之间关系的争论因为受到拉马克和钱伯斯进化论的刺激而变得很激烈。现在争论之火再次被点燃——但只是因为达尔文对生物进化论的新提议吗？关于人类史前时期的说法发生的革命说明答案是否定的。在一个没有达尔文的世界里，人类起源的问题在 19 世纪 60 年代还是会被提出来，会强迫生物学家重新思考进化问题。

人猿和人类

另外一个高调的问题使人们更加关注人类与人猿之间的关系。理查德·欧文从 19 世纪 40 年代末开始就在研究人猿解剖学，坚持说人猿和人类之间有巨大的不同。他的评论清楚说明这种不同是对拉马克和钱伯斯提出的人类起源进化解释的挑战。和包括莱尔和华莱士在内的许多对宗教有所顾忌的科学家一样，欧文对进化论感兴趣，但是在应用到人类身上时很谨慎。19 世纪 50 年代，大猩猩的骨架和皮肤最终开始抵达欧洲，重新燃起了人们对这种关系的兴趣。

远行者保罗·杜·夏鲁（Paul Du Chaillu）提供了一些样本，1862年关于这个话题写了一本畅销书。为了增加大英博物馆的收藏，欧文与杜·夏鲁频繁接触，但由于杜·夏鲁关于大猩猩凶残行为的记录遭到后来研究者的反驳，欧文和他的关系反而适得其反。欧文继续发表关于这个话题的文章，坚持说人猿和人类在解剖学上差别很大，不能同时归为灵长类。他将人类物种分到了另一个科目，两手类（Bimana），区别于四手类（Quarumana）（人猿有四只手，因为他们的足部结构不像人类那样与手的区别很大）。他还发明了"原脑"（Archencephala）一词代表人类，强调大脑的统治作用。在欧文看来，人类大脑的复杂结构是神赐的礼物，掌管我们更高级的智力和精神力。[①]

欧文的最大对手赫胥黎坚持要挑战他的智力和机构权威。[②]1858年赫胥黎开始攻击欧文对人猿脑解剖的描述，指出他的描述有严重错误。他不同意人猿大脑缺少禽距（hippocampus minor）这样一种独特结构。在我们的世界里，这场争论很快就与关于达尔文主义的争论结合起来，虽然达尔文在《物种起源》中几乎没提到人类祖先的问题。赫胥黎与欧文在1860年英国协会举行的一场会议上关于人猿大脑进行了激烈辩论，也是在这场会议上的另一个环节中他与萨缪尔·威尔伯福斯主教（Bishop Samuel Wilberforce）关于达尔文的理论展开了经典辩论。

赫胥黎1863年出版的《人在自然界中的地位》（*Man's Place in Nature*）被广泛认为确定了他在人猿解剖学的问题上战胜了欧文，

---

① 关于这个问题的描述见鲁珀科，《理查德·欧文》，第六章，比其他大多数研究都更积极地评论欧文。

② 戴斯蒙德，《赫胥黎：魔鬼的学徒》（*Huxley: The Devil's Disciple*），第13和17章。

同时推动了达尔文主义的发展。但是赫胥黎对人类进化并没有明确所指；他的书只是讨论人类和人猿之间在解剖学上的相似之处，支持将它们同归为灵长类的老观点。其意义当然不言自明。但即使达尔文没有出版著作其意义也很明显，因为欧文并没有掩盖他为什么倾向于人类独特说的原因。无论有没有关于进化论的新辩论，赫胥黎也必然会在人猿解剖这个问题上挑战欧文。这场发生于 1860 年前后的辩论提供了另一个强有力的证据，说明在没有达尔文的世界里赫胥黎和其他人也会重新思考自己对进化论的立场。赫胥黎宣称人类和人猿之间具有紧密联系，在公众看来就等于他采取了进化论的立场，不管是否出自他的本意。

对转变态度的一次调查将我们直接带到了科学的核心，确定了科学与文化发展之间互相贯通的关系。欧文似乎很乐意区分人类和人猿在解剖学上的不同，实际上接受了唯物主义者的观点，认为我们的高等思维官能是更大更复杂的大脑造成的。传统观点认为只有人类拥有不朽灵魂，被注入神性的精神官能将我们与“灭亡的野兽”相区别，但这个观点已经站不住脚了。不管是脑解剖、心理学，还是社会和文化发展或考古学，这些视角都支持 1869 年左右的人类起源进化说。再加上大众对奇迹论越来越怀疑，对法则推动进步的说法越来越热衷，我们有理由认为包括科学家在内的每个人的注意力在 19 世纪 60 年代的时候都转移到了进化这个问题上，不管有没有达尔文。

科学变革

我们如何猜想 19 世纪 60 年代的科学界面对以平淡不奇的方式入场的进化思想会作何反应？有两个证据可以提供一些启发，一个是在我们的世界中对达尔文主义态度转变的调研，另一个是生物检验对思维方式的改变做出贡献的关键人物所做的努力，无论他们是否受到《物种起源》的启发。历史上有大量关于达尔文主义革命的调研，我们得以对其归纳总结。[①] 这些观点让我们看到如果没有达尔文，也会有其他人去探索共同祖先理论提供的科学机会。

但是宽泛的结论不太可能，世界上对达尔文的反应也不是千篇一律的，甚至在科学界不同分支反响都不一致。科学界的专业化也是一个因素。赫胥黎和新一代敬业的“科学人”将达尔文主义当作工具，反对那些仍然希望视科学在教会之下的人。没有达尔文，激进分子还可以利用共同祖先理论作为弹药，但没有自然选择理论，他们的运动就不会在设计论的捍卫者中间激起那么大的敌意。当时还有一些温和派的思想家急于通过利用基本的进化论将传统价值观现代化。

需要多少科学家来推波助澜？我们知道达尔文在早期辩论中非常忧心——他希望转变几个关键人物的态度来站稳脚跟，同时广大科学界也有时间来慢慢接受他的新理论。[②] 最初有些地方存在很多敌意，但更广泛的转变发生在 19 世纪 60 年代末。支持进化论整体思想的文章和书籍开始超过反对派的，不过只有几个不太重要的人支持自然选择。在英国、美国和德国也是同样的情况，只是谁支持进化论和为什么支持的细节有所不同。

厄尼斯特·海克尔后来说他 1863 年倡导达尔文主义时只有几个德国支持者——但是他 1864 年 7 月写信给达尔文说年轻一代的自然

---

① 更详细的指引见鲍勒，《进化》，第六章；校正后的叙述见鲍勒，《非达尔文主义进化》。更概括性的见弗茨莫（Vorzimmer），《查尔斯·达尔文》；鲁斯，《达尔文主义革命》；鲁斯《从单子到人》；科恩（Kohn），《达尔文传统》；格里克，《达尔文主义比较接受》。

② 最好的叙述见布朗尼，《查尔斯·达尔文：地点的力量》，第三章；戴斯蒙德和摩尔，《达尔文》，第 33 章。

学家越来越支持自己了。[1] 这种不一致的说法也许反映出当时几乎没有人再支持神圣造物论，但自然学家只是慢慢将进化论视为最合理的替代理论。最新的调研确认大部分人对达尔文都是积极响应，但其中还是有许多人不接受自然选择理论。[2] 在德国完全理解达尔文的理论是有障碍的，最明显的就是不熟悉他从动物育种那里获得的证据。接下来几十年非达尔文进化论的崛起说明选择理论绝对不是人们接受进化论的原因，相反对于许多人来说它是障碍。

各国和知识界

进化论在不同国家含义也不同。对它的接受程度也要看对象所属的科学类别，不一定符合人的期望。更重要的是，科学各学科也分激进派、自由派和保守派，就像广泛的知识界一样。我们认为激进派和自由派最容易踏上进化论的船，但实际情况不一定。更富有想象力的保守派会找到方式更新自己的目的论世界观，将进化看作是造物者实现目的的表现方式。不同的思想意识派别与各学科相交叉，有时候个人和职业忠诚度也决定了某个人作何反应。

海克尔 1864 年写的信支持了大众观点，接受达尔文主义的科学家都是来自年轻一代。有人批判这个假设，[3] 但它还是有一定道理的。年长的一代更执着于造物论，包括亚当·赛奇维克和路易·阿加西兹（Louis Agassiz），他们永远不会让步的。某些科学领域的年轻一代也同样固执。专门研究动植物特定种群分类的人常常对挑战物种

---

① 海克尔，《关于进化最后的话》，29 页；海克尔写给达尔文的信，1864 年 7 月 9 日，见达尔文，《查尔斯·达尔文书信集》，12：265—59（译本 482—485）。

② 威廉·蒙哥马利（William Montgomery），《德国》列出了 14 位支持者和 6 位非达尔文主义进化论者。其他研究，包括桑德·格里保夫，《H.G. 布伦，厄尼斯特·海克尔和德国达尔文主义的起源》，提到了几个没有在蒙哥马利名单上的名字。

③ 哈尔（Hull），特斯纳（Tessner）和戴蒙德（Diamond），《普朗克原理》。

清晰分类的理论不买账。物理学家持反对态度，因为这个理论不符合他们严格的科学解释标准。但如果我们调研所有相关科学领域，达尔文和海克尔凭直觉认为知识界的年轻人面对挑战更灵活善变的想法是有道理的。新成立的大不列颠地质调查局有几位地质学家就站出来支持进化论。他们是莱尔的追随者，在他们看来，达尔文利用当前的证据重构过去事件的方法完全讲得通。

威廉·蒙哥马利（William Montgomery）给出过一个有趣的说法，在德国无脊椎动物学家最有可能成为达尔文主义者，因为他们都是年轻一代，希望在比较新的学科内扬名立万。[①] 医学院的人类和脊椎动物解剖学家地位更显赫，常常更有敌意。有些年轻的动物学家支持海克尔利用进化论攻击传统宗教价值观。但是还有一些生物学家，包括鲁道夫·菲尔绍（Rudolf Virchow）这样的重要人物，他们将进化视为有目的的进步力量的表现。海克尔竭尽全力将进化主义等同于自由主义和唯物主义，但是当时有许多保守派思想家异想天开，认为超自然设计可以通过进化的推动力来表达。在一个没有选择理论的世界里，无法强调对进化论的唯物解读，这两个阵营之间的冲突就不会那么激烈，会出现更统一的进化学说。

英国的情况也是如此，虽然历史学家已经放弃保守思想了。激进派方面，赫胥黎的支持者包括几个年轻的脊椎动物解剖学家，都是恰好刚刚任命，包括牛津的乔治·罗斯顿（George Rolleston）和伦敦的 W.H. 弗洛尔（W.H. Flower）。这里和德国一样，形态学——研究脊椎动物和无脊椎动物的机体形态——成为进化研究的主要焦点。共同祖先的概念解释了解剖学和胚胎学各自结构之间的关系。但它并不一定是说修正改良是由于适应环境的压力造成的，就连赫

① 蒙哥马利，《德国》，88 页。

胥黎也对达尔文强调适应持怀疑态度。这个领域对来自生物地理学的证据并不感兴趣。

赫胥黎急于将进化主义作为推翻仍然相信自然神学的自然学家的手段，但是没有选择理论，他在这方面的努力就不那么重要了。我们总是忘记他为了将科学界自由化和专业化的努力并没有取得大范围的成功。当时有像理查德·欧文这样的解剖学家很久以来一直尝试升级设计论，认为造物者将自己有目的性的意愿植入了地球上生命发展的法则中。欧文和他的追随者能够建立更保守的进化学说，正如在德国一样，在没有自然选择理论的世界里，自由派和保守派之间的鸿沟不会那么深。

一些古生物学家开始态度很顽固，坚持说化石记录不连贯。但就连欧文和 H.G. 布伦这样比较保守的学者也意识到了某些群组中化石序列的系统趋势。到了 19 世纪 70 年代初，新发现又支持了达尔文的说法，记录中的断档是因为缺少证据造成的。这些发现的作用不应当被夸大——欧文 1863 年描述说爬行动物和鸟类之间的始祖鸟最开始连赫胥黎都没把它看作是进化的证据。但是到了 60 年代末，海克尔说服赫胥黎开始在化石记录中寻找发育分析图（即进化线索）。阿加西兹的几个年轻弟子根据他们的古生物研究在 60 年代末转向了进化论。但他们的是非达尔文形式的进化论，使得阿尔菲斯·海亚特（Alpheus Hyatt）和爱德华·德林克·科普（Edward Drinker Cope）成为美国新拉马克主义学派的奠基人。

在英语世界，生物地理学提供了最有说服力的证据，也许因为它在一个致力于世界贸易和探索的国家更显眼。达尔文在《物种起源》中用了两个章节说这个问题，但其他人也关注的是这个方向。像莱尔这样的重要人物注意到华莱士 1855 年的论文提到了共同祖先，而且华莱士继续用一系列论文和 1876 年一本巨著《动物地理分布》（*The Geographical Distribution of Animals*）提供了更多生物地理学证据。约瑟夫·胡克和阿萨·格雷对植物全球分布的研究使他们离地理分布引起的分支进化说更近了一步。二者都认为是共同祖先理论为分布科学提供了真正的好处，而不是达尔文想象的变异发生的细节。

达尔文当然指导了胡克，而格雷是在1857年听说的自然选择，不久后华莱士就将之付诸纸上出版了该理论。但是我们调查他们如何理解物种分布问题时，发现有足够理由可以相信即使没有达尔文的推动，这些自然学家也会在60年代开始探索共同祖先理论。这又会促使赫胥黎和海克尔这样的形态学家思考同样的理论是否能帮助他们理解化石记录中的结构相似之处和趋势。这两个领域的创新人物因此会在60年代推动整个科学界重新考虑对进化论的立场。没有达尔文就没有对旧体系的冲击，没有个体自然选择理论。但是仍然会一步步地走向共同祖先学说，最后克服除保守自然主义者之外的所有障碍。

调研重要人物的作品让我们重建在没有达尔文的世界里他们会如何走向进化观。文化和科学压力迫使他们这样做，但他们获得的大部分知识都是在不知道自然选择的前提下。实际上，大部分人觉得选择理论是个障碍，并没有帮助他们解决科学难题。而另外一些人则因为宗教和道德信仰。像赫胥黎和海克尔这样的激进人物将自然选择视为对抗有组织宗教影响的武器，因此没了这个理论就等于弓上少了支箭。但即使对于他们来说共同祖先的自然主义模型也会挑战传统的造物观，能够满足他们很多目的。没有达尔文的高度唯物主义假设，他们要采用给对手杀伤力较小的机制。在这种情况下，欧文这样的保守派很容易以进化论支持者的身份站出来，最后引发了公关危机，直到今天他都被视为反对派，受到不公的排挤。

生物地理学家

旅行自然学家在全世界研究物种的地理分布，实际上他们都是跟随达尔文的脚步。华莱士是最明显的例子，不是因为他 1858 年有点神秘的关于自然选择的论文，而是因为他 1855 年的论文明确指出了通向共同祖先理论之路，并提醒了一个关键人物查尔斯·莱尔这种可能性的存在，在达尔文没有任何参与的情况下。一个对华莱士从这一年到 19 世纪 70 年代所有活动的调研说明了在没有达尔文的世界里他将发挥什么作用。胡克和格雷也值得给予同样的关注，因为我们知道他们的作品提出的问题可以用共同起源理论来解答，而且因为和华莱士不同，他们都是各自科学领域的重要核心人物。

想象一个反事实推理的华莱士比较难，一方面是因为他 1858 年的论文内容引起的争议，另一方面是因为他总是被归到科学界的精英之外。[①] 他是个收藏家和小作家，从没达到过重要的专业地位，而且因为他后来不合时宜地热衷于唯心论、土地改革和反疫苗运动这样的事而遭受了越来越多的质疑。他自己也承认，他永远都不会成为利用动力滑轮从老一代科学家的手里赢得科学界精英的领导者。但是这并不意味着他无法从外围施加影响力，因为他对生物地理学和物种与变种之间关系的新想法正好回应了困惑许多精英的问题。

因为华莱士 1858 年的论文内容有些歧义，他后来的作品不大可能关注个体变异层面的选择当然也不会包括全面的动物育种研究以及从中获得的线索。华莱士早期的论文关注的是变种和物种之间的不同（或者是没有真正的不同）以及个体分割成几个后代的趋势，特别是当种群被地理障碍分开时。虽然他没有尝试澄清分歧是怎么

---

① 关于华莱士的作品最好的现代描述是马丁·费奇曼，《一个不可捉摸的维多利亚时期的人》。詹姆斯·摩尔在进行全面的新研究，这部分归功于他的建议。

发生的，但其实他1855年的论文概括提到了共同祖先理论。虽然这篇论文最初没有引起反响，但的确给莱尔这样有影响力的人物留下了印象，他的地质学理论为华莱士提供了思考模型（达尔文也是如此）。1858年的这篇论文提到了艰苦条件下的选择以及种群压力会导致不适应大环境的变种和物种灭绝。考虑到在我们的世界里达尔文–华莱士的论文都没有引起重大反响，这篇小论文即使发表也不太可能造成重大影响。

有影响的是一系列关于地理分布的更专业的论文，还有华莱士1862年回到伦敦前后发表的关于我们所说的“物种形成”的论文。19世纪50年代晚期他想过写本关于这个话题的书，也许如果没有《物种起源》他可能会动笔写。他用自己的名字命名了一条线，区分开了如今印度尼西亚群岛上亚洲和澳大利亚的植物，因为他定义并解释了这条线而在科学界获得了极大认可。后来随着在全世界获得越来越多的信息，他出版了在生物地理学方面的重要研究成果，1876年的《动物地理分布》和1880年的《岛上生命》（*Island Life*）。这些都是非常重要的调研，在19世纪后几十年引起了人们巨大的兴趣。

华莱士的论文（可能还有著书）会在多大程度在19世纪60年代推介共同祖先的说法？在上个十年他是斯宾塞哲学的狂热追随者，是自然主义的忠诚卫士；他对物种稳定性的挑战是要推翻需要某种超自然形式的干涉才能创造这些物种的说法。到了60年代他开始采取一种更倾向传统观点的方法，认为生命力是按照神圣计划展开的。后来他公开表达了这一观点，清楚说明人类思想不可能只靠纯粹的自然手段来进化。在我们的世界里，这个做法使他远离了达尔文和他的追随者，但是考虑到华莱士后来转变成了唯心主义，很明显不管怎么样他也会采取这个立场。他最后一本关于进化的著作《生命世界》（*The*

World of Life)(1910年)将地球上整个生命历史说成是上帝预设的。华莱士的这种世界观是在60年代开始的，在想象他当时是如何提出关于自然历史的技术性论文时应当把这一点可考虑进去。

虽然华莱士1858年的论文强调生存斗争，但没有清楚说明将物种分成各个变种的过程是由变种适应局部环境推动的。当严酷的环境对不太适应整体环境的变体施加压力时，这些变体就会灭绝。正如马丁·费希曼(Martin Fichman)所指出的，华莱士早期的论文有些句子说明至少有些区别变体的特征是非适应性的，可能根源是超自然设计。[①] 他1864年关于马来蝶科(Malayan Papilonidae)(一个蝴蝶种群)的经典论文指出局部影响会促使变体形成，但又表示它的效果“无法辨识”，“很神秘”。[②] 这些不是一个坚信整个过程是由适应和自然选择在个体层面发挥作用的人会用的词。

华莱士当然意识到有些蝴蝶的颜色是适应的，可能促使他更加详细地研究个体自然选择理论的特征就是拟态。和他之前一同在南美洲游历的伙伴亨利·沃尔特·贝茨(Henry Walter Bates)是拟态学研究的先驱。通过模拟可食用的物种会获得与不可食用的物种一样的警戒色，因此防御敌人。1862年贝茨指出这种效果最适合用自然选择理论来解释。[③] 因为昆虫无法控制自己翅膀的颜色，拉马克理论中通过习性改变的说法是绝对无效的——虽然拉马克理论学者也猜测有机体通过生理适应改变的环境而产生内部适应反应。华莱士也研究过拟态学，比如其他动物变色(他不同意达尔文的说法，认为有些颜色在雌雄淘汰方面发挥作用)。

---

① 费奇曼，《一个不可捉摸的维多利亚时期的人》，80页，指向一篇1856年关于红毛猩猩习性的论文。同时见史密斯和贝卡洛尼，《自然选择及其他》中收录的几篇论文。

② 重印于华莱士，《对自然选择理论的贡献》，特别见173页和200页。

③ 贝茨，《对亚马逊峡谷昆虫志的贡献》。

如果没有《物种起源》，贝茨是否会从自然选择角度给出拟态学的解释呢？似乎不太可能，那么如果他没有，那华莱士会继续研究这个课题吗？在一个没有达尔文的世界里，他可能关注分布和分叉，将变种的实际形成留给未来研究。在斯宾塞的影响下，他甚至会给拉马克理论的影响留一个位置，而在我们的世界里他没有这样做，因为达尔文提醒了他自然选择对个体的作用。对于非达尔文主义的华莱士来说，选择理论只是用来解释通过未知过程形成的适应力差的变种为什么会消失。他仍然会继续写《动物地理分布》，发现北纬进化出的更坚韧的物种会持续向南迁徙，替代南部较低级的物种。[①] 他的世界观不是没有竞争，但不会像达尔文一样强调个体斗争的无情和残忍。

华莱士的作用是巨大的，他提醒了其他自然学家共同祖先理论可以用解开物种本质的奥秘来解释物种分类的关系和世界物种的分布。他不会推介自然选择理论，最多将之作为消灭适应力差的物种和变种的负面影响力。他当然不会成为改变整个科学界的运动的先锋人物——他会成为牛虻，而不是领袖。回到英国后，他参加了英国协会的会议，见到了莱尔和斯宾塞这样的领军人物。但是他最喜欢去的地方是旅行家和业余爱好者仍然活跃的社团，包括皇家地理协会、昆虫协会和动物协会。他最开始研究人类渊源时就向伦敦人类学会上提交了自己的想法，这个协会是产生人种科学最极端形式的温床，像詹姆斯·亨特（James Hunt）这样的人声称不同种族是分别创造的物种。达尔文、胡克和赫胥黎与这个极端主义团体不会有任何关系。甚至在华莱士转向唯心主义，认为人类起源是超自然发挥作用之前，他就已经远离了达尔文急于想与之合作的精英群体。他余生一直都是个局外人，因为在某些科学领域做出的贡献而得到尊重，同时也因为古怪而被边缘化。

---

① 关于华莱士全球生物地理学的影响力，见鲍勒，《生命的精彩戏剧》，第八章。

华莱士最需要说服的人是对物种及其分布感兴趣的人，最重要的就是莱尔和胡克。两个人都是科学界的领军人物，但是代表不同年代的科学家。莱尔的方法论要求用可观察到的起因解释过去的地质变化，启发了达尔文、华莱士、胡克和其他自然学家研究如何用类似的方法解释动植物分布的异常现象。胡克和达尔文一样将这个立场延伸到彻底的科学自然主义。他是X俱乐部的成员，这是一个包括赫胥黎、鲁伯克、斯宾塞等自由思想家的非正式团体，他们想从科学对话中祛除宗教的作用。这个团体提供了一个论坛，赫胥黎这样的专业人士可以通过游说而让年轻的学生们占据有影响力的地位。[①] 莱尔不是成员之一，因为它仍然保留着早期的价值观，发现很难将其方法论延伸到生物学领域，它会挑战该领域的神圣天意说以及人类精神状态的独特性。[②]

华莱士从早期的自然主义变成了与莱尔更一致的立场。在非达尔文的世界里，莱尔会发现比较容易掌握华莱士的进化论方法，因为不需要对达尔文理论提出的传统价值观的极端挑战。我们知道华莱士1855年的论文给莱尔留下了很深印象——实际上这是他1855年开始记录关于物种的问题时首先提到的著作。[③] 但是他后来继续研究达尔文的理论时，发现很难完全拒绝设计论。莱尔希望看到物种产生的自然理论，但是也希望它是有目的性的。人们可以有所保留，如果猜想的是大概的“变种和物种产生的力量”，这也可能是莱尔在华莱士1858年的论文中看到的（没有达尔文的任何参与）。[④]

---

① 关于X俱乐部，见巴顿，《赫胥黎、鲁伯克和其他六七个人》。

② 关于这几点见巴托勒缪的《莱尔和进化》。

③ 莱尔，《查尔斯·莱尔的科学笔记》（*Sir Charles Lyell's Scientific Notebooks*），3页。在我们的世界，莱尔这时候已经知道达尔文怀疑物种的稳定性，虽然他还不知道自然选择理论。

④ 被引用的部分同上，289页。

对于莱尔这样的思想家来说，在旧式超自然主义和一针见血的新激进主义之间挣扎，不去思考新形式到底如何起源还是有用的。进化论的益处来自共同祖先理论对分类的意义，分叉和分布论对生物地理学的意义。担心局部种群如何适应新环境可能会引起各种尴尬的问题。莱尔、欧文和其他面对困境的人会发现进化论更容易接受，如果无须纠缠关于变种的激进自然理论。华莱士的方法可能就因为这个原因得到了他们的青睐。

胡克则相反，他是赫胥黎推介科学自然理论的重要同盟，在专业"科学人"中地位更高。他没时间应付那些还守着神学观念的人，华莱士转向唯心主义和超自然说时和达尔文一样持批评态度。他的思想意识形态已经成熟，做好了准备迎接达尔文这样的自然进化理论，就像他的科学背景帮助他看出达尔文和华莱士提出的更广泛论述中的逻辑一样。和莱尔不一样，他对自然选择理论没有神学上的不安，但是针对他的科学研究，共同祖先分叉的基本理论就足以解决他的大部分问题。胡克在一个没有达尔文的世界里所发挥的作用很难评估，因为在真实世界里他与达尔文关系很紧密。他是第一个得知自然选择理论的自然学家，但达尔文开始写《物种起源》的时候，已经鼓动胡克十几年来消除他对这个理论最初的怀疑。如果没有达尔文的推动，19 世纪 60 年代的时候他对进化论能有多大程度的接受?

不管他对华莱士的广泛看法持多少保留态度，胡克都尊重他在生物地理学上的研究。这种尊重是双方的，华莱士也将自己的《岛上生命》献给胡克。但是这种互动到了 19 世纪 60 年代和 70 年代才开始活跃，而且没有证据表明华莱士 1855 年或 1858 年的论文给胡克提供了任何重要启发——胡克和莱尔不同，1855 年就开始研究达尔文的理论了。但是在没有达尔文的世界里，莱尔对华莱士 1855 年论文的热情可能会鼓励胡克继续研究如何更好地理解物种及其空间分布的关系。胡克在印度和南半球的探索收获了大量关于植物分布的信息，（在我们的世界）达尔文能够用它们使胡克转向进化论。没有达尔文，在有可能从莱尔，华莱士和斯宾塞那里获得鼓励的情况下，胡克可能还是会走向同一方向，或许会稍微慢些。

历史学家吉姆·安德斯比（Jim Endersby）提出胡克看到共同祖先理论的价值还有另外一个原因：它有助于处理控制物种和变种之间关系的实际问题。[①] 在位于基尤（Kew）的皇家植物园，胡克组织了一群来自世界各地的收藏家，许多都是业余爱好者，认为在自己的区域发现形式稍有不同的就是另外一个物种。为了使得分类可行，胡克经常将好几种形式放在一起视作单一物种的局部变种，达尔文的理论为此提供了合理的根据。如果变种是物种的初期状态，很容易看出爱好者如何夸大差别，认为真正的物种形成已经发生了。但是胡克为了分类的目的必须能够将物种视为固定单位，所以他接受进化论的条件是把它理解成极为缓慢的过程，对这个领域的科学并没有实质性差别。因此他对自然选择理论感兴趣，因为达尔文坚持说它发生的过程很缓慢——但是他对任何其他以同样速度运行的机制也会同样感兴趣。一个穿插了快速改变片段的长期稳定理论也可以为他所用。

虽然胡克成了达尔文主义者，但他真正热衷的是分叉进化理论。他直截了当地向达尔文抱怨，他夸张了自然选择作用。[②] 在一个没有达尔文的世界里，胡克可能会将自己的观点与华莱士的观点结合起来，关注一个模糊定义的分叉过程，可能还会加入华莱士关于变

---

① 安德斯比（Endersby），《帝国自然》（*Imperial Nature*）。

② 见他 1959 年 12 月 20 日的信，达尔文《查尔斯·达尔文书信集》，7：437。

种在遭遇环境压力时被迫灭绝的观点。斯宾塞可能会鼓励他相信植物的生理机能有办法对环境改变做出反应，但是身为分类学者的胡克不会有任何动力去详细深入探索这个过程。结合他自己的研究说明分布将攻击性物种带入新领域的重要性，分叉进化论使他获得了进一步科学研究的根据。如安德斯比所说，胡克的科学没有任何技术上的剧烈转变——反正进化论也为他所做的研究提供了合理依据。在反事实推理的世界里，我们可以想象胡克在 19 世纪 60 年代科学界逐渐转向进化论的进程中发挥了重大作用，只是并没有引发出个体层面的自然选择说。

和许多植物学家一样，胡克很欣赏达尔文对如何将植物结构，特别是植物的花视为适应过程产物的解释。理查德·贝隆（Richard Bellon）曾提出达尔文在这方面的研究大大支持了他的广泛运动，让那些不太愿意从进化角度思考的植物学家也大开眼界。[①] 在反事实推理的世界里，当时可能还没有探索这个证据，可能减缓了整个向进化论转变的进程。没有了它，在说明适应是改变的推动力时也缺少了一个关键因素。但是即使没有这个论述线索，我怀疑生物地理学也会推动那些关心分类和分布的植物学家走向一般的分叉进化论。

在美国还有一位植物地理学家，哈佛大学的阿萨·格雷——和地质学家威廉·巴顿·罗杰斯（William Barton Rogers）——给予达尔文主义最初的支持。格雷 1857 年就知道了达尔文的自然选择理论，而且采用它来支持自己反对路易·阿加西兹提出的理想主义世界观。最为极端的造物论者，阿加西兹是比英国的理查德·欧文还要执拗的进化论反对者，我们只能通过思想更经验主义的科学家反对阿加西兹影响力的情景来理解当时美国的情况。格雷在这个问题以及物种和人类之间关系的复杂问题上反对阿加西兹，当时物种的

---

① 贝隆，《每日劳作束缚的启发》，达尔文关于兰花受精的书 1862 年出版。

问题正将美国推向战争。但是和胡克不同，他没有时间研究自然哲学，坚持的还是长老会教义，痛恨斯宾塞的影响力（他觉得斯宾塞的知识先验方法不比理想主义强多少）。格雷热衷的是证据，他对北美洲和日本植物分布的研究使他越来越怀疑固定物种的说法，愈加肯定它们的分布只能通过迁徙来解释，而不是造物。格雷坚持反对阿加西兹所说的每种局部物种都是在原地被创造的，达尔文把自己详细的理论说给格雷的时候，格雷似乎不假思索就将它拿来当战斗弹药用了。格雷反对奴隶制，痛恨阿加西兹支持那些声称人类种族是区别创造的物种的人类学家。可能就是因为都持这种想法，所以达尔文选择了格雷做知己。[①]

在科学上，格雷的地位相当于胡克在英国，但是在更广泛的问题上他们相差甚远。达尔文在联系格雷的时候，格雷似乎已经准备好接受共同祖先理论了，似乎已经开始沿着这个线索思考了。重要的是他知道华莱士 1855 年的论文，在他 60 年代的几篇论文中好几次提到了这个物种形成法则。[②] 对于他来说重要的是共同祖先和分布，自然选择理论只是达尔文对这些重要理论的补充。他在自然选择的残酷和非目的特征与自己的宗教信仰之间艰难取舍。他开始说任何适应性的物种转变机制都与统治自然的智慧和仁慈的上帝相适应，最后又承认这个论断并不适用于自然选择理论。他认为上帝一定是创造了变异法则来确保新特征的产生是有目的性的，而不是随机的，这样就不需要达尔文理论所说的不断消灭不适宜的“造物渣滓”。[③] 达尔文反对说如果假设变异本身是适应性的，那么选择理

---

① 关于格雷对达尔文的回应，见 A. 杜普瑞（A. Dupree），《阿萨・格雷》，第 13 章；关于达尔文，格雷和奴隶制，见戴斯蒙德和摩尔，《达尔文的神圣事业》。

② 格雷支持达尔文并反映该理论神学含义的论文收集在他的《达尔文论文集》中；关于华莱士的法则，见 119 页和 191 页。

③ 同上书，148 页。

论就多余了，但是在这个过程中我们看到格雷和莱尔以及当时的许多人一样，觉得有必要回避新特征如何产生的问题才能保住造物者设计论的地位。

证据显示在没有达尔文的世界里，格雷和胡克两个人都会在60年代得出共同祖先理论。生物地质学发现的趋势会推动莱尔、华莱士、胡克和格雷走向物种非固定的观点，随着种群在全世界迁徙会产生无数的改进。他们也会意识到物种和变种每时每刻都要面对更适宜的竞争者入侵自己领域带来的灭绝威胁。这样他们会走上达尔文在我们的世界里20年前走过的路。没有达尔文他们也会产生共同祖先理论，但是焦点不在种群适应的实际过程上，因此不会出现自然选择理论。对于一些人来说，比如胡克或者可能还有华莱士，斯宾塞的《生物原理》中提出的自然主义方法论可能会鼓励有机体通过改变习性（针对动物）或自主生理过程（针对植物，但不是动物）来适应环境的观点。这个观点最后会发展成全面的自然拉马克理论。但是对于更保守的思想家来说，比如说莱尔和格雷，假想是上帝制定了变异法则来达到预计结果很重要。

赫胥黎和欧文

从通过对比解剖学、胚胎学和化石研究生物形式的形态学家的著作中我们可以看到类似的进化论趋势。该领域被达尔文的一些主要支持者和反对者占据，最明显的就是T.H.赫胥黎和理查德·欧文。这个领域的主要任务是在结构错综复杂的现存和已灭绝的动物中寻找某种规则。物种和变种之间的细微不同并不重要，虽然许多物种的表面结构明显是适应性的，人们普遍感觉动物王国深层次结构分类背后的法则代表某种比无数局部适应总和更根本的东西。寻找生物形式之间有意义的关系从19世纪开始就一直进行着，在达尔文出版著作之前就已经将一些自然学家引向了进化论。19 世纪上半叶，这些提议因为太过臆测而经常遭到否定，但是到了 1859 年，形态学家也像生物地理学家一样开始将共同祖先理论视为发展的动力。但是形态学家的侧重点不同，不太强调迁徙和局部适应这样的话题。

形态学家经常将有关的物种群体从某种意义上视为源自定义整个群体本质的基本形式或典型。有些人将典范与理想主义者哲学联系起来，基本模式存在于造物者的头脑中，但是最近的历史研究表明对于另外一些人来说典型没有那么大的负担——它是试图理解自然形式的多样化如何被分成具有共同特征的群体的实际方法。从这个层次上来说，比较容易用产生相关物种分叉的共同祖先替代典型。接着关键问题是分叉如何发生的。根据达尔文的理论，自然选择推动适应趋势产生分叉，但是任何修正过程都可能产生同样的效果，没有必要所有的分叉趋势都是适应的。许多形态学家都怀疑所有物种的所有特征都有（或者曾经有）适应功能的功利主义观点，所以愿意考虑内部生物动力推动的非适应趋势。仅仅基于局部适应的理论，问题在于进化成了完全无法预估的趋势，没有什么可以作为发展的“法则”。自然选择理论用无向的（随机的）个体变异作为适应改变的素材更加突出了这个问题。

引发了更大争议的问题是促进改良的过程是否纯粹是自然的，或者它们是否体现了目的论的元素，是一个神植入的倾向，朝着一个特定的和最终有意义的方向改变。对于赫胥黎这样的自然主义思想家来说，这个过程必须是无目的性的，但它可能包括独立于日常生活压力的指导力量。出于这个原因赫胥黎怀疑自然选择是否可以作为进化的唯一机制。但是他强烈反对欧文更保守的立场，认为无论进化和适应有没有关系都可以将进化视为神预设计划的一部分。重要的是谁都不想具体说出所预见的真实的自然过程。欧文绝对不是唯一一个宁愿故意把“按照法则造物”如何运作的问题留着不说的自然学家。试着想象如何将上帝意志嵌入自然法则是个没有人想去面对的挑战。但是就连赫胥黎也没有提到这个纯粹自然趋势的根源，而这个趋势是他在自然选择的表面活动之上预见的。这些问题要交给19世纪晚期的生物学家解决了。

这些复杂情况导致的一个后果是达尔文引起的反对立场绝对没有历史上流传得那么非黑即白。赫胥黎支持达尔文，但是不相信适应论是进化最重要的特征，更别提自然选择论了。他热衷于选择论是因为在努力建立自然主义世界观的时候它可以作为一个武器，而不是因为可以在科学研究中使用。欧文并不像大众描绘的那样在这场辩论中是进化论的死敌——恰恰相反，他拒绝达尔文的理论是寄希望于将设计的概念现代化，想象是预设的趋势推动进化向有目的的方向前进。这几点对于设想60年代没有达尔文的世界这些人物会有何作为很重要。如果赫胥黎对自然选择的热情是虚夸的，而不是科学的，那他会乐于接受华莱士、斯宾塞和其他进化论拥护者的建议吗？也许他会坚持“两边都有麻烦”的立场更久一些，直到厄尼斯特·海克尔告诉他如何用该理论来分析19世纪60年代晚期的化石记录，他才会转向进化论。如果赫胥黎在进化论的出现上没有发挥那么积极的作用，欧文和保守派会有更多空间推介进化论是神的设计推行的方式这个折中立场吗？在一个没有自然选择理论的世界里，科学自然主义者和保守派的分歧不会那么针锋相对，他们之间的争论也不会那么激烈。科学进化论的出现也会更慢，但是对科学家和更广范围产生的压力会远远小于我们的世界。

赫胥黎被誉为“达尔文的斗牛犬”，人们因此都觉得他一定是自然选择论的积极拥护者。但自从1975年迈克尔·巴托勒缪（Michael Bartholomew）经典的重新评估出来以后，历史学家越来越倾向于挑战这个神话。[1] 赫胥黎当然捍卫过达尔文，反对那些想铲除该理论的批评家们，而且他用自然选择理论作为证据证明可以用新的解释工具来应对物种起源的问题。因此选择理论帮助他放弃了不可知论的立场，但几乎没有什么证据表明他认为该理论足以解释最浅显的适应改变以外的现象。选择理论曾经作为削弱自然神学捍卫者力量的手段很有效，因为它解释适应论时没有提到任何神的计划。但是特别是在赫胥黎早期科学生涯中，他并不是"适应论者"（用现代的词）——他并不觉得生物的完整内部结构可以用适应改变的综合来解释。和大多形态学家一样，赫胥黎认为是"形式规律"决定了有机体的结构，与所处的环境并无关系。出于这个原因，斯宾塞对拉马克理论的热衷对他的思考不会产生太多影响，即使是在没有达尔文的世界里。斯宾塞可能最后能够说服赫胥黎走向自然进化论（1859 年之前他就这样做了，但没取得成功）。华莱士对生物地理学的研究在这个阶段还没有打动赫胥黎，他是后来才对这个问题感兴趣的。也许与欧文关于人猿—人类关系的争论最终会迫使他更加认真地思考所谓"关系"是否暗示共同祖先。

所有这些因素都构成压力，迫使赫胥黎面对现实，他的同僚都明白，自然哲学需要替代奇迹造物的理论。如果他想说明相似物种之间的关系有自然解释，那么共同祖先后代的基本概念必须要替代典型的说法，即使典型指的是抽象意义上的，而不是理想化的。但如何达到形式分叉——赫胥黎的生物学思考风格会倾向于哪些自然过程？肯定会有些过程不赖以适应的要求，除了从消极意义上来说具有绝对有害特征的新物种是无法生存下去的。发生突变，突然出

---

① 巴托勒缪，《赫胥黎捍卫达尔文主义》，同时见迪·格里高瑞奥的《T.H. 赫胥黎在自然科学中的位置》；戴斯蒙德的上下两册传记《赫胥黎：魔鬼的学徒》（*Huxley: The Devil's Disciple*）和《赫胥黎：进化的高级牧师》（*Huxley: Evolution's High Priest*）。

现新的特征肯定也是可能的；赫胥黎在评论《物种起源》时斥责达尔文过度依赖持续性原则。[①] 更重要的是他认为变异是可以用法则来控制的，也许能够按照预设的路线发展。赫胥黎 1871 年撰文回应圣乔治·杰克森·米瓦（St. George Jackson Mivart）如何攻击达尔文，以及在 1878 年写的另一篇论文中都暗示了这一点。没有任何迹象表明这样的趋势有任何目的论因素，但如果它们是可行的，会比自然选择理论产生出结构性更强的发展模式。这些是赫胥黎在没有达尔文的世界里可能扩展的研究，它们会大大减少他和对手们之间在思想上的差距。

奇怪的是虽然前面有达尔文，赫胥黎还是抱怨对变异法则知之甚少，但是他自己也没有对此做什么研究。他似乎也不太想进行科学实验，研究个体发展是如何受到有机体内部力量影响的。在一个反事实推理的世界，他会只从研究成年有机体之间的关系角度来重建生物形式发展背后的法则。拒绝思考引起变异的真正起因也使他的立场更接近欧文、莱尔以及其他逃避该话题、为神的旨意决定了进化方向的说法留下余地的思想家。最初他甚至都不打算用共同祖先理论和进化趋势来研究化石记录。赫胥黎反对地球上的生命历史是由进步趋势引导的这个被广泛接受的观点；他支持达尔文的一个理由是因为自然选择并不意味着必然的进步。即使是在达尔文的影响下，他也没有用一般进化论的观点进行古生物学研究，虽然古生物研究在他科学研究工作中占据越来越重要的位置。他描述爬行动物和鸟类之间过渡的始祖鸟时也没有指出其在进化中的意义，等到研究到这个部分的时候他将重点放在了类鸟恐龙上。

---

① 赫胥黎，《物种起源》，《达尔文论文集》，22—79 页，特别见 77 页；赫胥黎，《达尔文先生的评论家》，《达尔文论文集》，120—186 页，特别见 181—182 页；赫胥黎，《生物学进化》，《达尔文论文集》，187—226 页，特别见 223 页。

主要说服赫胥黎开始寻找系统进化史（进化世系）的原因是他读了厄尼斯特·海克尔1866年写的《生物形态学》（*Generelle Morphologie*）。在一个没有达尔文的世界里，只可能是在这一刻赫胥黎以进化论发言人身份站出来。[①] 他在早期辩论中的作用可能会被大大削弱，没有选择理论引起的反中心目的论的说辞，进化与激进的哲学自然主义之间的联系不会那么明显。即使这样，可能到了70年代赫胥黎还是会成为进化论者，可能在科学与表述上都用这个理论。他还是会推介形态学家利用解剖学、胚胎学和化石证据重建地球上生命历史的工程。这是19世纪晚期进化论者主要关心的问题，而不是对变异和选择的研究，即使在我们的世界也是如此。在一个没有达尔文的世界里，它将是唯一存在的游戏，赫胥黎会鼓励自己的学生参与进来，包括W.K.帕克（W.K.Parker）、乔治·罗勒斯顿（George Rolleston）和E.雷·兰克斯特（E. Ray Lankester）这些对比解剖学家和动物学家。他还会与包括奥西尔C.马什（Othiel C. Marsh）在内的古生物学家联合起来，从美国西部的化石带出土了证明进化序列的化石。[②]

在我们的世界里，赫胥黎利用达尔文主义作为提高专业"科学人"（他仍然不喜欢"科学家"一词）利益的武器。强调进化论是反目的中心论的，导致自然神学剩下的部分也过时了，无论是在智力上还是专业上。但是我们习惯忘记当时有大量采取中立立场的科学家，他们保留了某种形式的宗教信仰，并不急于消灭所有目的论的痕迹。在他们看来，"法则造物"的说法或者所谓的有神进化论是很有意义的妥协。达尔文阵营有几位成员仍然寄希望于进化过程中至

① 这当然要假设海克尔在没有达尔文的影响下写出了《生物形态学》，这章后面会讨论该话题。

② 见下一章，更多细节请见鲍勒，《生命的精彩戏剧》。

少是某些方面也许只能通过假设某种形式的神的意志来解释，所以在方向上有所不同。我们已经从莱尔、格雷甚至华莱士的思考中看到过这种立场了。他们的这种骑墙立场很不舒服，但是还有人希望捏造设计进化论来对抗达尔文进化论。在一个没有达尔文的世界里，因为没有自然选择理论突出进化论的唯物主义性质，这些更保守的思想家可能会更乐于成为进化运动的领导者。

解剖学家理查德·欧文在整个19世纪50年代都在努力为这种妥协创造条件，置更保守的思想家的反对于不顾。没有《物种起源》引起的争议，欧文本来可以成为60年代进化运动的领袖，能与赫胥黎的自然哲学更加公平地竞争。赫胥黎如果没有发挥太积极的作用，欧文可能会实现之前的雄心，建立一个在科学上说得通、但仍然采取目的论形式的进化论。可以说这样更切实可行，因为赫胥黎的阵营缺少对唯物主义机制的关注可以将两边的分歧最小化。两个思想学派都可能尝试将典型转换为共同祖先，研究进化趋势，同意在这些趋势是否最终可以用纯自然主义来解释的问题上保留不同。从某种程度上来说，其实这是在我们的世界发生的事，只不过我们对达尔文革命形成了高度极端化的印象，因此对保守派阵营的见解视而不见了。在一个没有达尔文主义的世界里，欧文及其支持者可能会发挥更明显的作用。

因为他曾写了一篇批评《物种起源》的文章，欧文经常被刻画成反进化论者。但是他在上个十年的活动说明他本人一直在寻找对物种起源的非奇迹论解释——他在文章中所谓的“问题中的问题”。[①] 达尔文甚至用欧文对化石记录中分叉适应趋势的描述作为证据。之前欧文考虑过各种非进化机制，但是和大部分其他自然学

---

① 欧文，《达尔文关于物种起源》，496页。关于欧文的进化论，见鲁珀科，《理查德·欧文》，第五章。

家一样，60 年代的时候他可能还觉得这些机制不太合理。即使没有达尔文提出来，在一个更容忍的环境中他也可能急于首当其冲，某种形式的进化论自然是最好的选择。的确，欧文仍然不太愿意接受人类和人猿之间有紧密关系的说法，但是在其他领域他已经准备好探索各种进化概念提供的可能性了。他可能会比赫胥黎更愿意认可适应的角色，虽然他不相信所有有机结构都可以从实用主义角度来解释。

我们知道欧文的思想是如何发展的，因为他在 19 世纪 60 年代的一篇技术性论文中开始讨论了各种可能性，而且考虑到他在这之前的活动，不能说他只是在回应达尔文。1868 年一篇关于渡渡鸟的论文公开支持拉马克理论，但欧文在其他地方提出有许多物种都具有无法用这种方式解释的特征。1863 年写狐猴（aye-aye）时欧文放弃使用拉马克理论（或达尔文理论）解释它的牙齿结构，但是他迈出了关键一步，提出所有狐猴都可能源自同一个祖先。他称自己的替代理论为“衍生”假设，当时他在 1868 年的《脊椎动物解剖学》（*Anatomy of the Vertebrates*）的最后一章详细介绍了这个理论。这是欧文定义的“衍生”，在我们的世界里与达尔文理论明显相反，实际上与任何将进化解释成仅仅是对环境改变做出反应的理论都相反：“衍生保证了每个物种都会随时间而改变，通过内部趋势的方式。‘自然选择’认为没有变换外部环境这种改变就无法发生。‘衍生’在变换的外部环境带来的影响中看到了变种内在创造力的体现以及最后结果的美好。”[1] 用“拉马克理论”替代“自然选择”，你就知道欧文在没有达尔文的世界里会写出什么东西来。他用这种方式继续为理解进化的主要阶段做出重要贡献，包括他认识到南美洲的化石带发现的类似

---

① 欧文，《脊椎动物解剖学》，3：808。

哺乳动物的爬行动物化石具有重大意义。

衍生要怎么发挥作用？欧文也许会允许突变发生，但关键因素是不同的“内在倾向”会将物种不断推向某个特定方向，无论环境如何。有时候结果还是适应造成的，但其他趋势会导致对物种产生没有用处的特征。这就是下一代的进化论者所谓的“直生论”（orthogenesis）。它们甚至可能发展出对其他物种有益的特征——欧文仍然接受自然神学最喜欢的老说法，即马就是为了让人骑而设计的。这是他的理论和赫胥黎可以接受的任何说法之间最重要的差别。二者都相信变异背后可能有内嵌的法则，迫使进化走向确定的趋势。但是对于赫胥黎来说，用自然法则来解释必须排除设计论，而对于欧文来说，这些法则可能有造物者计划的方向。赫胥黎所说的趋势是指在有机体的内部构造中有纯自然的起源；而欧文的看法是至少部分是超自然设计的。

除了这一点（公认的要点），赫胥黎和欧文对进化的看法惊人地相似。二人都认同内在程序化的趋势，但是他们在这些趋势如何产生上持异议。这一点与 1975 年大卫·郝尔（David Hull）写的一篇颇具争议的文章主题相呼应，他在其中提出达尔文主义和反达尔文主义两个阵营的分歧并不是真正观点上的不同，而是个人和专业忠诚度不同造成的。[①] 有许多自然学家会很容易掉入对立阵营，但专业上的联系人仍然不变。但是赫胥黎和欧文这样的关键人物则不然，对于他们来说目的论真的很重要。但是包括莱尔和生理学者 W.B. 卡朋特在内的许多人对两个阵营都有所认同。在一个没有达尔文的世界里，这样的分歧可能没那么明显，因为赫胥黎不会推动自然选择理论来打击设计论。赫胥黎和欧文仍然会树敌，但其他人可以更容易在两个阵营之间游走，建立一个基于共同祖先的更统一的进化立

① 郝尔，《作为历史存在的达尔文主义》。

场，拉马克理论对局部适应的解释和内嵌发展模式的重要因素。

真正的辩论不是在设计论的支持者和反对者之间，而是在认为开放式进化永远是对局部情况做出反应的生物地理学者和宁愿相信进化有自己的法则事先决定结局的人之间。天文学家 J.F.W. 赫谢尔爵士否定自然选择，认为它是“杂乱无章的法则”，这种说法不仅仅是他针对达尔文将“随机”变异作为进化素材而引发的骚动做出回应。[①] 他也是在表达一个广泛的感受，像地球上生命发展这样重要的过程不能仅用无数意外迁徙和细微的局部适应之和来解释。如果连赫胥黎都希望看到是某种法则指引变异沿着既定轨迹发生，我们就能体会到这种感觉有多重要了。这个论断可能使得那些认为预设很自然的人和仍然希望保留设计论因素的人联合起来。

海克尔和德国进化主义

认为发展背后应该有法则在掌控一切的观点在德国更重要。整个 19 世纪 50 年代这里也有人共同探索新有机体形式的起源。人们在认识化石记录显示地质时期上有适应改变分叉现象方面取得了重要进步。在我们的世界里翻译了《物种起源》的 H.G. 布伦在 1858 年出版了一篇长文，里面甚至包括了一幅类似分叉树的图。但是与赫胥黎不同，布伦觉得前进路上的障碍是缺少实证研究支持用自然方法解释新形式如何发展。和赫胥黎相同的是，他认为达尔文的理论是个有趣的假设，但并不令人信服，就是因为自然选择理论并不是基于法则的解释，按照德国哲学的标准不太像是真正的科学。这个论断还是说一定有可以预见的发展法则对“杂乱无章的”达尔文主义或任何将进化简化成一系列无关局部适应的理论不利。这些保

① 赫谢尔的评论记录在达尔文写给莱尔的一封信上，1859 年 12 月 10 日，见达尔文，《查尔斯·达尔文书信集》，7：423。

留看法在布伦翻译的《物种起源》中显而易见，说明了他和其他德国自然学家在没有达尔文的世界里将如何辩论下去。

布伦本人并不会对此话题有太多贡献，因为他 1862 年就去世了。但年轻的厄尼斯特·海克尔受到布伦翻译的达尔文著作的启发，在研究物种及其发展时使用了进化论。海克尔推介了 19 世纪晚期成为进化论标志性特征的理论，即重演论，认为物种的进化历史可以按照形式的顺序追溯，就像个体胚胎发育一样。他在一系列非常受欢迎的著作中使用了该理论（其英语翻译版本也很有名），将其与他的“一元论”激进哲学并论，在他的反对者看来“一元论”和唯物主义非常像。海克尔当然是受到了达尔文的启发，和赫胥黎一样，发现自然选择的反目的中心论思想适合用来对抗有组织的宗教。但是如果试图想象没有《物种起源》的启发他的思想将如何发展，我们就要面对历史学家关于达尔文的选择理论在多大程度上嵌入了海克尔的理论中持有的强烈不同观点。达尔文的进化论反映出保守派如此痛恨的“杂乱无章”，那么海克尔还是达尔文的追随者吗？或者他和赫胥黎一样，认为自然选择理论可以在公开宣传中作为修辞手段，但在科学研究中从来不用吗？后一种情况下，也许海克尔强调进化的进步特性反映出一种非达尔文思想，因为他所有的声明都是相反的，都保留了某种旧的目的论。是我创造了“伪达尔文主义”这个备受争议的词来描述海克尔的思考方式，所以我非常认同后一种解读，也是源于此我猜想了在没有达尔文的世界里海克尔的思想如何发展。[①]

布伦的翻译说明了为什么德国生物学家要基于探索进化论，为什么觉得达尔文的理论有些方面很难理解，更别提接受了。和

① 我在《非达尔文革命》一书中用“假达尔文主义”一词代表那些接受“达尔文主义”标签的生物学家，但实际上并没有充分利用我们所认为的达尔文最重要的观点。

许多自然学家一样，布伦对化石记录和生物结构关系表现出的发展模式都很感兴趣。他知道化石记录说明了发展分叉树，因此希望看到共同祖先理论的重要意义。问题是自然选择是否提供了一个像法则一样的说明，足以解释物种是如何分叉的？很明显，选择理论的确要靠法则指导的过程，但是因为那些过程都是为了达到局部适应，该理论最后说发展的过程是无规律和不可预见的，也就是杂乱无章的。布伦对达尔文论述的评论说明他认为理论的这一点是不可接受的。

因为亚历山大·冯·洪堡的影响，德国自然学家对生物地理学都有极大的兴趣，但他们关注的是识别清楚定义的动物和植物区域，每个区域都有自己独特的发展法则。他们对岛上生物地理学并不那么感兴趣，而这是达尔文论述改变的不可预见性的主要线索。布伦还发现很难向德国读者传达达尔文对动物育种和人工选择的讨论，因为他们对鸽子育种和狗育种这种事闻所未闻。同样的，对于达尔文来说是一个关键的证据线索，一个关键的解释工具，无法轻易转化到另一个文化中去，因为他们的兴趣点和英国绅士们不同。布伦对达尔文的反应类似赫胥黎早期的不可知论，他渴望找到的发展法则也类似赫胥黎一直探索的使进化沿着固定轨迹进行变异的法则。但是与赫胥黎不同，他没有能从达尔文理论反目的中心论中受益的激进哲学理论，所以仍然不愿意给予真正的支持。

吸引厄尼斯特·海克尔的正是那些反目的中心论的因素，因为他正在寻找一个可以支持自己与德国有组织宗教对抗的理论。海克尔通过布伦的翻译读到达尔文的理论，引发了他对进化论的热情，融合到他在60年代初为了理解放射虫这样一群无脊椎动物之间的关系而做出的努力。弗希茨·穆勒（Fritz Mueller），另一个受到《物种起源》启发的自然学家，将首先提出海克尔后来用于重建进化历史的一个重要工具。[①] 穆勒在研究甲壳纲动物时，意识到共同祖先理论可以解释各种现代形式如何分叉。他还说明了现代物种的早期幼虫阶段为这个种群共同祖先的模样提供了线索。这是重演论，即现代个体发育可以用来作为理解其群体进化历史的模型。但是穆勒提出只有在进化过程中出现的新特征加到了现有胚胎发育模式之上重演论才适用。如果变异是现有发育的扭曲而不是附加，早先的阶段就没有了。毫无疑问穆勒将这些都视为对达尔文理论的证实。他公开利用自然选择解释不同群体的蟹如何以不同方式适应在干旱陆地上生存。但是对大部分 19 世纪晚期的生物学家来说，重演论似乎更适合拉马克理论的获得性特征遗传机制，即变异不是随机的，因为它是成体自己努力适应环境的结果。

如果达尔文没有出版《物种起源》，穆勒明显不会写出文章支持达尔文，但假设他在 19 世纪 60 年代还是组织了自己如何重建甲壳纲历史的想法似乎也是合情合理的，在没有选择理论的情况下，他可能会选择用拉马克理论的解释。同样的事件模式对于海克尔来说也一样，因为他也在努力理解放射虫的内部关系。这些自然学家都渴望看到自然关系的整体结构，希望用胚胎学作为线索理解更缓慢的发育过程，即进化，并因此受到启发。布伦用化石记录说明适应改变的分叉模式，他们可以马上看出如何用这个模式为他们自己的研究提供线索。海克尔的情况是，他研究的放射虫的变化以及发现物种之间过渡形式帮助他领悟了《物种起源》中介绍的一般分叉进化理论。

海克尔观点的形成还得益于他遇到的其他事件。1863 年他站出来支持达尔文，但是第二年年初他妻子去世使他陷入绝望，毁掉了他对正统宗教的任何信仰。他专心致志地投入到工作中，1866 年写

① 穆勒的书翻译成了《达尔文的事实和论断》(*Facts and Arguments for Darwin*)。见韦斯特（West),《弗希茨・穆勒》(*Fritz Muller*)。

完了《生物形态学》，在其中介绍了用进化理论理解地球上生命发育的体系。在他的科学计划背后是一个所谓的“一元论”哲学，即物质和思想只是同一普遍物种的不同方面。一元论认为有形宇宙是唯一的现实——背后没有智慧和仁慈的上帝操纵事件。和赫胥黎一样，海克尔很欢迎自然选择理论，因为能帮助他反对传统的目的论。他很乐意探求存在斗争理论，不过他似乎更经常地用它来解释不太成功的变种和物种为何会消失，而不是种群内的个体。这一点意义重大，如果我们试图想象没有《物种起源》引发他转向进化论他的想法该如何产生。考虑到他所进行科学研究的性质以及坚持一元论，似乎他在 60 年代还是会成为积极的进化论者。但是这个进化论与他在我们的世界里推介的达尔文主义有何区别呢？

关于海克尔的达尔文主义确切的性质在历史学家中间爆发了一场辩论，我们在这里要选择立场了。桑德·格里保夫（Sander Gliboff）和罗伯特 J. 理查兹（Robert J. Richards）认为海克尔是真正的达尔文主义者，完全体会到了达尔文理论传达的基本信息：进化是开放式的，不可预计的，仅仅依靠物种为适应局部环境的改变来驱动。[①] 他们承认他相信进化根本上是进步的，他还提出了拉马克理论中的获得性特征遗传和自然选择——但是达尔文也相信进步，也为拉马克理论包括了一个小角色。其他历史学家，包括史蒂芬·杰伊·古尔德、迈克尔·鲁斯和我自己看出了海克尔的计划和达尔文计划之间的重大不同。我们都因为海克尔对进步的执着而备受震动，他的研究似乎超越了达尔文的任何思考。达尔文接受大部分适应从长期来讲并不是进步的——实际上很多是退化的，比如说寄生虫。进化只是偶然“发明”广泛使用的新结构来推动生命向新层次发展。海克尔认为大部分变异

---

① 格里保夫，《H.G. 布伦、厄尼斯特·海克尔和德国达尔文主义的起源》；理查兹，《生命的悲剧意义》。与我对海克尔的立场更相近的是迪·格里高瑞奥，《从这里到永恒》。

都是进步的——如果大部分变异是无用或有害的，必须被消灭掉，那就没有意义了。这也是为什么拉马克理论的作用在他的计划中被夸大了（就像因为类似原因，在赫伯特·斯宾塞的进步哲学中被夸大了一样）。海克尔对岛上生物地理学和动物育种这样的话题兴趣有限，而它们是达尔文开放式非定向进化论的奠基石。

对于海克尔来说，进化论的主要目的是在地球上重建生命历史，这是达尔文拒绝支持的做法，除非是为了某个特定的案例研究。与赫胥黎和许多其他形态学家一样，海克尔认为这个计划应当产生决定动物形式背后法则的信息。他的著作中每页纸上都是发展史——海克尔发明的词——或者叫进化祖先线索，说明所有线索都是朝着更高层次的发育推进。海克尔的确认同不同的进化分支可以沿着许多不同的路径推进，但是他也很高兴将地球上整个生命进化描述成朝着人类形式发展的进程，其他类型不过是侧枝。这是达尔文在《物种起源》中包括的一幅图中特意避免的模型，因为他的分叉树是没有主干的。

海克尔利用他称之为"生物发生律"的重演论加强进化和胚胎朝着成熟有目的发育之间的联系。格里保夫指出海克尔使用这个规律并没有说明后来其他重演论学者假定的定向发育，最著名的就是美国的新拉马克理论学者（在下一章讨论）。和达尔文一样，他使用胚胎为古代祖先形式提供线索，并不意味着进化是朝着特定方向预设的过程。但是使用胚胎学作为重建发展史的重要工具帮助创造出了对进化论一种完全不同的印象，一个生命几乎自动朝更高层组织推进的"发育"模型。海克尔提出的这个方面与文化进化论者中间流行的线性发育模型自然结合。白人种族成为生物进化的顶端，就像欧洲文化是社会进步的顶端一样。当时存在一种内嵌的进步趋势，虽然许多侧枝也发展了，但只有在通向文明现代人类的主干上才实现了进化发育的全部潜力。

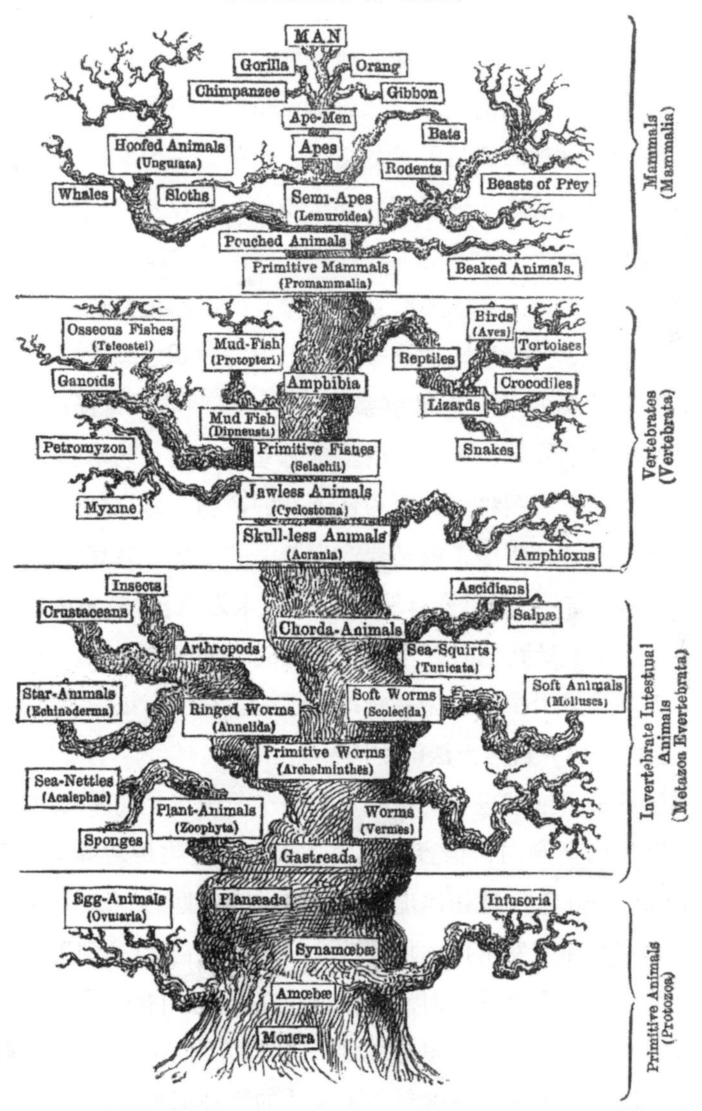

图 6 厄尼斯特·海克尔的进化树，选自他的《造物历史》。海克尔绘制了许多没有通向人类主干的树，但是 19 世纪晚期其他进化论者总是不断复制这个特定的模型。

这些都说明了海克尔的进化论既是广泛进步哲学，又是科学进化论。这当然不是一个理解种群适应局部环境的日常过程的项目。达尔文花费了大量后半生的时间研究详细的植物王国适应案例，海克尔则致力于推介他的广泛进化哲学。虽然海克尔不信任宗教，但在他的假设里仍有旧式目的论的因素，也就是一个有机体和物种对环境挑战做出的反应一般是积极和进步的。海克尔和达尔文的思考之间其他的不同点也会引起联想。一元论经常被攻击为唯物主义，但它实际上认为思想和物质常常不分家，所以即使是最基本的物质中也会有精神成分。后来的许多年，思维与物质之间模糊的区别使得一元论从深奥的唯心论思想家中赢得了一些非常奇怪的同道者。至少是在生物学领域，最惊人的就是海克尔看到了艺术和科学之间的联系。达尔文试图将美解释为性选择的产物，海克尔则认为生命已经内在设置好了程序，就是要产生美丽的形式。海克尔最后出版的几本书中就有一本叫《自然界中的艺术形式》(*Kunstformen der Natur*)，描述了受到当时艺术潮流启发的各种物种形式。达尔文的最后一本书是关于植物类型和蚯蚓习性的。有没有更清楚的例子能说明他们两个研究自然方法的不同?

对于反事实推理进化历史来说，这个争论点是如果海克尔的思考不是有达尔文倾向，很容易看出如果没有《物种起源》的激发，他在19世纪60年代是如何走向进化论发育模型的。这并不是否认达尔文的书的确引发了他立场的改变，或者说自然选择说并没有促使他对目的论产生反感。但是自然选择在一个种群内部单个变体上发挥作用并不是海克尔的思想关键，差不多可以很容易完全被拉马克理论替代。用生存竞争解释并不成功的物种消失已经是呼之欲出了，就连欧文这样的反达尔文主义者也都接受。

没有达尔文，海克尔可能会在60年代去发展他的进步主义者进化论了，也许会稍微慢一点，但和我们所知道的形式只是稍有不同。在非达尔文的世界里，海克尔仍然会写出《造物历史和人的进化》（*History of Creation and Evolution of Man*）。那些书会激发科学家和大众体会进化论为地球上生命历史提供线索的潜在价值。但他们会推介一种准目的论形式的进步主义者思想，相当于斯宾塞对英语世界的影响。不管是德语版的还是翻译版的，海克尔的著作仍然会发挥巨大作用，让大众认识到进化论的主要目的是重建地球上的生命历史，希望以此可以看到能从人类社会和文化中吸取到什么教训。

海克尔的激进主义让许多科学家头疼，他们愿意将一般进化理论视为理解生命发展的最好方式。另一位激进的自然学家卡尔·福格特从支持自主发育转变到支持进化论，但仍然保留着形式主义认为的生命形式是根据预定趋势展开的观点。海克尔不会跟随这个线索，但是他激发环境因素的意愿因为过于热衷进步说而受到了限制。他坚信进化的指向力一定是一个有机体对环境改变做出反应而产生的。任何关于是内在力量促使改变的说法都是接受目的论，要被否决。但是正如赫胥黎或福格特可能指出的那样，内部产生的变异趋势只有朝向有目的的方向才是目的论；如果它们只是有机体内部结构的产物，那就不会有这样的含义。有些海克尔的反对者，比如鲁道夫·菲尔绍，和欧文一样都保留了这种内在力量的确是有目的的说法；这些科学家是激进分子发泄愤怒的真正目标。但如果海克尔将注意力更多放在拉马克理论上，他的思想和对手思想之间的对比就不会那么强烈了。在我们的世界里，拉马克理论在19世纪后期流行起来就是因为它比选择机制更容易与目的论相容。同时，福格特和其他德国自然学家愿意与赫胥黎一样，更倾向于由内部生物学力量驱动的进化论，不一定牵扯设计论。这些和其他思想在建构没有达尔文的世界里进化科学如何发展方面都发挥重要作用。

5. 有目的的世界

假设在一个没有达尔文的世界里，19 世纪 60 年代科学界还是会转向进化论，那么接下来几十年进化生物学是如何发展的？哪个研究领域会是最活跃的？会使用什么资源影响这个计划，可以使用什么想法来解释进化运作的机制？最重要的是，自然选择理论什么时候会浮出水面？

即使有可能，针对这些问题似乎也很难给出合理的回答。距离分叉点已经过去几十年，架构反事实推理的历史进程已经变得更加艰难。但是对于 19 世纪晚期来说，复杂程度并没有人们想象得那么严重。我们并不是在设想一个一切都不同的替代宇宙——这不等同于想象一个同盟军赢得内战的美国，或者被希特勒占领的英国。假设不存在达尔文的理论，产生的影响要小得多，因为自然选择理论并不是最开始就受人欢迎。我们世界的大部分进化论者不相信自然选择会提供令人满意的解释，许多人将之全盘推翻，或者认为它是边缘理论，不太重要。这是一个排除失败的负面因素，并不是真正新发展的根源。1900 年左右人们对进化如何发挥作用的其他假设大肆猜想研究，许多科学家认为达尔文的理论已经走向末路。T.H. 赫胥黎的孙子朱利安 · 赫胥黎在 1942 年的一次大规模调研中称这段时期为“达尔文主义的衰落”，当时在基因学的影响下这个理论重新兴起。如果选择理论在我们的世界里最后结果如此不确定，应该可以想象在一个没有达尔文的世界里其他替代理论如何兴盛起来。[①]

19 世纪 60 年代替代理论已经开始出现了。它们包括拉马克的获得性特征遗传理论，关于变异可以通过内在生物力量（直生论）沿着固定路径进行的说法，以及突变论，即突跳式进化论。更广泛的资源包括赫伯特·斯宾塞越来越流行的进化哲学以及厄尼斯特·海克尔推介的重演论。没有达尔文的贡献，可能人们不会那么关注实际的进化机制。在我们的世界里，许多关于这个话题的争论都是由于渴望打击选择理论而引起的。没有这个动机，科学家们会主要关注如何理解进化的结果，而不是起因。进化论历史关注自然选择的争论，因为后事之明告诉我们达尔文理论最终会取得胜利。但是这种焦点扭曲了我们对 19 世纪进化论者最在乎什么的看法。实际上更多的努力都花在了利用形态学、古生物学和生物地理学重建地球生命历史上。在一个没有达尔文的世界里，这项事业更会成为舞台的中心。

主要矛盾还是集中在关注环境压力是改变主因的功能主义或适应论视角与寻找生物结构背后形式主义法则的形态学方法之间。适应论从更广泛意义上来说更符合达尔文主义——它忠实于共同祖先理论及功利或功能主义猜想，即所有改变都是通过物种适应新环境而发生。它会鼓励一个物种选择理论的出现，即物种会被更高层次进化形式的入侵者消灭。但它与达尔文的自然选择理论并无联系，而真实世界里许多反达尔文主义的生物学家在用拉马克理论解释适

① 实际上当时的确用了病入膏肓这个比喻；见艾伯哈特·丹纳特（Eberhart Dennert）1904 年翻译为《病入膏肓的达尔文主义》的书。关于衰退的比喻，见赫胥黎，《进化》，22—28 页。作为对我们自己的世界反达尔文主义进化论者写的大量作品的指导，我推荐自己的书《达尔文主义的衰退》和《非达尔文革命》。

应的发生。形态学家对表面适应不那么感兴趣，更倾向于寻找能在变种并进而在进化中产生趋势的内在生物力量。他们大多与对立的形式主义者或结构主义者的立场有关联，并且随着他们转向进化论，主要关心的是理解新结构发展背后的法则。当时还存在一种生物地理学的形式主义方法，试图识别由类似发展法则控制的地区，但这与莱尔和华莱士的追随者使用的变数更大的开放式模型完全不同。

形式主义者偏爱预设法则或趋势，这对共同祖先理论来说是个问题，因为如果两个世系沿袭同一趋势，他们可能会各自获得相同的特征——这种相似点会被研究变种可塑性的人解读为共同祖先的残余。这是平行进化的理念，它的意义在于两方面。在非达尔文主义的世界里，这种完全的非达尔文主义进化论对进化论的影响可能要比我们所掌握的更大。一旦自然选择理论最终出现，要想打破这种预设发展模型的束缚就更难了。虽然在没有达尔文的世界里，最后生物学发展的程度会和我们所知道的差不多，但强调的重点肯定有重大不同，因为在 19 世纪晚期之前缺少自然选择理论会使得死板进化趋势更加深入人心。

适应论者和形式主义者用各自不同的方法鼓励了进化是内在进步过程的说法，并且相信通过重新架构地球上的生命历史，科学家会给出进步如何达到的线索。生物地理学与斯宾塞哲学联起手来将进步说成是个体或群体为了解决如何克服环境的问题而做出的无数行为的最终结果。形式主义者的视角鼓励一个更加结构化的进步主义，我称之为“发展主义”——将胚胎发育视为经历走向成熟各个阶段的进化模型。按照广泛的说法，这经常意味着从变形虫到人类的线性“生物链”。在地球上重建生命历史使得生物学家能够定义发展的等级，能够区分前进主线和引起停滞及退化的侧枝。适应主义者和形式主义者的方法都提示了如何使用生物进化论支持社会进化及其代表的意识形态说。但是如果将自然选择视为只是由于进化论不太成功而被剔除的理论，达尔文的批评家质疑他关于变种和遗传的学说就不会在我们的世界引起激烈的争辩。这个世界的人们就会理所当然地认为进化是有目的的活动，目的在于推动生命沿着意义重大的发展阶梯不断向上。

在这个情景下，进化论会以各种非选择论者的形式在本世纪最后十年兴盛起来。达尔文主义在我们的世界衰退时就会出现许多类似的情形，不过发展模型的影响力会更大，将与之对立的适应论者视角排挤到第二的位置。但什么时候自然选择理论会成为一股重大的力量？考虑到自然选择论和拉马克理论似乎是适应进化说仅有的两个机制，似乎有理由假设一旦满足两个条件它就会出现。第一是重新将焦点放在假设进化一定是由环境因素造成的，而不是发展主义论者倾向的纯粹生物学趋势。第二是过渡到对遗传的思考，导致人们对除拉马克理论之外的学说都丧失信心。这些条件都要到了世纪之交才可以满足。

新进化论历史

在反事实推理的非达尔文世界里进化论历史是什么样？为了想象这个情景，我们可以探索过去几十年里真实生活中的进化论历史学家给出的新解读。自从 20 世纪 70 年代我进入该领域之后，它就发生了翻天覆地的转变，我也有幸参与了这个转变。就在综合进化论出现后的几十年——新达尔文主义将自然选择和基因学综合起来——习惯做法是将该领域的历史描述成从达尔文到综合论的发展主线。焦点是自然选择理论，包括早期关于其合理性以及基因学如何解决最初问题的辩论。洛伦·艾斯利 1958 年的经典著作《达尔文的世纪》(*Darwin's Century*)中关于格雷戈·孟德尔章节的标题以及对他所做实验迟来的认可总结了这一点:"掌握打开进化论钥匙的牧师。"厄尼斯特·迈尔，现代综合理论的奠基人之一，他的历史著作也沿袭了同样的模型。至于那些认可选择理论替代学说的历史学家，他们的观点不过是科学家受到蛊惑而进入了微不足道的死胡同，都被否决了，经常是因为他们的思考受到宗教和道德信仰的影响。[①]

根据我个人早期的研究，我意识到了许多后达尔文主义时期的许多古生物学家很大程度上支持用非选择论解释进化趋势，我也开始研究并于1983年出版《达尔文主义的衰落》(*The Eclipse of Darwinism*)一书。即使是当时，批评家还偶尔说我的著书只是填补了文献中一个非常微不足道的缺口，因此它并没有得到重视。但是随着我对非达尔文主义进化论者的进一步研究，我越来越坚信他们占大多数，代表19世纪进化论的主要推动者。我在1987年的《非达尔文主义革命》(*Non-Darwinian Revolution*)一书中提出20世纪初之前达尔文主义(如今所定义)是真正的边缘理论；在前几十年达尔文主义的遭遇与现代生物学家所认为的达尔文关键的洞察力几乎无关。如果我们想了解究竟是什么激励了早期进化主义者，就必须跨过现代问题的边界去思考。

后来我意识到为了完全了解19世纪末的进化论必须意识到关于进化机制的争论并不是大部分生物学家关心的问题。真正的焦点是尝试用形态学、化石和地质学证据重建地球上的生命历史，这是一项对进化机制当然有意义的事业，但不一定是由这个问题推动的。结果我又写了另外一本书《生命的精彩戏剧》(*Life's Splendid Drama*)，书的题目是从加拿大考古学家威廉·迪勒·马修(William

---

① 见艾斯利，《达尔文的世纪》，第八章；迈尔，《生物学思想的成长》(*The Growth of Biological Thought*)。

Diller Matthew）那里借鉴而来，他在重建过程中的几次重大事项中都发挥过重大作用。

近几年来，对后达尔文主义进化论的新解读又因为其他趋势而被加强，最值得一提的就是承认了德国科学界替代造物论的形式主义者的地位。尼古拉斯·鲁珀科对 J.F. 布鲁门巴赫建立形式主义传统的描述解释了这个进化研究方法的起源。认为生物结构的发展背后是可以预期的像法则一样的过程为发展或非达尔文主义传统提供了基础。德国科学界的历史学家，如鲁珀科和沃尔夫–厄尼斯特·海夫（Wolf-Ernst Reif），抱怨说这个传统主要来自英语世界的进化论历史，都是因为达尔文主义在 20 世纪中期取得的胜利（以及严重破坏了德国科学和文化的两场世界大战）。[①] 进化论的新历史修复了这个传统，说明了 19 世纪晚期它在英语世界也获得了重要影响力，之后因为新达尔文主义的兴起而被边缘化。

这种修正主义者的解读在科学历史学家中很普遍，后来慢慢渗透到整个科学界和历史研究领域，但是它也遭到了抵抗。比如说迈克尔·鲁斯在承认非达尔文主义理论地位的同时，仍然将重建生命历史进程的事业视为二等科学，对现代达尔文主义的整个出现并不重要。[②] 但是对于那些主要兴趣在于了解是什么激励了第一代进化论者的人来说，这种后知之明的评价似乎不太合适。幸运的是，进化发育生物学的出现引起的现代争论又激发了早期发育学家的兴趣。早期进化论者感兴趣的问题被新达尔文主义者推翻也许还是有点意义的。如果尝试从自己角度理解 19 世纪晚期发现达尔文的理论不应当占据中心位置（无论它作为最初的刺激有多重要），那么用其他理论补充或替代达尔文的理论就为研究非达尔文世界里的情形提供了

① 鲁珀科，《达尔文的选择》；莱夫（Reif），《德国古生物学的进化理论》。

② 鲁斯，《从单子到人》，第六章。

一个范例。

科学哲学家朗·阿曼德森（Ron Amundson）热衷于现代进化发育生物学，认为传统的进化论历史观点会将话题和理论的贡献度边缘化，它们虽然随着时间失去了光芒，但都曾一度发挥重要作用。他的说法与鲁珀科呼吁我们在德国生物学中重新寻找被遗忘的结构主义者传统如出一辙。我所说的发展研究方法的特征就是这些话题和理论，全都反映出要承认胚胎发育扮演的角色才能正确理解生物形式的进化。阿曼德森试图忽视发展方法传统中一些不太成功的地方，比如说它推崇极端反适应论者直生论和平行论这样的观点。那些对个体发育和地球上生命历史之间的类比夸张的说法的确需要排除掉才能出现现代进化论。我们不能允许钟摆偏离得太远，早期的发展主义形式的确曾到过无路可走的地步，想要另辟蹊径不应当借鉴历史。但是阿曼德森提出新达尔文主义是将孩子连同盆里的水一起倒了出去，他说的这一点倒不错。[①]

排除发展主义导致了20世纪初达尔文主义的复兴。特别是在美国，这个过程导致了基因学和胚胎学分离，推动产生了也对特征如何在发展过程中形成不太关注的新达尔文主义。进化成了不过是代表单位特征基因的次位转换。进化发育生物学在现代世界以进化论者的身份出现，它认识到这是过度简化的说法。基因转化成有机体的路径对于真正理解那些有机体的表达形式至关重要，但是现代生物学要想领悟重新出现的发展论则需要很多争议。阿曼德森要说的是如果我们现在认识到了胚胎的重要性，就不会写出否认之前人们对这种关系存在广泛兴趣的进化论史。

---

① 阿曼德森，《进化思想中胚胎地位的改变》（*The Changing Role of the Embryo in Evolutionary Thought*）。同时见劳伯利希勒（Laublichler）和梅恩沙恩（Maienschein），《从胚胎学到现代进化生育学》（*From Embryology to Evo-Devo*）。

在一个发展主义比在我们的世界更具影响力的世界里，发现自然选择理论以及将它融合到进化科学中可能破坏力并不强。进化论生物学家不会完全无视发展主义，而是会逐渐放弃它的极端表现，同时利用“新”自然选择理论替代拉马克理论。我们最后会得到和今天同样丰富的基因学、选择理论和进化发育生物学综合的结果，但是各个组成部分会按照不同的顺序排列，也会避免我们的世界在20年代中期对达尔文主义的人为过度简化。

我对没有达尔文的世界里进化论的反事实推理说明达尔文在支持功能主义者–适应论者的传统上做出了独一无二的贡献，使得它在最初更具影响力的发展主义面前夺得了先机。自然选择说很早就被提出来并不是关键，因为这个学说最初并不成功。但是达尔文支持生物地理学的开放式进化论模型使之获得了更加广泛的影响力。它还建立了一个框架，使得早期基因学的遗传论放弃了突变论基础。这位新达尔文主义的出现奠定了基础，几乎造成发展主义在20世纪中期彻底衰落。没有达尔文，发展的方法会保持更多影响力，我们永远只需要将它视为逐渐出现的综合理论一个重要的组成部分。在真实的世界里，发展主义被边缘化了（除了在德国），我们不得不回顾它的一些看法好得出一个更平衡的观点，兼顾达尔文主义者和形式主义者的观点。

生命历史

进化论者重建地球上的生命历史有三个信息来源：形态学、古生物学和生物地理学。每个来源都提供了证据线索可以说明每个新群体的首批成员是如何从之前的祖先进化而来，群体又是如何分叉成后来复杂以及更独特的形式，以及由此导致的物种如何在全世界迁移，创造出不同地区的种群。功能主义者和适应论者这两个对立视角都适用于这些领域，虽然使用的证据可能会让科学家产生偏见。形态学家一般都是功能主义者，生物地理学家支持适应论者的方法，而古生物学是个最终会使得天平向适应论者视角倾斜的战场，会导致类似现代达尔文主义的世界观。

胚胎和祖先

形态学在 19 世纪中期统治着生命科学，慢慢才被生理学和生殖学的实验研究替代。实地自然学家在自然环境中研究动物，形态学家通过在实验室解剖样本而研究内部结构。慢慢地又有了对胚胎的详细研究，利用前所未有的精细显微镜技术。通过寻找不同物种之间内部结构的相似点，对比解剖学家和胚胎学家可以尝试确定其相似程度，为实地自然学家根据表面分析建立的分类提供确凿的支持。在某些情形下形态学会推翻传统观点，因为达尔文研究的藤壶最后证明是经过高度改良的甲壳纲类动物，符合每个人最初的假设。19 世纪 60 年代，形态学家开始意识到在决定这种关系的过程中，他们揭示的并不是定义这些群体的抽象“类型”，而是来自共同祖先分叉进化的证据。随着进化过程中增加了表面改良，共同祖先的更基本特征能够得以保留，建立了不同关联度的关系。关于共同祖先的特性可以提出一个假设，而更深层次的关系可以用来表明一个新群体首批成员起源的早期形式。

我们习惯假设对化石记录的探索是地球生命发展进程中主要的信息来源。但是正如达尔文所意识到的，19 世纪 50 年代及 60 年代的记录仍然都是碎片，经常出现突变的情况，而不是循序渐进的进化。后来几十年这个情况发生了改变，至少是有一些群体和有一些过渡发生了改变。但是在 19 世纪 60 年代，关于系谱的线索主要来源仍然是对生物及其关系的研究。对于生命历史最早阶段，在大量化石记录出现之前，形态学一直是唯一的信心来源。厄尼斯特·海克尔提出了一个最早动物形式的假设系谱，即他的原肠祖学说（Gastrea theory），认为所有动物都源自一个简单的细胞球团聚分选。

这时候出现了重演论，因为海克尔的提议最佳证据线索是所有动物在发育最早阶段都要经过受精卵阶段。但即使是高等动物，比如说藤壶，早期胚胎阶段经常提供线索说明一个高度改良的群体从哪个主要类型而来。重演论说明最早阶段——此时甲壳纲类动物与其成年阶段完全不同——也许与该群体的祖先形式相一致。甲壳纲类动物是弗希茨·穆勒支持进化论的根据。在英国，赫胥黎的门生E. 雷·兰克斯特和弗兰西斯·巴尔福（Francis Balfour）提供了类似的证据主线，建立了软体动物和最早期鱼类的起源。其他形态学家对后来的发展也给出了重要的见地：厄尼斯特·高普（Ernst Gaupp）甚至在发现类似哺乳动物的爬行动物化石确认关联的确存在之前就演绎出了爬行动物的下颚后来转变成了哺乳动物的耳朵。[1]

但是这个过程并非万无一失，而单单形态学研究是无法解决一些重要问题的。经典例子是脊椎动物（脊索动物）的祖先。海克尔和他的追随者注意到原始脊索动物蜗蝓鱼和海鞘类似蝌蚪的幼虫之间有相似之处。他们提出这个群体是脊椎动物的祖先，现代海鞘（黏于岩石上的无柄生物）就是脊椎动物退化后的衍生物。但是海克尔的反对者安东·多恩（Anton Dohrn）认为这种联系是不合理的，因为它忽视了脊椎动物和被囊动物不一样，是分段动物的事实。他提出脊椎动物实际上是节肢动物，不知怎么发生逆转，改变了一些

---

① 关于这些发展，见鲍勒，《生命的精彩戏剧》；鲁斯，《从单子到人》。在真实世界里，穆勒的书翻译成了《达尔文的事实和论断》。海克尔对进化论的大众调研翻译成了《造物的历史》（*The History of Creation*）和《人的进化》（*The Evolution of Man*）。

重要结构的位置。这使得节肢成为更原始的特征，将脊椎动物与昆虫这样的群体联系起来。

但问题是没有标准可以清楚判定哪些特征真的是原始特征（因此是祖先流传下来的），哪些是后来衍生出的改良。进化论者接受某些情况下两个群体可能独立进化出非常相似的特征。这种情况可能是因为趋同进化，即两个系谱适应成了相似的生活方式，或者因为平行，即同样的内嵌变异趋势影响了两个类型。在受争议的案例中，一方的原始特点是另一方的平行特点，反之亦然，没有化石证据就没有办法说明哪方是对的。19 世纪末争议甚嚣尘上，充斥着诽谤，进化形态学遭到摒弃，鼓励人们过渡到实验研究。比如威廉·贝特森（William Bateson）就放弃了对脊椎动物祖先的研究，帮助建立了基因科学。

就是因为这种情况，鲁斯提出了这一代进化论者的研究是二等科学，虽然项目开始的时候他们几乎没想到会存在技术上的限制（有些问题最近利用 DNA 证据得到了解决）。我们可以对他们的努力给予更多的肯定。对脊椎动物的诽谤到了 1900 年左右由胚胎学家 E.W. 麦克布莱德（E.W.MacBride）洗清了部分冤屈，他认识到了脊椎动物和棘皮类动物（海胆和海星）之间根本的相似点。麦克布莱德是重演论最伟大的推介人，也是坚定的拉马克理论者，证明达尔文主义并不是该领域重要研究的关键。没有任何一种形态学技巧依靠对自然选择理论详细的理解，虽然适应或预定趋势推动进化的程度问题也十分重要。支持拉马克理论和直生论的人习惯相信平行论的例子要比达尔文主义者预想得多。一些拉马克主义者放弃了适应论者的立场，认为进化是由预定趋势推动的。几乎可以肯定的是，非达尔文主义者的世界和我们的世界之间一个不同点就是没有达尔文主义的影响，会有更多人热衷于预定进化论的说法。

化石记录

达尔文对使用化石记录追溯进化过程持悲观态度，但是新的发现一直不断出现，情况也很快发生巨大变化。19 世纪 70 年代即使没有《物种起源》的影响几乎都会开始进化运动，因为大量的新化石使得渐变理论更加合理。到了 1860 年，如欧文所说，某些群体的历史趋势已经很明显了。随着更多化石出土，某些序列中的断档慢慢被填补，人们似乎更容易想象出进化链，而不是坚持奇迹相关序列的旧说法。同样重要的是研究人员发现了证明主要脊椎动物群体之间联系的重要化石，削弱了每个纲起源完全不同的观点。即使到了今天也只有几个这样的过渡可以用确凿的证据来追本溯源。但是随着每个过渡物种都被找到，进一步证明了造物论者坚持的所有群体都有不同起源的说法。他们早期的立场是如果造物论想完全隔离群体，那他在外围的所作所为就太漫不经心了。到了 19 世纪 90 年代，至少是有一个案例显示了从爬行动物到哺乳动物的这样一个持续不断的化石序列的过渡阶段。[①]

19 世纪末，古生物学接替形态学，成为试图理解地球整个生命历史的进化论者主要的焦点。当时在将新类型的外形与地球历史上所发生的事件相联系方面也有了重要发展。这些活动造成的结果是，相比海克尔 19 世纪 70 年代的种群理论对类型之间关系极为抽象的描述，20 世纪初期对这个过程做的调研感觉更加“现代”。这些都不是达尔文进化论导致的直接后果，可以想象在没有达尔文参与的世界里它们也会发生。但是在我们的世界里达尔文主义和非达尔文主义

---

① 关于这些发展，见鲍勒，《化石和进步》，第六章；鲍勒，《生命的精彩戏剧》，特别是第七章；戴斯蒙德，《原型和祖先》；路德维科，《化石的意义》，第五章；布菲陶特（Buffetaut），《脊椎动物古生物学简史》（*A Short History of Vertebrate Palaeontology*）。

考古学家之间的侧重点是不同的，所以和形态学一样，有可能形式学家对进化如何发挥作用的解读在反事实推理的世界里会更自由。

最重要的发现就是填补化石记录重大断档的发现，特别是新脊椎动物类别的起源。人们将大部分注意力都放在了从爬行动物到鸟类的过渡上，对1861年发现的始祖鸟第一个样本的研究提供了一个很容易被视为过渡的化石。奇怪的是，赫胥黎和欧文最初都没有将它采纳进来，甚至发现了更多样本后，始祖鸟也仍然被视为异类。1968年，赫胥黎因为海克尔转向了利用化石记录来证明进化，并为此写了一篇关于鸟类和爬行动物之间过渡动物的论文。[①] 他在其中对始祖鸟一笔带过，接着就继续讨论一些恐龙的类鸟族和下肢。他用“缺失的一环”来描述这些化石，不过真正需要的是一系列说明整个发展序列的环节。赫胥黎形成了鸟类经过类似鸵鸟的阶段，后来才学会飞的进化理论，但这个说法很快遭到了对立者的反对，他们认为飞的技能是通过与始祖鸟类似的形式最先达到的（只是始祖鸟的记载太晚，因此没有被视为祖先）。鸟类起源的故事和其他类别一样，比早期进化论者预想得要复杂得多，能找到的化石过于分散，没法在两个对立的理论之间做出决断。即使这样，化石也足够打破造物论者所说的鸟类是从之前的纲演化而来，没有任何过渡的说法。

同样的故事又发生在从鱼到两栖动物过渡的案例上，根据一些重要的化石显示，鱼在上岸之前渐渐长出了像四肢一样的鳍。但是人们的争论还在喋喋不休，现代肺鱼是否是一种传统形式的残余，或者肉鳍类总鳍鱼纲更重要。甚至还有人提出现代青蛙和蝾螈有两个独立的起源，分属不同的古代鱼类。这里我们可以看出平行进化论的威力，它用相似的进化趋势在两个独立的世系下产生同样结果的说法削弱了共同祖先理论的可信度。反达尔文主义的形态学家圣

① 见迪・格里高瑞奥，《T.H. 赫胥黎在自然科学中的地位》。

乔治·杰克森·米瓦针对哺乳动物也提出了这一点。他提出现代澳大利亚的单孔类动物（比如说下蛋的鸭嘴兽）进化出哺乳动物特征的过程并不是沿着如今占主导地位的胎盘类哺乳动物的进化线索。因此发展法则推动进化朝预定方向前进的论断甚至在我们的世界都非常活跃。在没有达尔文的世界里，这样的说法更会盛行起来，而且反对之声会更小。

就哺乳动物来说，在南美洲的二叠纪岩石中发现了类似哺乳动物的爬行动物最终捋清了爬行动物的复杂下颚结构转变成哺乳动物简单下颚和细小耳骨的过程。关键是理查德·欧文最初注意到了这些化石潜在的重要性，而赫胥黎明显置之不理。是欧文的学生哈利·高维尔·赛利（Harry Govier Seeley）19 世纪 80 年代初首先对此进行了详细研究。1932 年，如今因为对人类化石的研究而著名的罗伯特·布鲁姆（Robert Broom）详尽描述了从爬行动物到哺乳动物过渡的情形。布鲁姆是个笃定的非达尔文主义进化论者，坚信地球上生命的进步背后是以人类繁衍为目的的神圣计划。[1] 这里我们看到的是自然学家的重大创新，不仅公开反对自然选择理论，而且攻击赫胥黎及其同盟推广的整个唯物主义世界观。不能说达尔文主义是进行重要进化研究的唯一理论视角，在非达尔文主义的世界里，目的论的发展论观点会更积极地推动对地球上生命历史的理解。

在另一个领域也可以得出同样结论，化石的发现帮助了进化论者。到了 19 世纪 70 年代，在世界各地的发现开始填补多少现代（和一些已经灭绝的）动物群体已经进化的细节。经典的例子就是马，19 世纪 70 年代在北美洲的岩石中发现了一系列马祖先的化石。到了 1877 年，赫胥黎已经能够公开宣告奥斯尼尔·查尔斯·马什

---

① 布鲁姆，《南非的类哺乳动物爬行动物》（*The Mammal-Like Reptiles of South Africa*）和《人类的到来》（*The Coming of Man*）。

（Othniel Charles Marsh）描述的一系列马化石是“进化的确证”——而这是在发现最原始形式之前，即说明马类如何从林地上的食草动物小始祖马进化而来的。[1]进化论者也可以追溯无数已经灭绝的类别上下起伏的命运，包括几个大的哺乳动物类型，比如说马什在几个西方国家的岩石中发现了恐角目和雷兽，后来亨利·费尔菲尔德·奥斯本曾对其加以描述。当时的进化批评家和现在一样抱怨这个序列并不是完全连续的，但是足以证明如果造物者将每个物种重新创造，那常常要保持高度一致的模式。

马什和赫胥黎持有的都是自然主义进化观，但是许多群体进化呈现的趋势都被广泛解读为推动物种向预设目标前进的发展限制的证据。在德国，阿尔伯特·凡·奎里克（Albert von Koelliker）提出，如果发展法则控制着变异，那同样的物种无法沿着同样趋势，但不同世系的发展就没有理由了。这会削弱共同祖先的理论，其中同类别物种之间关系所基于的相似之处指的是从共同祖先那里获得的结构。对于许多19世纪晚期的古生物学家来说，他们从化石记录中看出的趋势太有序了，不可能是受每个环境波动下杂乱无章的过程的产物。美国新拉马克主义学派是这个说法的带头人，在我们的世界里他们成为达尔文选择理论的坚定反对者。研究脊椎动物化石的爱德华·德林克·科普和研究无脊椎动物的阿尔菲斯·海亚特都坚持认为在自己研究的群体中发现了严格的平行发展路径。有股神奇的力量引导变异沿着预设的路径进行，而这股强大的力量足以在不同的进化路径中产生差不多完全一样的物种。科普的学生亨利·费尔菲尔德·奥斯本一直研究这个学说到20世纪，利用已经灭绝的哺乳动物类证据。

---

① 赫胥黎，《进化论讲座》，选自他的《美国演讲》（*American Addresses*），85—90页。

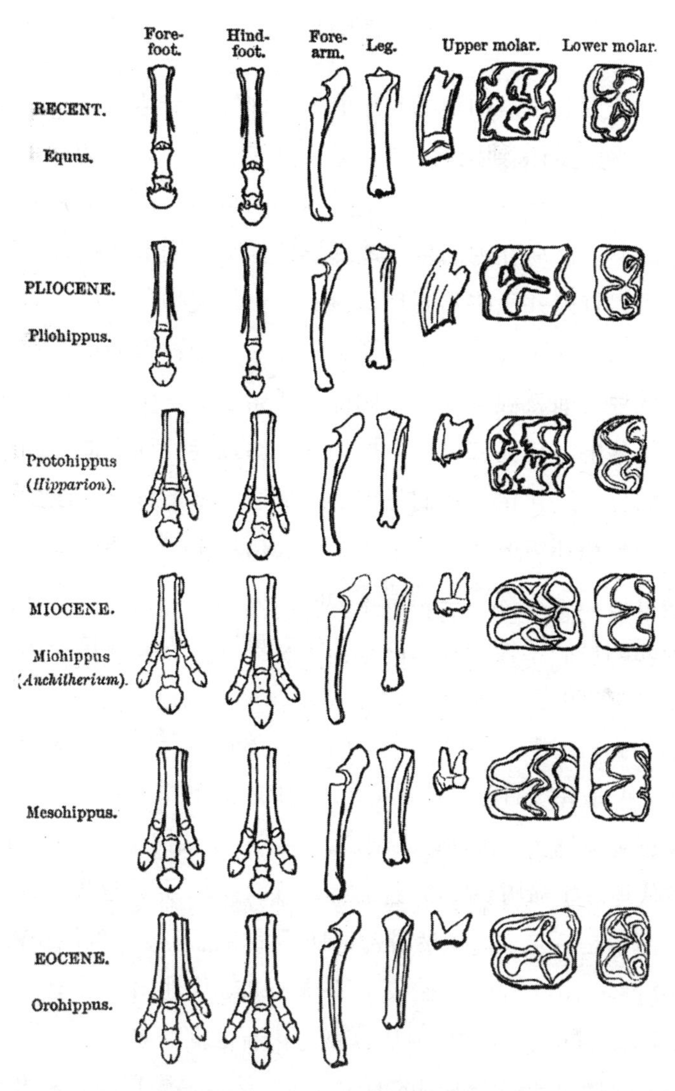

图 7 这是 **T.H.** 赫胥黎用来说明马的进化以及解释 **O.C.** 马什新发现的化石，选自赫胥黎的《美国演说》(***American Addresses***) 一书中的《关于进化的演讲》(***Lectures on Evolution***)。注意将几个化石简单的排列就可以呈现出笔直的发展线索，特质化程度越来越高。

生物地理学

进化论发展观最明显的对立面——即使没有达尔文的影响——会在19世纪晚期得到探索。推广进化主要由不可预期的环境压力推动这个说法，自然选择理论并不是唯一的载体。达尔文利用包括来自加拉帕戈斯群岛在内的生物地理学证据来说明最初的种群被生物地理学障碍打破并面临不同环境时，一个相关物种群体从一个共同祖先分叉而来。华莱士甚至在开始思考一个变种因为更适宜而替代另一个变种之前就独自找到了同样的线索。在一个没有达尔文的世界里，华莱士、胡克和格雷会推动一个由迁徙、局部适应和物种灭绝推动的分叉进化论。他们只需要局部适应塑造种群内改变的基本观点，迁徙和环境改变的不可预见性会衍生出一个随机分叉进化模型。没有达尔文，这场运动持续的时间会更长，可能不会涉及个体变种层面的自然选择理论。但是它绝对可以作为替代预定法则下发展进化论的视角。

达尔文利用生物地理学的例子作为案例研究来支持分叉进化论的合理性，但是并没有尝试重建生命历史的全球模式。随着来自世界各地的证据越来越多，包括化石记录，尝试重新架构是合理的。这会是全面替代地球生命历史发展观的尝试。最后着手开始这项工程的是华莱士，而不是达尔文。虽然最初他怀疑是否能从世界各地获得信息，但在19世纪70年代他开始收集证据，1876年他出版了上下两册的《动物地理分布》。通过将现代分布与化石证据联系起来，能够找出每个主要群体可能最先出现的原生区域，然后追溯它们后来的迁徙轨迹。这本书一经出版，引起了后几十年该领域的爆炸式研究，没有理由认为这种做法在没有达尔文的世界里不会发生。[1]

---

① 见鲍勒，《生活精彩的戏剧》，第八章。

华莱士展示了如何通过重构迁徙的历史来理解动物群体的现代分布。比如说现在在南美洲和东印度群岛分别居住着两个独立种群的貘。通过付诸化石证据，华莱士提出这个群体最初可能生活在欧亚大陆北部，然后从那里向东迁徙到东印度群岛，穿过白令海峡到达北部，最后到达南美洲。这个过程中大部分都因为更适应的类型入侵而走向了灭绝，给现代世界留下了两个残余种群，因为与世隔绝而得到保护。有时候物种迁徙到新的领地是由于环境发生改变，特别是在冰河世纪海平面下降时期。这时候动物会穿行于欧亚大陆和北美洲，跨越几大洲来到现在的离岸岛屿上。马来群岛上的欧亚大陆动物和澳大利亚动物之间的分割，也就是著名的华莱士分割线，它的标志就是巴厘岛和龙目岛（Lombok）之间的深邃海峡，即使海平面下降两个岛之间也无法连接。

华莱士认为各大洲在第三纪时期（新生界）就达到了目前的位置。没有大陆漂移理论，他只能假定由于暴风雨和植被筏造成的偶然运输导致了一些物种跨过广阔的海洋迁徙。有些生物地理学家猜测在过去某个时间点上，深海里出现过暂时的“大陆桥”，但是越来越多的地质证据证明这样大规模的地球运动不合情理。大部分自然学家都认同进步计划论的主要中心是地球的北部地区，特别是欧亚大陆北部。这里地域面积最大，地形最多样化，环境也很恶劣。这些压力促使更先进的动物类型络绎不绝地出现，它们到后来都向南迁徙，在迁徙过程中消灭掉了各地之前的居住者。

这个一般原则被用来解释貘和其他群体的分布。它一经开始强调过程的阶段式，而不是渐进式的进化模型——即阶段性的迁徙潮之后发生一次次灭绝。生物地理学的范围也因为对早期地质时期物种分布情况的了解而扩大。最终这些知识会对基于平行说和内在驱动趋势的对立进化模型构成真正的威胁。

进化的生物地理学模型迫切需要用与西方帝国主义平行的语言来描述。[1]就连华莱士，一个并不热衷欧洲扩张主义的社会主义者，也偶尔用“入侵”和“殖民化”这样的词来描述进化层次更高的类型迁徙到新领域，引起该领域之前的居住者被边缘化甚至灭绝的过程。后来在这个领域研究的大部分自然学家都是无意识地使用这样的语言，后来进化科学的这一点被用来解释欧洲人在全球侵占领地是进化过程的自然延伸就不足为奇了。这个关系经常被描述成社会达尔文主义的关键特征——但是它并不依赖种群内自然选择理论。竞争和征服的意识形态可以从迁徙与灭绝的生物地理证据中汲取灵感，将马尔萨斯的生存竞争理念应用到物种和区域层面，而不是个体层面。

理论及其意义

没有达尔文主义，还会有几个其他理论来解释进化原理。每个都有其独特的意义，供自然学家理解地球上的生命历史。它们之间的区别对于形成对立的进化世界观很重要，但是在这些领域也有几乎每个人都接受的前提假设。在我们的世界里，达尔文理论很容易被卷入进化宇宙学里，被赋予达尔文本人并不认同的意义。特别是大部分 19 世纪晚期的进化论者自然而然地认为生命历史的本质就是进步。达尔文本人接受进步的说法，但条件是要在严格的限制内的。他认为向上的趋势是偶然的，不规则的；生命树的大部分分支从长期来讲都不是进步的，只是导致某种生活方式越来越专门化。达到新层次组织的突破只是偶尔发生。他的许多同僚都更愿意相信进步

① 见鲍勒，《生活精彩的戏剧》，第九章。

是不可避免的，已经嵌入到了推动进化过程的基本法则里。他们即使看到了导致专门化的趋势，也将之视为内在的，而不仅仅是局部适应一日复一日压力的副产品。

这种进化发展模型的两个主要来源是赫伯特·斯宾塞的进步论天文学与以厄尼斯特·海克尔的重演论为典型特征的胚胎学和进化论之间的类比。很难高估斯宾塞在英国，特别是在美国（在欧洲大陆则完全被忽视）对进化运动的影响力。对于那些对社会进化论比对自然历史更感兴趣的人来说，这场运动的先锋人物是斯宾塞，而不是达尔文。许多科学家对斯宾塞提出的首要进化哲学印象都很深，将之作为自己研究的框架。[①] 我们提到的和达尔文主义及其复兴有关系的几个人都属于这个类别，包括美国生物学家塞沃尔·莱特（Sewall Wright）。斯宾塞的哲学是自然主义哲学，否认在自然中看不到任何超自然的设计，虽然斯宾塞也猜想物质宇宙之外存在一个“不可知”。他认为统治物质世界的法则确保了一致性向异质性转变的稳定趋势，也就是朝着越来越复杂的结构发展。他将复杂的生物体视为专业化的现代社会，每个器官各司其职，服务整体的利益。

斯宾塞没有强调与胚胎学的类比，所以他的哲学不像海克尔的那样强调发育。他认为进化是个体及其环境无数互动的总和，从这个角度讲他的视角更贴近与达尔文有关的适应论视角。退化可能是一个有机体群体开始适应不那么积极的生活方式造成的。但是大部分进化线索的整体趋势是向上的，即使道路曲折。原则上，这是没有唯一目标的分叉进化论所预见的，因为变得更复杂的方法有许多种。但是斯宾塞的追随者都知道有一条线索通向了最重要的突破：

① 鲁斯，《从单子到人》，描绘了斯宾塞对一些关键科学家的影响力。

人类思维和社会文化发展的一个新阶段。大部分文化进化论者认为存在一个从原始野人到现代工业文明的发展主线。

虽然一元论哲学起源于日耳曼，而不是英国世界，但海克尔将之用于自己的进化论与斯宾塞天文学出现是同一时候。一元论认为思想和物质是同一个根源的相反呈现，因此削弱了它是物质化的观点。但即使是物质原子也有基本意识的说法使得进化运动受到与神秘哲学相关联的影响，同时鼓励了目的性是自然内在属性的观点。[①]和斯宾塞一样，海克尔强调了进化的进步性，认为可以将胚胎发育认定为一个物种历史的记录，让人以为二者都是朝着同一目标发展的。原则上来讲，海克尔的进步论也是分叉的，分叉树的每个树枝都有自己的进步方向。有机体对环境做出的反应是引发进步变异的关键。但是广泛观点倾向于认为通向人类物种的路径更重要，其他动物群体不过是侧枝。对于将胚胎学视为解开进化之谜关键的人来说，侧枝也有内在趋势。不管海克尔如何坚持说内在纯粹的生物力量无法导致进步，许多重演论的支持者认为这样的内在因素很强大，足以推动朝着一个预定方向的变异。

拉马克理论

斯宾塞和海克尔的进化论另一个相似点是二者都与拉马克的获得性特征遗传机制有着千丝万缕的联系。即使在我们的世界，二者都认为拉马克理论在解释随机变异上比自然选择更重要——实际上斯宾塞后来成为新达尔文主义的主要批评者。在一个没有达尔文的世界里，两个人都会推介以拉马克理论为核心的进化论，会鼓励其他人遵循他们的理论。拉马克理论远远超越了“实用性遗传”（use-inheritance）

---

① 关于海克尔的自然观，见迪·格里高瑞奥，《从这里到永恒》，理查兹《生命的悲剧意义》。

的说法，即经常说的长颈鹿为什么脖子长是“简明易懂的”故事。援引拉迪亚德·吉卜林（Rudyard Kipling）著名的故事强调了这个印象多大程度影响了我们的文化，而且没有人意识到它反映的是拉马克理论下的进化论。吉卜林的故事以及长颈鹿这个著名例子说明，一个物种的改变是因为个体动物改变行为、用不同方式使用身体而使得受到影响的部分进一步发育的结果。[①]古代长颈鹿养成了吃树叶的习惯，也许因为环境的改变，所以拉长了脖子。它们的脖子因为不断练习而一点点变长，而且——这是个关键假设——它们的后代也都继承了这个特征，而且延续这个过程，因为它们也需要伸长脖子。在这个实用性遗传的概念下，动物们对新习惯的有意选择塑造了它们的身体，不断积累的结果导致了该物种的进化改良。

这是拉马克理论最著名的版本，虽然长颈鹿并不是最能说明练习如何改变动物身体的例子。想一下举重运动员的大块肌肉，想象一下如果这种改变可以遗传，经过许多代之后会发生什么。但是这个理论实际上要更复杂一些。拉马克本人意识到实用性遗传不适用于植物（因为它们无法改变习性），因此提出它们的内部结构可以根据环境施加的压力而以一种有目的的方式自主做出反应。如果植物生长在比较干燥的条件下，它就会长出较厚的外皮来储存水分。19世纪后期的拉马克理论意识到这个过程也适用于动物：在寒冷环境下生长的动物可能会长出厚皮毛，虽然它并没有对其有意识地控制。斯宾塞和海克尔都预见了生物体内发生的这种自主有目的性的变异，两个人都自然而然地认为这种变异是可以遗传的，和有意练习的效果一样。在19世纪最后几十年出现了现代遗传学的概念之前，几乎

---

① 吉卜林并没有真的用长颈鹿的例子，但是“大象的孩子”提供了一个典型的延伸效果的例子，这里是延长了大象的鼻子。见《儿童简明读物》（*Just So Stories for Little Children*），63—84页。

所有人（包括达尔文）都认为身体及其生殖系统之间会发生互动，使得任何有用的改良都可以传给下一代。[①]

人们对单个有机体获得性特征遗传笃信不移，甚至没有人认为有必要用实验的方法去验证效果。19 世纪末在进行严格实验的时候，人们发现很难确认这个效果，于是观点就开始转向现代观，认为亲代发生的改变没有办法传递给后代。但是 19 世纪 60 年代和 70 年代——甚至是在我们的世界——几乎没有哪个拉马克理论者认为有必要用实验获得的证据来捍卫他们的理论。能够证实效果的间接论断就足够了。在某些情况下，人们认为只要说明亲代和后代都获得了同样的特征就足以说明问题，即使后代所处的环境和亲代一样，因此新特征可能是独立获得的。在一个没有达尔文的世界里，没有关于随机变异选择的争议，就更没有必要专注探讨拉马克理论的实验证据或传导机制的细节。

拉马克理论最广泛的形式是一个很灵活的理论，科学家可以用好几种方式去理解生命进化的方式。而拉马克理论的基本形式可以是一个简单的适应过程，和达尔文思考中的自然选择发挥同样的作用。斯宾塞和海克尔都认为改良是对环境改变做出的反应，结果是适应性的。那些专注迁徙和局部适应作为进化推动力的自然学家和生物地理学家可以充分利用拉马克理论。因此到了 20 世纪这个理论在某些领域还很受欢迎。现代新达尔文主义创始人之一厄尼斯特·迈尔回忆起自己当初作为实地自然学家在印度尼西亚岛屿研究鸟类的时候，他在德国受到的训练使他自然而然地将局部适应当作拉马克理论的结论。他到后来才开始体会到基因学的发展削弱了他所学

---

① 关于拉马克理论的变体，见鲍勒，《达尔文主义的衰退》，第 4、5、6 章。关于拉马克理论将它 19 世纪的表现与现代担忧联系起来的调研，见吉斯（Gisses）和亚布龙卡（Jablonka）的《拉马克理论的转变》（*Transformations of Lamarckism*）。

理论的合理性。[1]近期研究表明一些英国实地自然学家很认同1923年来访的保罗·卡莫尔（Paul Kammerer）讲述的拉马克理论。[2]在没有达尔文的世界里，拉马克理论的合理性似乎更加牢不可破，至少是在其他因素开始关注遗传过程之前。

前提假设是大部分的改变都是对环境做出的积极反应，所以进化一般都是进步的。大部分的适应都要求专注于一种生活方式，就像长颈鹿的长脖子，因此拉马克理论最简单的形式可以支持分叉进化论和共同祖先原则。科学家们也意识到至少有些适应是退化的，而不是进步的。被广泛引用证明实用性遗传的间接例子是洞穴里发现的盲眼动物。像美国阿尔菲斯·派卡德（Alpheus Packard）这样的自然学家研究了这些生物，惊讶地发现这些无用的结构不仅退化，而且达到了完全消失的程度。一些拉马克理论者提出达尔文主义不能解释这种适应——为什么自然选择会使得一个不久前还很重要的结构彻底消失了？在非达尔文的世界里，人们自然而然地就会认为拉马克理论是唯一合理的解释。

这个例子将我们指向用进化视角解释社会问题的作家使用的一个方法上。对于斯宾塞及其追随者来说，关于人类行为的理论最重要的意义是在一个竞争环境里，这个体系会奖赏那些付出努力和采取主动性的个体，但是惩罚懒惰和愚蠢的个体。神职人员查尔斯·金斯利在著名的《水孩子》一书中强调了选择用积极和有勇有谋的方式面对的个体是如何得到奖励、上升到更高层次的，而那些消极的则会退步。在物种层面，达尔文主义者可能会采用这个模型。赫

---

① 比如见迈尔，《德国》，迈尔和普罗温（Provine）的《进化合成理论》（*The Evolutionary Synthesis*），278—284页。

② 见布尔卡特（Burkhardt），《行为模式》（*Patterns of Behavior*），338—340页。布尔卡特还指出阿里斯泰尔·哈迪（Alistair Hardy），后来成了牛津的动物学教授，他也认同准拉马克理论的“鲍德温效果”。

胥黎的支持者，动物学家E. 雷·兰克斯特写了一本名为《退化：达尔文主义的一部分》（*Degeneration: A Chapter in Darwinism*）的书，他在其中提出适应一种固着生活方式的物种无一例外地会退化。他以所谓脊椎动物的祖先被囊类动物和海鞘为例。它们的蝌蚪还都是积极的生物，但是成年后就退化成了附着在海床上的固着有机体。在我们的世界里，兰克斯特将之作为对达尔文主义的一种阐释：使用固着生活方式的物种所经历的自然选择会让它们适应一种不需要运动器官的生活。但是兰克斯特本人一开始被海克尔进化论中的拉马克理论因素吸引——他曾指导《创造历史》（*The History of Creation*）一书的英语翻译。对于与他同时代的大多数学者来说，退化改良是从个体层次开始的，由于有机体自己的努力（或者缺少努力）导致的结果造成了物种在拉马克理论效果影响下的未来。

拉马克理论在道德和宗教意义方面还是很灵活的。作为斯宾塞哲学的一部分，它与科学自然主义和唯物主义相关联。它还是斯宾塞自由和个人主义社会哲学的重要方面——在一个竞争个体中群内的生存竞争是鼓励奋斗和自主性，避免失败惩罚的最佳刺激。最后导致的自我提高会通过遗传积累，改善整个种族的质量。许多自由宗教思想家都欢迎斯宾塞强调的节俭和努力，虽然他们并不强调竞争的概念。

19世纪后期，拉马克理论变成了一种完全不同的世界观，与斯宾塞的宇宙进步论唯物主义严格对立。我们想一下长颈鹿脖子变长的过程，开始这个趋势的祖先必须采取一种基于吃树叶的新生活方式。这就是一种主动选择，是自发性和创造性的标志，它们将决定这个物种的未来。拉马克理论通过关注选择的因素，可以与强调生物能够做出决定、控制自己未来的哲学相联系。我们看到的不仅是一个万物都遵守严格法则的机械世界，我们有的是一个生动的哲学，生命是一股积极主动有目的的力量，甚至可能是造物主赐予生物力量的表现。

我们将这个生动的拉马克理论与小说家萨缪尔·巴特勒（Samuel Butler）1872 年在《新旧进化论》（*Evolution Old and New*）中攻击达尔文主义联系起来。[①] 巴特勒最初是达尔文的支持者，但是受到米瓦攻击选择理论的启发，开始将拉马克理论作为一种手段，攻击他所认为的基于概率和死亡、毫无灵魂的唯物主义。在达尔文的理论下，有机体是无能的——它根据遗传而来的一系列随机变异或生或死。拉马克理论赋予了有机体力量，将生命提高到物质世界之上。达尔文主义者摒弃了巴特勒，但他的观点后来对一些科学家也很有影响力——包括达尔文的儿子弗兰西斯。在美国，奎克会（Quaker）考古学家爱德华·德林克·科普，新拉马克学派的创始人，1887 年写了《进化神学》（*Theology of Evolution*）一书，强调了这个理论与一个自然中活跃着上帝力量的宗教并存。他假定了一个叫作“变阈力”（Bathmism）的非物质增长力作为有机体生命力量的来源。一场对有关亨利·伯格森（Henri Bergson）的创造进化论哲学机制的相似攻击给许多 20 世纪早期的生物学家造成了重大影响，其中就包括朱利安·赫胥黎。

巴特勒的目标是自然选择理论，它似乎囊括了所有他痛恨的机械世界观最糟糕的方面——它是“颓废与死亡的噩梦”。[②] 在一个没有达尔文的世界里，他就没有办法攻击自然选择理论了，但是机械世界观仍然存在于斯宾塞和赫胥黎的科学自然论中。拉马克理论向活力论形式过渡几乎必然会发生，斯宾塞是遭受巴特勒抨击的主要罪魁祸首。也许语言上不会那么恶语相向，因为这是拉马克理

---

① 关于巴特勒攻击的经典描述是维利（Willey），《达尔文和巴特勒》（*Darwin and Butler*）；同时见鲍利（Pauly），《塞缪尔·巴特勒和他的达尔文主义批评家》。

② 巴特勒，《达尔文主义的僵局》，在他《关于生命、艺术和科学的散文集》中重印，特别见 308 页。

论阵营中的转变，而不是攻击表现更赤裸裸的唯物主义。但是活力论的崛起以及随之而来的宗教意义似乎代表19世纪晚期思想的一个重大转变，不管达尔文主义是否在19世纪60年代和70年代象征唯物主义。我们对过去的看法发生了转变，其中一个后果就是巴特勒的做法几乎完全否定了斯宾塞思想中拉马克理论的因素。对于如今的大部分评论者来说，拉马克理论似乎是过时的活力论的代名词。也许在非达尔文的世界里，人们仍然还会稍微念及这个理论的复杂历史和含义。

平行论和直生论

科普所属的美国新拉马克理论学派揭示了该理论在科学中完全不同的表现。虽然拉马克理论最初是一个解释适应的手段，但后来与预定非适应进化说，即直生论相关联起来。这个模型是19世纪初在德国兴起的形式主义传统的产物，该传统由流亡的瑞士自然学家路易·阿加西兹带到美国。虽然阿加西兹本人是老牌造物论者，但他的学生们都迅速转变成某种形式的进化论，这说明自然是基于有序模式的说法多么容易就转化成预设进化论。阿加西兹在美国的追随者研究出一个进化模型与非达尔文主义德国生物学家所推崇的模型十分类似。

为了理解如何将拉马克理论转化为预定发展理论，我们必须回到假设起点，像长颈鹿脖子这样的特质化过程就是从那里开始的。最初动物们可以自由选择他们的新习惯，但一旦坚持下去，后代就无法自由创新——它们被固化在一个行为模式中，如果不伤害自己就没法改良。它们站在进化的跑步机上没法下来，所以这个趋势无情地走向最大程度的专门化。这时候物种已经受困于对某种生活方式的极端坚持，如果环境改变威胁到了这种生活方式，这个物种注定要灭绝。对于科普这样的新拉马克理论古生物学家和阿尔菲斯·

海亚特这样的无脊椎动物考古学家来说，该理论解释了他们从化石记录中看到的许多群体表现出的严格平行趋势，这个趋势就像是预先定好的，最后会导致差不多一模一样的物种沿着各自独立的发展路径出现。这个版本的新拉马克理论挑战了分叉进化和共同祖先的说法。结构的相似性可能不会从共同祖先那里遗传而来，但两个平行线各自按照同样的趋势发展就可能达到发展预设等级的同一个阶段。[①] 包括科普的学生亨利·费尔菲尔德·奥斯本在内的考古学家们在 20 世纪初仍然拥护平行论。

拉马克理论也削弱了进化主要是由有机体与其所处环境的关系推动的假设。海亚特将新拉马克理论融入到主要由预定发展模式推动的进化观上。从适应性特质化开始的趋势获得了某种动力，促使一个物种超越最大程度的特质化，进入特征过强以至于有害的领域。这是“种族衰老”（racial senility）理论，基于个体生命循环与其物种生命循环之间有关联的极端学说。[②] 虽然直生论可以和达尔文主义联系起来，但它更经得起拉马克理论的推敲。直生论若要发挥作用，新物种的胚胎发育阶段就必须保留过去的成年阶段，而这种情况只有在发育过程的最后阶段增加新的特征才可能发生。如果成年个体获得的特征在胚胎发育最后一个阶段附加于后代就满足这个条件。如果变异是发育过程的扭曲（如果是随机的就会发生），后面的阶段就省了，没有线索追溯其祖先。因此相比达尔文主义，直生论与拉马克理论的关系更紧密。物种年轻时充满活力和适应力，成熟时有占统治地位的生命形式，老年时衰退走向灭绝，这种说法是经典的发展论观点。

---

① 关于直生论，见鲍勒，《达尔文主义的衰退》，第六章和第七章。

② 关于重演论的眼神，见古尔德（Gould），《个体发育和系统发育》（*Ontogeny and Phylogeny*），特别是第四章。

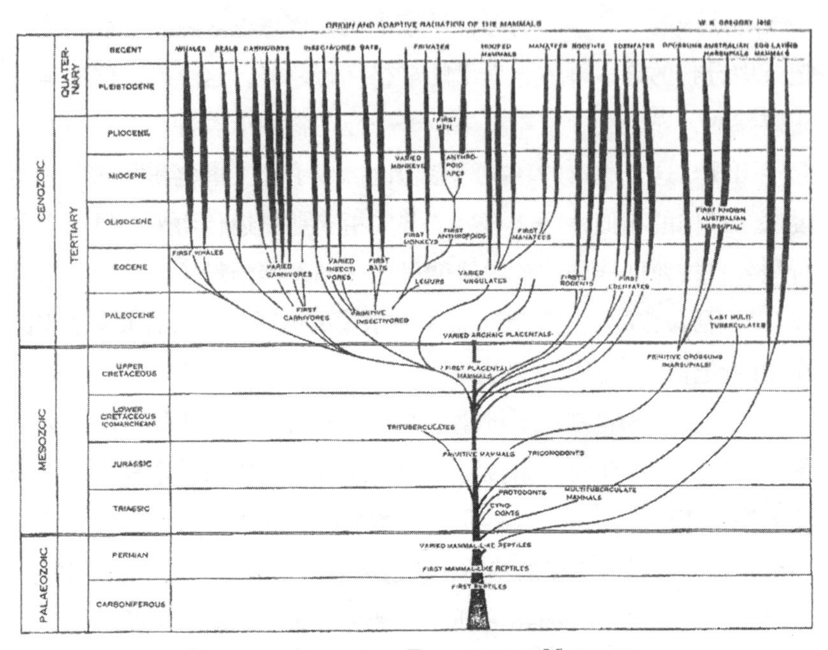

FIG. 114. ANCESTRAL TREE OF THE MAMMALS.

图 8　选自亨利 · 费尔菲尔德 · 奥斯本《生命起源和进化》(*The Origin and Evolution of Life*) 一书中的哺乳动物进化树。奥斯本在这里演示了一个纲的发展历史，最开始就突然向外发散，之后每个科目规矩地进化，没有进一步分叉，就好像是由内部设定好的趋势推动的一样。每个科目他用的都是同样的对称进化模型。

种族衰老一个经常被援引的例子就是所谓的爱尔兰麋鹿，据说就是因为它的角长得太大了，最终导致了灭绝。达尔文主义者可能通过雌雄淘汰理论（sexual selection）来解释这样的结构。很明显，一些有害的特征可能在交配竞争中有用，比如孔雀的尾巴和爱尔兰麋鹿的角。没有达尔文就不会有雌雄淘汰论来解释这样的结构，甚至在我们的世界里 20 世纪前几乎没有自然学家把这个理论当回事。过度发育理论说明虽然物种使用了某种生活方式，但他们对环境的依赖并不完全，可能会出现曾经有用的趋势发生不良适应延伸——

导致的结构会达到超高层次的过度发育，之后就会灭绝。这样的立场是达尔文无法想象的，很有可能在非达尔文的世界里，斯宾塞和赫胥黎这样的自然主义思想家也会认为它非常不合情理。

但是我们说到的与达尔文主义相关联的人物不会拒绝整个预定变异的理念。赫胥黎认为变异背后有法则在掌控一切——新特征的产生不会像达尔文认为的那样完全没有方向（或反达尔文主义者所说的“随机”）。赫胥黎愿意相信进化只能沿着某些通道前进，但是任何通向积极非适应结果的通道都走不了太远。他的学生 E. 雷・兰克斯特 1896 年这样看待变种的本质：“这是最具误导性和错误的观点，不知怎么竟然流行起来，认为任何动物的所有部分都不同，穷尽各种方式，所以选择可能产生任何结果。与此相反，每个群体的变种都是有各自特征的，但限于群体内已经选择和突出强调的特征。因此一只动物的每个部分有所不同，但不是‘按照一个标准’不同，而是根据有机体的结构趋势不同，可以称之为祖先偏差或群体偏差。”[①] 兰克斯特到现在已经放弃了最初对拉马克理论的支持态度，但他明显不愿意放弃方向进化的说法。如果一个人人都知道他是达尔文主义者的生物学家会用这样的语言描写变异，我们可以理解方向进化论已经深深刻在了整个一代生物学家的头脑里。在一个从来没有讨论过自然选择，没有呼声反对达尔文的“随机”变异的世界里这种印记会有多深。这样的世界观下，内嵌变异趋势最终可能会促使物种过度发育，最终导致灭绝，这种可能性似乎更合理。

赫胥黎和兰克斯特是达尔文主义者，因为他们承认环境施加的限制会使得变种趋势取得成功。对于极端反适应论者来说，这种限制是不存在的——生存竞争阻止内嵌变异在世界占有一席之地的整

---

① 兰凯斯特（Lankester），未出版的《变异笔记》，引用自莱斯特（Lester），《E. 雷・兰凯斯特》（*E. Ray Lankester*），89 页。

个说法都是错的。直生论不仅是替代达尔文主义的理论，也替代了任何假设所有进化必须以适应为前提的理论观点。“直生论”意味着朝着一条直线前进的进化，它最热衷的支持者认为那些发展线与有机体的适应需要无关。如果有适应改良，拉马克理论可以解释，但是对于大部分进化来说，根本与适应毫无关联。德国生物学家西奥多·艾莫（Theodor Eimer）普及了“直生论”一词，与达尔文主义对立，而且尝试用蜥蜴和蝴蝶变色来阐述这种趋势的存在。艾莫甚至解释了拟态现象是两个无关联的昆虫物种各自受制于同样的变异趋势而产生的结果。它与一个物种通过模拟另一个不可食形式的警戒色来获得优势毫无关联，与贝茨和达尔文的看法不同。和美国新拉马克理论者一样，艾莫全盘反对达尔文主义。在一个没有达尔文主义的世界里，可以合理设想学者们会以更大的热情去探索明显带有方向进化论意味的证据，它们将会以更大的力量冲击适应论者的方法。

根据内嵌变异趋势理论的本质，它关注的是非适应进化论和平行论。艾莫声称的拟态是两个昆虫物种之间平行趋势的产物只是一个小例子，而这个观点导致了米瓦认为不同类型的哺乳动物可以从不同的爬行动物祖先那里单独进化而来。在一个没有达尔文的世界里，这个说法似乎更合理，因为共同祖先的对立理念会缺少最重要的灵感来源。这一点会导致我们评估进化论对替代宇宙的文化影响产生重要后果。用平行论解释人类起源可以揭示单独进化的种族之间的相似点，将种族描述成没有直接共同起源的不同物种。19 世纪晚期这个立场出现，到了 20 世纪 20 年代美国古生物学家亨利·费尔菲尔德·奥斯本仍然在大力推介，他是直生论最后的伟大捍卫者。在非达尔文的世界里，平行论可能会在关于人类起源的广泛争论上发挥更显著的作用。

突变论

还有一群自然学家也认同进化可以产生适应中性甚至有害特征的假设，他们拒绝持续性原则。达尔文和莱尔一样，都坚持所有改变都是缓慢和渐变的，原则上拉马克理论和直生论都与这个立场一致。但对于许多自然学家来说，这种假设似乎是没有根据的。我们知道变异的确偶尔间断出现，比如说怪兽，这样剧烈的改变似乎也可能偶尔创造出新物种。这是跳跃式进化论，即突变论。就连赫胥黎也认为达尔文过分相信“自然绝不跳跃”，在整个 19 世纪晚期，许多生物学家都认为进化更有可能是跳跃式进行。突变论的优势在于它保留了物种的真实性——物种之间不像渐变论一样没有模糊界限。一些拉马克理论者接受非持续性的因素。比如说科普认为改变的压力最开始可能会受到阻挠，经过许多代之后累积的效果会突然被一个物种遗传。直生论可能就是一系列突变论导致的，每个转变都是朝着一个方向。大部分突变论者拒绝相信生存竞争的力量足以压抑新的特征，即使它们没有适应的价值。

最近研究关于语言起源的争论中，历史学家格雷戈·拉迪克指出了突变论对 19 世纪进化思想的影响。达尔文主义假设的人类语言是慢慢形成的已经遭到了广泛批判，人们认为它是大脑和神经系统突然转变的产物。拉迪克提出我们总是不断忽视达尔文主义渐变论多大程度上没有站稳脚跟，而且似乎可以合理假设在一个没有达尔文的世界里，突变论者的地位可能会得到更多支持。[1]

在我们的世界里，对连续性原则的反对之声在试图理解遗传本质的生物学家中尤其强烈。弗兰西斯·加尔顿（Francis Galton），

---

① 拉迪克，《类人猿的语言》（*The Simian Tongue*），368—374 页。更概括地介绍见鲍勒，《达尔文主义的衰退》，第八章。

虽然强调自然选择的力量推动了正常变异发生"改善育种"，但还是坚持说新的物种出现需要突变。他将物种比作静止立在一个面上的多边形——在这个表面上摇摆代表正常变异，但是真正的进化是要求有足够强大的干扰将多边形绊倒，躺在平面上。[①]有几位与现代基因学出现有关的生物学家研究过这个话题，假设新特征是间断式出现的。雨果·德·费里斯（Hugo De Vries）和威廉·贝特森和托马斯·亨特·摩根（Thomas Hunt Morgan）都成为了突变论者，摩根还写了一部具有煽动性的反达尔文主义的作品，1903年的《进化和适应》（*Evolution and Adaptation*）。

该理论认为突变产生的新物种无论是否比它们的亲代对环境更适应都可以生存下去。与直生论一样，突变论需要拒绝将适应作为进化的推动力。贝特森和摩根两个人都攻击生存竞争可以防止变异物种生存的说法——如果变态个体数量过多，它们会构成一个成功的育种群体，与其亲代形式不同。这三个人中只有德·费里斯接受不太适应的变异经过几代就会消失。[②]在贝特森和摩根看来，整个适应论者的模式都是错的——环境并没有能力抑制新特征通过变异产生。

我们如果要思考在没有达尔文的世界里如何最终发现自然选择理论就必须要考虑突变论和孟德尔遗传学说（Mendelism）之间的关系。在我们的世界里，达尔文主义衰退后再重新出现是因为新遗传学理论——基因学——根本上与拉马克理论对立的。这种对立是替代自然选择的两个主要理论——拉马克理论和突变论竞争到最后两

---

① 加尔顿，《自然遗传》（*Natural Inheritance*），27页。

② 见鲍勒，《孟德尔革命》。我们世界的关键著作是贝特森（Bateson），《变异研究的素材》（*Materials for the Study of Variation*）；德·费里斯，《突变理论》（*The Mutation Theory*）；及摩根的《进化和适应》（*Evolution and Adaptation*）（后者是在摩根转向孟德尔学说之前写的；见艾伦，《托马斯·亨特·摩根》（*Thomas Hunt Morgan*）。

败俱伤造成的结果。如果这种紧张关系是非达尔文主义模式下的通病，我们可以猜想它会在没有达尔文的世界里出现——不过可能速度会慢些。但是最终会有一个突变论者挑战拉马克理论，然后会产生一股新的舆论氛围，最终为自然选择理论的发现打开通道。

6. 自然选择理论从哪里来？

如果非达尔文进化论在 19 世纪末兴盛起来，那自然选择理论会在什么时候出现？满足了两个条件就会让科学家们不得不猜想这样的机制。首先，倾向于将进化视为内嵌趋势展开的发展视角需要让步，以便关注分散和局部适应的对立方法出现。第二，必须开始怀疑适应进化论其他唯一可想到的假设，拉马克的获得性特征遗传理论。这两个要求发展到了 1900 年左右会得到满足。在我们的世界就是这样，它导致了达尔文主义衰退后的崛起——不过“衰退”一词容易引起误解，因为自然选择理论在生命科学家中间从未取得过多大的成功。致力于重建地球生命历史的传统科学领域现在研究重点发生了巨大改变，而且重要的新发现使得人们越来越难将进化描绘成各种严格有序的趋势的集合。对于整个科学历史来说更重要的是新的学科出现了，包括新的遗传学——基因学——挑战拉马克理论的模式。

有充分理由可以猜测无论达尔文的自然选择理论是否发挥作用这两方面的发展都会发生。在一个没有达尔文的世界里，适合这个理论发现和推广的条件都会出现，就像在我们的世界一样。但是它们不会再次唤起人们对自然选择的兴趣，而是为真正发现这个理论留出空间。19 世纪 90 年代或 20 世纪初的某个时候，自然选择的说法会被提出，自然学家会意识到一直以来采用的理论有缺陷，并关注这个说法。在我们的世界里因为与基因学融合，选择理论重新兴起之时就是它在非达尔文的世界里出现之际。在这个世界里它是新理论，而不是再次崛起——而且当然不会被称作“达尔文主义”。

在非达尔文的世界里应该已经有了有限的选择模型——认为适应力更强的物种入侵领地后较弱的物种和变体会被消灭。我们知道就连公开反对个体变异发生的自然选择会为新变体和物种的产生提供积极动力的自然学家也接受这样一个除草的过程。每个人都意识到人类对自然世界的干扰正在开始导致物种的灭绝，不管是直接的或者通过引进外来物种的间接方式。毛里求斯的渡渡鸟和海雀（一种大海鸟）就是经典的例子。剑桥大学的动物学教授阿尔弗雷德·牛顿（Alfred Newton）对这个想象尤其担忧，呼吁人们保护濒危物种。[①] 人们还意识到即使没有人类的行为，自然过程偶尔也会使物种跨越地理障碍，入侵新领地，经常会对现有的栖息生物造成灾难性的影响。这是生物地理学中一个标准的主题，这种选择模型在没有达尔文的世界里会随时存在。但是将物种间的竞争模型转化到一个群体的个体层面会很容易吗？如果达尔文的见地真的是不可复制的，也许这种转化会比我们想象得难。

阿尔弗雷德·拉塞尔·华莱士曾预想过自然选择理论，但它主要关注的是变种之间的而不是个体变异之间的竞争。在一个没有达尔文的世界里，他会推广地理学变种选择说，作为对适应进化的一个解释，也可能会对个体变种做简单的探索。但是，我怀疑这不会是他研究的主要部分，他推介的任何理论都会缺少达尔文主义发挥

---

① 见考勒斯（Cowles），《阿尔弗雷德·牛顿的灭绝》。

效力的几个关键主题。华莱士不会使用自然和人工选择之间的类比，他的宗教观点也阻止他认同真正意义上的残酷与无情的自然。即使他提出了个体层面的自然选择，也不会像《物种起源》一样产生那么大的影响。

这个想法最多只会得到有限的应用，也许是在拉马克理论遇到困难的领域。其中一个这样的领域就是对昆虫变色的研究，华莱士和亨利·沃尔特·贝茨在研究拟态学时都谈到了这个话题。因为昆虫不能有意改变它们的颜色，简单的实用性遗传无法解释许多物种体现出的适应性变色。但是这个效果可以用变种之间而不是个体之间的选择来解释，而这种可能性很大，因为华莱士当时在研究物种和变种之间的关系。19 世纪晚期，牛津大学的爱德华·巴格纳尔·普尔顿研究了同样的效果，成为了顽固的达尔文主义者，就是因为选择理论在该领域作用很大。但是在一个没有达尔文的世界里，昆虫变色的问题可能吸引不到那么多关注，我们无法确定一个牛津教授能够这么晚了还去研究它，更别提他会认识到选择理论在种群中的作用了。为了解释选择理论如何成为游戏中的重要玩家，我们必须想象发生了一系列事件将大范围内生物学家的注意力聚焦在寻找拉马克理论的替代理论上。

还有什么其他因素会鼓励生物学家沿着与达尔文相似的线索去思考？谁会将生物地理学和动物育种这两个完全不搭的话题联系起来？根据我们对曾对我们的世界做出巨大贡献的人的了解，我认为真的应该怀疑他们在没有达尔文的情况下创造出选择理论的能力。到了 19 世纪晚期所有必要的细节才开始拼凑到一起，而且来源都不同。

引起这种过渡的因素有科学的也有非科学的。一部分原因是古生物学家和地质学家更加关注地球环境的重大变化以及同样剧烈的灭绝和快速进化之间的关系产生的新发现。仅仅是化石证据的分量也削弱了直生论的支持者构建的纯线性趋势。这些发现导致了 19 世纪晚期各种非达尔文立场的衰退，适应论者的视角得以还击发展论，创造了一个乐于接受解释适应进化机制新举措的宽松环境。

生命科学领域一个更基本的过渡与 19 世纪末所谓的“形态学反叛”有关。这时候生命科学家将支持系统发生研究和直生论的技术摒弃为伪科学，他们的重点也转到了对变异、遗传和进化实际发生过程的实验性研究。这些新研究与人们越来越意识到遗传学的重要性有关。因为他们需要用确凿的实验证据来证明“软”遗传而削弱了拉马克理论，创造出了另一个解释适应进化论理论所必需的环境。

科学界以外的力量也在促使遗传新模型的产生。直到有人认识到动物育种家使用的人工选择和自然种群面临环境挑战所作反应之间可以类比（所以华莱士不符合这个要求），才会出现相当于达尔文主义的理论。只有当遗传决定论的意识形态在 19 世纪末开始抬头，这种类比才会浮现。由于广泛社会压力造成的结果（因为太过广泛而只是被视为科学思想的产物），中产阶级不再满足于拉马克理论假设的个体能够自我改良，因此会对种族的进步做出贡献。遗传学严格决定特征的说法涌现出来，有人就提议国家应当控制人类种群的繁育，防止“不适者”繁殖——即优生学运动。

生物学中的遗传学概念到这个时候才得到澄清不是巧合，即使没有达尔文主义的推动，类似的举动也几乎一定会出现。科学家们的反应是否能产生完全等同于我们所谓基因学的理论无法确定，但一定有基于“硬”遗传的理论（意识到特征的传导无法通过有机体的环境或培育来改良）。这些理论产生的情景是动物和人类中的自然选择机制被视为改善质量唯一的方法。拉马克理论将面临更广泛的实验检验，会暴露其不足——哪一个自然适应进化论理论能取而代之？这时候肯定会有人意识到可能存在一种自然选择形式产生了与拉马克理论类似的效果，但是其方式与新遗传学理论相一致。

在我们的世界里，基因学的出现导致了新遗传学理论的支持者和数量相对较少、仍然支持达尔文主义选择理论的生物学家之间的矛盾。到了20世纪20年代和30年代这个矛盾才通过自然选择的基因学理论解决。在没有达尔文的反事实推理的世界里，我们需要寻找一个等效的过程，会引导人们真正发现自然选择理论。如果对形态学的反叛也会导致对变异及其在野生种群中遗传的研究，我认为会有人注意到可以与优生学运动引发的人工选择进行类比。结果会是自然选择理论——但这个理论出现的形式不太会引发与其他非形态学研究之间的对立。

我们的世界和反事实推理的世界之间一个重要区别会改变人们对自然选择理论的看法。我们所知道的基因学历史包括20世纪初的一段时期，特别是在美国，新科学对形态学的研究置之不理，没有注意到基因如何通过发育有机体编码而产生一些特征。许多生物学家现在相信基因学和发育之间缺少协调导致了无力的自然选择理论，直到最近出现的进化发育生物学才纠正了这个情况。在非达尔文的世界里，基因学关于发育的说法不太容易被边缘化。进化发育生物学从一开始就是这个合成的一部分，这种情况在德国和法国很普遍。

发现的顺序倒置会极大影响人们对新理论的看法。在我们的世界里，达尔文迫使每个人都面对最唯物形式的进化论，在他们还没来得及接受地球生命历史自然发展的整个概念之前。达尔文主义被视为一个通过残酷生存竞争"随机"筛选的理论。但如果后来才发现自然选择，每个人都已经适应了一般进化的观点，它就不会显得那么险恶。新理论会融入到保留了发展观点最大成果的合成理论中。从一开始就很明显，带有一定程度目的性的发育过程调整了基因产生的效果，所以人们不太会倾向于将自然选择视为一个盲目筛选随机产生变异的过程。

这个新理论在公众面前也不会有那么鲜明的形象，因为它几乎是由几个生物学家拼凑起来的，每一步都会在科学文献上被公开讨论。它不会像《物种起源》一样掀起惊涛骇浪，也不会有某个人成为这场革命的先锋人物。最终每个人都会接受这个新说法，由于它不是一下子跳入唯物主义，故而也不会引起强烈的负面回应。自然选择理论和进化发育学的合成理论会看似是科学正常发展的产物，而不是像炸弹一样威胁到每个人都已经熟悉的世界观。

新方向

生命科学领域的新举动几乎必然会产生一种对发展方法的反适应论不利的舆论氛围。新达尔文世界至少和我们的世界一样重视系统发生研究，而古生物学家和地质学家越来越复杂的工作会改变进化论者看待地球生命历史的方式。就像在我们的世界一样，进化形态学会衰退，不再用于发现关系，因为化石记录能够提供更直接的证据。与此同时，实验室生物学家会开始反对形态学，寻找新的方法，通过直接观察和实验研究发育、遗传和变异。但是这些新方法不会自动产生与古生物学家的发现匹配的观点——实际上对化石的研究本身就会被许多新学科摒弃。正如在我们的世界一样，各科学学科之间会有矛盾，没有办法保证新的遗传理论会以一种与适应论者的进化方法相适应的形式提出来。

新的生命历史

19 世纪 70 年代和 80 年代，随着地质学家加强对地球表面的探索，有利于支持进化的化石证据数量猛增。正如赫胥黎在讨论奥西尔·C. 马什发现的证明马科序列化石时指出，美国西部开放只是一个在新领域发现的化石变革人们观点的例子。最初，许多描述这些化石的古生物学家视之为以预定趋势和平行理论为基础的非达尔文进化论的证据。马什在探索西部化石带时遭遇的最大竞争对手爱德华·德林克·科普是新拉马克理论和直生论的主要支持者。许多人都认为化石记录支持了进化论，但没有支持达尔文主义的分叉模型和适应改变说。

但是随着证据不断累积，明显看出趋势并不像人们最初想象得那么清晰。一个群体如果只有为数不多的几个化石证据，很容易将它们排列成通向最终形式的一条直线。在博物馆陈列或教科书的插图里它们就是这样排列的。但是随着越来越多的化石被发现，它们却很少能被放进新拉马克理论者假设的整齐模式里。大量证据支持一个与达尔文主义有关的更随机、不可预计的进化模型。比如说像现代马科似乎是经过了好几次进化，只要一出现宽阔的平原环境就会进化，环境发生改变就会灭绝。[①]

不仅是化石迫使人改变世界观——地质学家在研究化石形成条件方面也越来越有经验。通过重建过去的环境，他们可以将进化事件与气候改变联系起来。莱尔的均变论（达尔文的理论基础）要经过改进，将大规模和偶尔发生的剧烈造山运动导致的气候突变包括进去。这确切说并不是灾变说的再次兴起，但是地质学改变总是以同样速度发生的说法引起了反响。我们现在所说的大规模灭绝的概念重新出现，而且有一点很清楚，气候剧烈变化之后物种稀少，幸存者的进化爆发出了多种生命形式。最经典的例子是恐龙最后灭绝，紧随其后的就是哺乳动物泛滥。哺乳动物其实早就出现了，但直到

---

① 这些发展在《生命的精彩戏剧》中探索，我提出他们为达尔文主义的复兴间接铺平了道路。

占主导地位的爬行动物灭绝后才有机会扩大数量和范围，明显证明了进化的不可预知性。

这并不是赫胥黎和海克尔那一代人想象的进化——它们将进化视为一个更持续的过程。我喜欢想象达尔文如果活得久一些，看到了这些发现，那他一定会对这些新证据感激不尽的。19 世纪中期非常简单的发展前景当然不是主要来自达尔文理论的影响。它是笃信历史通过可预见的趋势逐步展开的世界观的产物。到了 20 世纪初，地球上出现了更"现代"的历史观，支持由不可预见的环境压力而不是内嵌趋势推动的进化观。在我们的世界里，这种生命历史的新模型为 20 世纪中期重新振兴达尔文理论铺平了道路。在一个没有达尔文的世界里，发展模型最初可能更有影响力，但最终它会屈服于越来越多的化石证据，支持不可预知性。

我们可以从发展趋势的主要支持者之一亨利・费尔菲尔德・奥斯本的例子中判断化石发现的影响，他首先提出了适应辐射的概念来解释恐龙灭绝后哺乳动物突然的多样化发展。他在变革地球科学方面发挥了领头军的角色，确定了化石物种及其环境之间有着更紧密的关系。但是他仍然坚持一旦建立了形式多样化，接下来的发展就是事先决定好的观点。他对发展世界观的坚持并没有妨碍他看到至少一些证明生命历史上大面积创伤的证据。[①] 奥斯本的地位让我们有足够的理由认定在一个没有达尔文的世界里，新发现的意义不会被视而不见。

与之对立的生物地理学方法关注迁徙和适应。在没有达尔文的世界里肯定有它，因为它可以利用最简单的拉马克理论形式来解释局部适应。在反事实推理的世界里，这个立场不会那么成功，因为

---

① 奥斯本的 1917 年的《生命起源和进化》比赫胥黎和海克尔时代写的任何书都更"现代"。

达尔文提供了最有影响力的支持。但是华莱士和其他人仍然会确信这种生命历史的观点存在，可以替代发展主义。到了20世纪初，奥斯本这样的直生论最后的捍卫者已经越来越难断言化石记录明确说明了线性趋势。随着全世界出现了越来越多的化石证据，也就有了更多的地质证据证明地球物理环境发生了重大破裂，生物地理学方法获得了更多合理性。生命历史是松散片断的，是不规则的，就像生物地理学家预测的那样。只要地质学和古生物学持续扩大，这些发展就必然会发生，因此我们可以确信在没有达尔文的世界里，20世纪初就会出现适应进化论的一个新解释。

形态学反叛

生命历史的新画面本身不太可能产生自然选择理论。甚至在我们的世界里，许多自然学家和古生物学家都笃信拉马克理论，拒绝承认生物学在其他领域的新发展，导致重新考虑进化机制的主要压力来自遗传学研究出现的危机。为了理解这个危机如何威胁拉马克理论的合理性，我们必须看一下生物科学发展更广泛的趋势，包括历史学家加兰德·阿兰（Garland Allen）所说的始于19世纪最后几十年的“形态学反叛”。[①]

形态学处于全盛期时，科学家们利用对比解剖学和胚胎学重建了生物之间的关系，并推断它们的进化历史。形态学家不是实验主义者，他们的描述方法并没有鼓励人们对进化日常发生机制进行详细调查。在这样的框架下，像获得性特征遗传这样的理论可以不需要产生实验性的证据就兴盛起来——间接支持就已足够。即使在我们的世界里，拉马克理论在19世纪60年代和70年代发展得都很轻松，关于

① 见阿兰，《20世纪的生命科学》（*Life Science in the Twentieth Century*）。

遗传的详细讨论的主要来源是否认达尔文主义。没有替代理论掀起风浪，科学家们可能会接受拉马克理论的“软”遗传模型（遗传可以通过亲代自己的经历发生改变），这几乎是毫无疑问的。

最终另一个因素为遗传问题揭开了谜底：人们对导致发展进化论兴盛起来的整个形态学方法越来越不满。部分原因是因为形态学技巧对关键的系统发生问题没能提供明确的答案，比如说脊椎动物的起源。19 世纪 90 年代，威廉·贝特森厌弃了对该课题的研究，因为形态学家无法认定哪些相似点是古代关系的标志，哪些只是平行主义。于是贝特森改为研究动物和植物育种来解释变异和遗传的实际过程，最终使他走向了遗传学。其他有类似不满的人转向了野生种群变异的统计学分析，或者对负责繁殖的细胞过程的实验性研究。他们放弃了形态学，认为它只是对死亡机体的描述。他们现在称真正的生命科学会使用实验和数学分析来揭示变异、遗传和进化发生的真实过程。

拒绝进化形态学削弱了重演论的可信度，而重演论已经成为拉马克理论间接证据的一条主线。它还引起了人们对成年有机体发生的改变一定会影响将特征传给下一代的机制这一猜想的质疑。一旦生物学家开始仔细观察就会发现，要想拿出确凿的证据证明拉马克理论的有效性，实际上比任何人想象得都难。20 世纪初，在贝特森的带领下，基因学家们拒绝相信保罗·卡莫尔进行的拉马克理论实验，即著名的“产婆蟾案例”。[①] 接着科学界否认了卡莫尔利用蝾螈和产婆蟾来说明拉马克理论有效性的实验，认为其论据不足，甚至具有欺骗性。在英国和美国，基因学家表明了自己对“硬”遗传学

---

① 该词是从阿瑟·库斯勒的经典作品借鉴而来的，但该作品深植于拉马克主义对该实验的记录，《产婆蟾案例》。细节请见这本书和鲍勒的《达尔文主义的衰退》，92—101 页。

新概念的观点——声称负责将特征从亲代传给后代的物质无法通过亲代身体的改变来改良。在这个过程中，有些人完全失去了对胚胎学的兴趣。知道完整的特征从一代传给下一代就足够了，没有必要知道有机体发育过程中这些特征是如何产生的。传递遗传学雷霆大怒，因为后来所谓的发育基因学——基因信息是如何打开并形成新的有机体——完全被忽视了。这种过度简化的遗传模型后来应用到了达尔文合成理论中，只是到了最近才因为进化发育生物学的出现而被削弱。

对基因学起源的历史研究说明这个缺失模型不是这个过程中不可避免的一个阶段，而是反映了美国科学界的高度专业化。在德国和法国，与现代发育生物学有关的态度仍然具有影响力，科学家对进化的发展意义仍然感兴趣，在英国稍次之。[①] 因此在没有达尔文的世界里，很晚才被发现的选择理论有可能会更加天衣无缝地与旧式发展方法仅存的部分融合起来。我们现在明白发展的视角并不都是错的。虽然它鼓励一些自然学家将适应的作用最小化，寻找进化纯粹的内部起因，现代科学还是要重新发现个体发展在全面理解进化机制方面的重要性，即使会引起一些争议。在一个选择理论到了1859年后几十年才出现的世界里，这些争议是可以避免的，我们会将自然选择视为过去研究的延伸，而不是彻底的变革。

关于遗传

奇怪的是，贝特森开始研究变异和遗传时说它们反对达尔文主义。他说的“达尔文主义”是认为所有特征一定具有适应性的临时

① 比如见哈伍德，《科学思想的风格》，92—101页。

假设，以及建立如他所说无法用实验证据支持的进化关系的无效假设。[①] 但是最后他的研究对拉马克理论的破坏力比达尔文的自然选择还要大，经过最初的一些困惑之后，基因学拯救了选择理论。一个平行过程在一个从未接触过选择理论的世界里能否真正发现选择理论？看起来是合理的，因为好几个研究领域都指向正确的方向。弗兰西斯·加尔顿及其在优生学运动中的支持者将硬遗传的理念应用到对人类种群的研究上。在生物学家的研究中同时出现了同样的说法，最著名的是奥古斯特·韦斯曼（August Weismann），他曾试图了解繁殖的细胞基础。后来人们对用育种实验作为追溯遗传的手段产生了一时的兴趣，在我们的世界里导致了基因学的出现。我们需要揭示这三个创新分别对硬遗传新模型做出多大贡献，然后问它们能否在一个尚不知情的世界里产生自然选择说。实际上，选择理论似乎不太可能直接从对遗传的研究中产生，因为在我们的世界里，达尔文主义的复兴也需要研究变异的自然学家做出贡献，主要是实地研究的自然学家，而不是在实验室或育种站的。如果要用自然选择理论替代拉马克理论，新的遗传模型至关重要，但是这个模型本身无法推动必要的关系产生。

硬遗传和软遗传

在我们的世界里，19 世纪 80 年代有两组科学家开始关注将遗传作为性格的决定因素。英国弗兰西斯·加尔顿和德国奥古斯特·韦斯曼的研究导致了我们现在所谓“硬”遗传理念的出现，挑战了拉马克理论一定正确的临时假设。这些发展明显与达尔文主义有关，所以在没有达尔文的世界里无法迅速判定它们是否会出现。但

---

① 这个观点在贝特森的《研究变异的素材》中表达过。

是其他因素也都涉及，包括科学和思想意识两个方面，而且有充分的理由可以推测这些因素足以推动类似的创新，即使没有选择理论。科学家思考遗传的方式发生改变对于进化论的发展至关重要，但是它的基础更加广泛，也许与在反事实推理的世界里发生的方式非常类似。

我们很难意识到现代意义上的遗传学概念到了19世纪才产生。每个人都知道定义物种、变种和种族的基本特征都是世世代代保留下来的。但个体特征由亲代传给后代只在极端的家族特性中存在。吸引最多注意力的是遗传性肾病，人们谈其色变，闭口不谈。当然，动物育种家知道遗传延伸的范围更广，但是几乎没有哪个自然学家会视自己的工作为模型（所以达尔文对这个领域感兴趣是很少见的）。在大多数人看来，个体不同不是由于遗传，而是来自后天培养和成长环境，用如今的流行词，是“养育”（nurture）而成的，而不是“天性”（nature）。赫伯特·斯宾塞的自由社会哲学依据的观点是个体可以通过努力和教育提高自己——他们并不是受到遗传能力的严格限制。斯宾塞和拉马克理论者也认为这样的自我提高可以传给后世。这就是“软”遗传，到了19世纪晚期科学界和社会界才有人开始质疑这个观点。弗兰西斯·加尔顿的贡献就是提出自我提高的可能性非常有限。一个人的身体和思维特征已经通过亲代世代祖先那里遗传而来。科学家们一旦接受了实际上不存在重大的获得性特征，拉马克理论几乎就成了后见之明，马上就不可信了。[1]

加尔顿的灵感来自对更广泛社会运动的热衷，这场运动导致中

① 关于遗传学思想的崛起，见鲍勒，《孟德尔遗传学革命》（*The Mendelian Revolution*）；穆勒–维勒（Müller-Wille）和海恩伯格（Rheeinberger）的《制造出的遗传》（*Heredity Produced*）；沃勒（Waller）的《繁殖》（*Breeding*）。关于这些发展与达尔文主义有何联系，见加昂（Gayon），《达尔文主义的生存竞争》（*Darwinism's Struggle for Survival*）。

产阶级怀疑改革作为改善人类状况的方式是否有效。加尔顿到非洲探索，被表面看起来极为严格的种族分歧震惊不已。他早期在地理学方面的研究探索轰然倒塌，于是开始寻找其他领域做科学研究，最后选择了研究家族群体的遗传。他确信个体性格是严格由遗传决定的。加尔顿 1869 年的《遗传天才》(*Hereditary Genius*) 一书坚持说聪明的人是从亲代那里遗传的；与他们可能获得了更好的教育是无关的。他继续用复杂的方式研究人类特征的变异，首创了用统计学方法收集和分析关于种群变异和遗传的信息。他还推动所谓优生学的社会哲学，基本上是用动物育种家的人工选择原则来改良人类。

加尔顿强调了两个自然选择理论形成的关键因素：硬遗传和与人工选择类比。在没有达尔文的世界里，他会在 19 世纪 70 年代发明出自然选择理论吗？加尔顿是达尔文的堂弟，而且在架构自己的研究项目时力图让自己像赫胥黎一样在科学界扬名。如果没有他的堂兄提供灵感，他可能选择了完全不同的课题。但是这种情况不太可能，因为他很早就对种族分歧产生了兴趣，后来又热衷于统计学。因为达尔文从一开始就意识到人工选择和自然选择之间的相似之处，没有《物种起源》就不会有这样的条件。但一旦他想出了通过鼓励“最优”人多生孩子（最差人少生孩子）来改良人类的计划，就不可能错过动物育种家提供的模型。我们不需要深挖哪些文献吸引了达尔文，无论如何他都会意识到选择理论的必要性。

人工选择因此会第一次进入关于进化的辩论中（因为没有达尔文不会有人推介这个方法）。但这足以激发加尔顿发现并推广自然选择法则吗？这里的主要障碍是即使将达尔文理论摆在他面前，我们知道他也不相信选择可以将物种变成其他东西。在正常的个体差异上运用选择方法会在固定界限内改善育种，但和许多达尔文的批评者一样，加尔顿认为选择无法改变物种的基本个性。他坚持说创造新的物种需要突变——跳跃成全新的物种。鉴于他的这个观点，很难想象他会关注选择如何在野外自然发挥作用，除非有他堂兄的理论做支撑。华莱士提出的任何观点都会被忽视，因为华莱士是以社会平等拥护者的身份出现。只有仍然深陷物种现实说的科学家决定采用加尔顿的统计学技巧才可能实现向自然选择理论的过渡。

虽然说清楚了硬遗传的原理，加尔顿设想的详细遗传理论绝对不是基因学的前身。他的“祖先遗传法则”并不包括遗传单位特征从亲代传给后代。他提出的是有机体的特征一半来自亲代，四分之一来自亲代的亲代，然后一代一代向前追溯，遗传的比例越来越小。加尔顿的追随者卡尔·珀尔森（Carl Pearson）最终试图明晰选择的效果，发明了一个持续改变的模型，使得他将基因学家新发现的重要性最小化。他们的离散单位特征理论遭到否定，因为它是以人工制造的育种为基础，而不是以自然变异为基础。结果导致的争议延迟了基因学和达尔文主义结合。我们无法猜想在没有达尔文的世界里，加尔顿会发现孟德尔的法则或自然选择原理。

加尔顿开始收集大量统计证据来研究人类种群的特征变异，因为他在 19 世纪 60 年代晚期提出的社会研究项目大多被同僚忽视了。他们不愿意承认个体付出的所有提高自己的努力都是无用的；人可以自我提高的假设对于斯宾塞的自助意识形态和社会改革的拥护者来说都很重要。加尔顿孜孜不倦地收集证据证明人类性格中遗传的决定地位。最终 19 世纪 90 年代公众的态度发生了转变，人们越来越热衷于遗传学的观点，而他因此获得了奖赏。斯宾塞的极端自由放任个人主义不流行了，改革者做出的努力似乎也收效甚微。加尔顿的优生学运动终于获得了动力，一直延续到 20 世纪。这些社会发展的基础十分广阔，不需要依靠生物学的新理论，所以我们可以确定即使没有达尔文也会发生。但是它们并没有将科学家的注意力转到遗传问题上，加尔顿的理论并没有得到重视。

种　质

改变的社会态度也将注意力放在研究遗传的细胞学基础上。我们将这个发展与奥古斯特·韦斯曼联系起来，他在19世纪90年代提出了“种质”（germ plasm）的概念来解释遗传特征如何从亲代传递给受精卵。韦斯曼学说的理论基础今天看来似乎很明显，很难理解他的这个学说在当时有什么变革意义。即使是达尔文，他当然知道特征需要完整从亲代传给后代才可以，但也没有像我们今天这样看待遗传。对于达尔文和几乎所有人来说很明确，亲代有机体必须真正制造出物质才能使后代的胚胎在此基础上发育。达尔文提出了一个“泛生论”的理论，即身体的每个部分都会萌发出小颗粒传给生殖器官，在那里组合成卵子或精子。用今天的术语来描述这个模型，就好像我们每个人都在制造传递给子女的基因。我们可以将前面几代的家族特征传递下去意味着——因为我们的身体反映了这些特征——我们制造了基本上符合同一模式的基因。但如果我们通过养成新的习惯来改良身体（想一想举重运动员强壮的肌肉），这些改良也会被传递。这就是为什么达尔文当时几乎和所有人一样都认为拉马克理论是正确的。

韦斯曼最后拒绝了拉马克理论，提出了新的遗传模型，表示拉马克理论提出的机制并不正确。他提出传递后代胚胎形成所需信息的物质与身体其他部分是分开的。他正确地预想到了这个物质，他称之为“种质”，位于细胞核的染色体上。但他坚持说种质和人体其他部分之间有不可逾越的屏障。亲代的生命过程无论遭遇任何事，种质都是不受影响的，任何获得性特征都不会被传递。实际上韦斯曼已经接近现代理论，基因物质（我们现在知道的脱氧核糖核酸，即DNA）在世代传递中不发生改变。我们从父母那里遗传的基因只是融合了前面世世代代的基因后通过父母传递给我们的。每一代的身体都来自种质中储存的信息，但是这个信息只是通过性细胞中的连续链传递的。这个新的遗传学理念十分惊人，简直堪称奇迹，最初许多人都觉得它违反直觉，拒绝相信身体无力改变它传递的遗传物质。

韦斯曼开创了现代遗传观的一个重要方面，为了做到这点他必须接受自然选择是作为适应进化论发挥作用的唯一合理解释。通过否认拉马克理论的可信度，他被迫成了主要的选择论者，而将这个理论化整为零就成了“新达尔文主义”。（达尔文本人并不是新达尔文理论者，因为他仍然接受拉马克理论的因素。）如果试图想象在一个没有选择理论供韦斯曼使用的世界里事件发生的顺序，我们要问他有没有可能得出这个想法，如果不可能，他是否能想出他的遗传新模型。我认为这些问题中的第一个就值得怀疑。如果没有达尔文清晰表述的自然选择理论，根本没有办法确定韦斯曼是否有理论来源能自己创造出选择理论。这也就意味着在非达尔文的世界里，自然学家更难想出独立种质的概念。但是因为社会发展了，还是会有对遗传力量的普遍关注，所以最终还是会有人说出有一种全能物质负责遗传传递的想法，但这可能是一个更缓慢的过程，一直要持续到20世纪初才会出现。

质疑韦斯曼是否能替代达尔文成为自然选择理论原创（而不仅仅是拥护者）的一个原因是历史学家弗莱德里克·丘吉尔（Frederick Churchill）所说的韦斯曼是一个发育传统下的思想家。[①]

① 丘吉尔，《奥古斯特·韦斯曼》（*August Weismann*）。

他在19世纪70年代的早期研究是为了揭示物种变异特征的表达机制。他研究蝴蝶和蛾子的颜色变异，试图说明产生新图案的力量不是有目的的——它们不是预测有机体适应需要的内嵌趋势。这个时候韦斯曼只在乎限制拉马克理论效果的力量，而不是将它完全摒弃。他接受环境改变可能会引发变异，但是将大部分变异视为非适应的。只是后来视力下降导致他不得不放弃显微镜研究，转而从事遗传过程的理论建模，描述种质的概念并坚持适应进化的“自然选择全丰足”。当时他对种质实际本质的复杂观点——种质绝对不是现代单位基因概念的前身——使得生发因素之间通过竞争产生了非适应变异。

韦斯曼主要是个胚胎学家，虽然他广泛实地收集了研究的物种，但似乎对地理分布和物种形成现象没什么兴趣。也没有任何证据表明他准备通过研究动物育种家的做法来寻找变异和遗传发生的线索。达尔文走向选择理论前促使其思想形成的两个关键因素都是韦斯曼无法获得的。在这些情况下，很难想象他会独自推动一个全面自然选择理论，不过他有可能形成该理论的雏形来解释他感兴趣的现象。即使我们假设华莱士已经考虑提出一个个体选择理论，那会是在一个生物地理学的视角内，和韦斯曼相差甚远。在没有达尔文的世界里，最多只是各自为战，探索自然选择是种群适应改良推动力的可能性。19世纪70年代和80年代不会有足够连贯的尝试使得该理论发挥重要作用。

有机体的发育是由种质包含的信息预先决定的说法也需要更长时间才能形成，虽然考虑到这个说法受到优生学支持者的欢迎，也很难想象它不会在1900年左右的十年间出现。随着细胞学（研究细胞的科学）向前推动，人们开始越来越关注细胞核染色体及其控制胚胎发育的能力。种质的理论演变成了遗传预先决定论——有机体不过是印刻在染色体化学性质上的控制因素（用现代术语叫“编码信息”）的一种表达。一些生物学家视之为过去先成论（preformation）的复兴，即新的有机体只是受精卵里微模型的放大版。他们认为，将注意力从整个卵子转移到细胞核，用隐喻的方式而不是按照原意想象先成论，就掌握了这个新方法的核心观点。对于这个立场更热情的支持者来说——虽然对于韦斯曼本人并非如此——储存在细胞核内的信息如何发育成胚胎体的问题可以大致忽略不计。完全摒弃发展方法最终会因为新观点的出现而被转化为研究如何储存特征以及如何在世代之间传递特征。

基因学

在我们的世界里，这些观点通过新出现的基因学来表述。1900年“重新发现”格雷戈·孟德尔的遗传法则使人们将焦点放在了作为固定单位从一代传给另一代的特征上。这个新领域最初叫“孟德尔理论”，但是后来不重命名为“基因学”，是反叛形态学的另一个表现。它基于动植物人工变种的实验育种，其中遗传特征的独特性质尤其突出。在孟德尔自己的实验中，他的豌豆颜色可以是黄色或绿色，但从来不会是黄绿色混合。他去世后，他的追随者们认为人工控制的育种是理解整个遗传过程的关键。他们猜想基因单位的独特性质不明显的地方，其特征会被短暂微小的环境因素改变。核先成模型也有许多追随者。T.H. 摩根和他的学派一旦证明基因单位位于染色体特定部位上，就可以明显看出一个单位的化学性质包含了从它发育而来的具体特征信息。核先成是个法则，发育过程的复杂程度可以忽略不计，同时——几乎算是后见之明——拉马克理论过程也不合理了，因为发育受到的环境改良被视为无关紧要。

达尔文主义的传统历史，包括1959年为了纪念《物种起源》出版一百周年而发表的作品，认为基因学的发现拯救了自然选择理论。[①] 基因学不仅破坏了拉马克理论的可信度，还摆脱了旧有的“融合遗传”观点，根据这个观点，后代是其两个亲代特征的均匀融合。如果达尔文最初形成自然选择时就有缺陷，那就是这个遗传模型，他的泛生论说的也是这个。弗里明·詹金（Fleeming Jenkin）这样的批评家提出如果混合遗传是正确的，那么有利的新特征会因为拥有该特征的个体繁殖而减半，这样一次次累加该特征会越来越弱，很快就会变得微不足道。即使选择理论会增强适应个体的繁殖，它的效果会随着优势特征减弱而慢慢消失。变异产生的更适应特征很快会因为与构成整个种群的多数正常个体融合而被淹没。

关于达尔文复兴的旧说法认为基因学一下子就解决了这个问题：特征不会融合，它们会在后代身上发育并完成重现。因此选择可以通过推动携带有利基因的个体繁殖，消灭那些适应不良的特征来改变一个种群。新特征可以偶尔通过基因变异而出现，意外“复制错误”到系统中——即达尔文假定的随机变异的真正来源。即使许多特征都是适应不良的，自然选择也会将它们控制住，同时抓住稍微带有某些优势的罕见变异。

这种对基因学和达尔文主义之间关系的解读是假设如果自然选择理论 19 世纪末还没有出现，那基因学一旦揭示了遗传的真正本质它就会被发现。拉马克理论不得不被放弃，而且有一点会很明显，基因单位中的差异繁殖过程能够改变基因之间的关系，支持能确保繁殖成功的关系。基因学家的育种项目会马上产生人工选择模型，这样就有可能出现自然选择模型来及时适应进化。

至于时机，这个情景也许在没有达尔文的世界里可能发生，但是过程会很复杂——就像在我们的世界一样。过去历史的问题在于

① 罗兰·艾斯利（Loren Eiseley）的《达尔文的世纪》是对这个观点的经典表达。

遗传并不是科学家拒绝自然法则的唯一原因，更不是主要原因。整个发育传统都与任何只将进化描述成局部适应产物的理论相对立。基因学通过突变或突跳产生于非达尔文进化论，而且大部分早期基因学家不相信适应是进化的重要因素。他们当然看出了人工选择的关联性，但没有理由到自然中寻找对等方式。必要的重新关注必须来自不同的传统，研究自然而不是人工选择，试图解释整个种群的变化而不单单是人工育种发生的变化。

更严重的是，达尔文主义重新复兴的老生常谈理所当然地认为基因学就是装着豆子的小布袋，里面有颜色不同、按单位隔离的豆子。选择理论知识改变了从一代传给下一代的豆子的数量，使得一些颜色的豆子数量剧增，而另外一些颜色的豆子被抛弃。过度简化的基因学和进化模型通过进化发育生物学得到改良，它提醒我们基因不是简单的个体性格的蓝图。基因之间的互动有一个完整的发育过程顺序，它们是一连串非常复杂的过渡，目的是产生一个能正常发育的胚胎。[①]

我们现在意识到这些复杂的发育过程对于进化来说很重要。其中可能没有拉马克理论的位置，但它们需要核先成模型忽视的一些因素。发育传统在没有达尔文的世界里影响力会更大，同时它会开启一个重要的前景，在这样的世界里，基因学的发展以及自然选择的发现无论如何都会发生，并不需要暂时将发展边缘化。在除美国外的大部分国家，对于基因学的发展我们有一个完美的模型。我们的基因学历史是以美国人的视角写的，而欧洲大陆历史学家多年来一直在说，这样的视角忽视了欧洲国家的情况。特别是在法国和德国，基因学和选择理论的地位并不在同一水平线上，而发育传统从

① 见德豪纳姆拉具（Dronamraju），《霍尔丹、迈尔和装豆布袋基因学》（*Haldane, Mayr and Beanbag Genetics*）。J.B.S. 霍尔丹（J.B.S. Haldane）是装豆布袋基因学坚定的支持者，厄尼斯特 · 迈尔则是反对者——虽然他没有预料到现代进化生育学代表的更大挑战。

末完全衰退。如果可以避免用装豆布袋的过度简化模型，进化发育生物学早就会出现，而自然选择理论则必须适应它定义的框架。[①]

为了想象这个过程如何发生，我们从各种反事实推理可能性的一个明显来源开始：格雷戈·孟德尔 19 世纪 60 年代进行的育种实验建立了单位特征从一代传给下一代背后的法则。在没有达尔文的世界里孟德尔还会发现他的法则吗？如果答案是否定的，是否会延迟 19 世纪末基因学的出现？这种替代关系可能没有人们想得那么重要，因为基因学的近代历史挑战了许多过去关于孟德尔所发挥作用的猜测。他当然没有将基因视为一个物质单位，而且他是否将自己的法则视为全面的遗传新模型根本说不清楚。1900 年孟德尔的法则被“重新发现”，卡尔·考伦斯（Carl Correns）、雨果·德·费里斯、艾里希·冯·契尔马克（Erich von Tschermak）的大量遗传学概念都能在孟德尔最初的论文中找到影子。他们因此称孟德尔是这门新科学的创始人，可能也是为了防止关于优先次序的争论会导致破坏性后果。用历史学家罗伯特·奥尔比（Robert Olby）的话说，孟德尔不是孟德尔主义者，似乎可以合理认定即使没有他的影响力，1900 年左右新研究出的法则早晚会出现。另一个对孟德尔的评价认为他进行实验的真正动机不是理解遗传，而是调查新物种通过杂交产生的可能性。他因为不相信达尔文主义而这样做，很有可能在没有达尔文的世界里，他可能根本没有理由从事过这些育种研究。[②]

即使如此，无论有没有孟德尔，都有足够理由认定对形态学的

① 哈伍德的《科学思想的风格》已经被德国基因学引用，见布里安（Burian），加昂和扎兰（Zallen），《法国生物学历史上基因学的非凡命运》。

② 重新评价孟德尔的研究，见奥尔比（Olby），《没有孟德尔遗传学的孟德尔》；卡兰德（Callender），《格雷戈·孟德尔》。这些和其他研究都总结在鲍勒《孟德尔革命》（*The Mendelian Revolution*），第五章。

反叛会导致一些生物学家转向实验育种，将它作为遗传和变异的信息来源。世纪之交人们对硬遗传模型的兴趣越来越高，这样的研究项目会产生新的理论来解释科学家们所观察到的现象。那么结果会与我们所说的基因学相类似吗？会包括与孟德尔关于单位特征如何传递的法则对等的理论吗？

历史学家格雷戈·拉迪克提出了有趣的反事实推理可能性，在非常合理的情境下，替代理论不仅会出现，而且会获得胜利。弗兰西斯·加尔顿及其追随者卡尔·珀尔森当时在研究与任何单位特征概念都无关的遗传模型。珀尔森的合作伙伴 W.F.R. 威尔顿（W.F.R.Welton）当时在研究他自己的理论，也会否认基因学家研究的效果。珀尔森和威尔顿公开反对将孟德尔的论文翻译成英文、并发明了“基因学”一词的威廉·贝特森。但是威尔登在争论的关键时刻英年早逝，拉迪克说这个意外事件让贝特森和他的追随者钻了空子，取得了胜利，将基因学建立成正统科学。反事实推理的可能性是如果威尔顿没有去世，基因学不会这样一帆风顺，其他关注不同效果，用单位特征不太好解释的模型可能会取而代之。[1]

拉迪克的说法承认了个性的确重要，一场争论中缺失了关键人物会导致不同的结果。基因学家的早期理论太过简化，只适用于精挑细选、高度人工化的实验项目。威尔顿来自一个完全不同的方向，在我们的世界带领少量自然学家依然忠诚于达尔文主义。即使在没有达尔文的世界里，他可能也会开始对野生种群的研究，这种完全不同的观察基础会支持其他的遗传模型产生。但我发现很难相信会没有相当于基因学的学科，即使是它的统治地位受到其他解释理论的挑战。实验育种项目几乎一定是关注明显的性格差异，大部分基

---

① 拉迪克，《其他历史，其他生物学》，迈克尔·鲁斯的《从单子到人》也详细介绍了这些生物学家。

因学的创始人的背景都是突变论，鼓励他们相信新特征是分散的单位。因为坚信特征是跳跃式出现的，很容易就会认为它们也是以分散单位形式遗传的。

这实际上是基因学基础设计的几个人物从事这个项目使用的渠道。雨果·德·费里斯因为提出“变异理论”而声名远扬，该理论认为当原始形式繁殖了大量表现一个新特征的个体时，新变体和物种就会突然出现。威廉·贝特森放弃了系统发生学的研究，1894年写了一本书名为《研究变异的素材》(*Materials for the Study of Variation*)，专注看似是分散单位的特征。他的例子包括花的新变体以及花瓣数量不同，几乎不可能因为新花瓣经过缓慢的世代生长而出现。美国基因学派的领导者托马斯·亨特·摩根经历了一个支持变异理论的阶段——和贝特森一样——嘲讽适应是进化关键的说法。考虑到在没有达尔文的世界里，突变论将发挥更大的作用，遗传的实验学研究似乎必然会导致单位特征的说法，然后会出现像孟德尔法则这样的阐述。如果贝特森是这场运动的领导者之一，新理论甚至可能被称作“基因学”。

这个过程的下一步决定了反事实推理的世界里遗传理论和进化论最有可能转向新轨道。在我们的世界里，基因学在英国，特别是在美国，是公开与拉马克理论对立的。基因学只关注单位特征从一代传递给下一代，但是基因在胚胎发育时是如何产生特征的问题被搁置到一边，因为太复杂无法马上解释清楚。发育被视为与最富有成果的研究项目大多无关。如果环境因素可以稍微改变基因的效果，育种或进化的重要性都无法持续。这也就是为什么贝特森要怀疑保罗·卡莫尔用产婆蟾进行拉马克理论实验。

核先成模型获得的最大支持来自很晚才转向孟德尔理论的T.H.摩根，他设计了一个实验项目，目的是证明遗传法则与生殖细胞染色体的行为有关。实际上，基因可以本地化成组成染色体链上的元素。当时还没有基因如何将代表特征的信息编码的线索，更不用说那些信息如何用于胚胎发育了，但是对于摩根和他的学派来说，这些问题都无关紧要。他们可以通过采用过度简化的方式取得进步，只关注用现有技术能够解决的问题。基因可能位于染色体上，这些信息可以用来解释育种实验中观察到的效果。传递基因学可以建立成一个连贯的学科，不需要担心基因如何影响发育的复杂问题。

在我们的世界里，就是这个高度专业化，某些方面过度简单的方法融入到了新科学与自然选择的合成理论中。但是在一个选择机制只是刚刚得到认可的世界里，核先成的理念不那么容易占据统治地位。乔纳森·哈伍德（Jonathan Harwood）在《科学思想的风格》（*Styles of Scientific Thought*）一书中提出英语世界历史学家所认为的基因学发展的“正常”模式实际上是以美国为中心，英国为次中心的高度本地化研究项目。他对比了基因学在德国和美国巩固的方式，说明摩根学派的专业技巧在一个扩张型的国家很实用，因为在这样的国家实际应用很重要，可以很容易找到新的部门和实验室。在德国，学术界并没有扩张，许多科学家都固守着看重科学视野和广泛文化兴趣广度的理想。摩根学派的过度简化方法在这里碰壁就是因为它没有解决基因如何影响发育有机体的这个更广泛的问题。

在这样的环境中，与核先成不符的理论有可能盛行。许多基因学家认为围绕细胞核的细胞质也在发育中发挥作用。对拉马克理论的反对绝对没有那么深刻，就连拒绝获得性特征遗传的人也同意发育的复杂性会使环境影响发挥一些作用。在英国对摩根学派的热情也不高，尤其是贝特森特别痛恨染色体理论，认为它太唯物。这时还有一些基因学家对发育问题和绕过核先成理论的过程保留了一些兴趣。康拉德·哈尔·瓦丁顿（Conrad Hal Waddington）后来的遗传同化理论就起到一个承认个体适应的作用，但没有引起真正拉马克理论的例子。

考虑到这些点，摩根学派的简化模型开始像个例外，它形成于20世纪早期美国的独特学术环境中，而不是基因学可以前进的唯一途径。这门新科学可以不必沿着绝对核先成理论的思路建立，而且如果真的建立起来，在一个发育传统比我们的世界更稳固的世界里，这条路会是更明显的科学进步途径。在非达尔文的世界里，像摩根学派这样的学说就不那么容易获得统治地位了，即使是在美国。无论过度特质化有多么大的诱惑力，在一个拉马克理论一直占统治地位的世界里它们都不会轻易走进人们的视线里。

第一次世界大战割裂了德国和英语世界国家科学界之间的关系，它们彼此产生的怀疑在战争结束后好几年才渐渐消失。这次分裂使得美国学派忽视了仍然被许多德国人看重的问题。在没有达尔文的世界里还会有第一次世界大战吗？现代进化论的批评者将这场战争视为社会达尔文主义的体现，但很难想象一个科学理论会推动一场战争。引起战争的政治和经济矛盾非常深，很难只用缺少科学隐喻来消融。所以还是会有一场战争，德语和英语世界的基因学家之间会有暂时的交流中断。但我的观点是，即使在美国，进化的发展视角在非达尔文的世界里也很难抹去，那么一个时期的隔绝也不太可能引起如此过于专业化的遗传研究。对立结束后两个国家的科学界会更加顺畅地重新团结起来。[①]

这些都不能说明基因学会与简单拉马克理论同时存在。基因

---

① 相似的情形出现在第二次世界大战以后，许多德国生物学家太急于认同英语世界占主导地位的范例。达尔文主义和军事主义之间的关系要在第八章详细介绍。

学家会自然倾向于将基因视为无法直接针对有机体的努力和新习惯做出反应的事物。贝特森和其他人可能也会掀起一场运动，削弱用实验来直接说明拉马克理论效果的可信度，这会促使自然学家寻找替代的适应机制。但大部分生物学家都不会容忍对所有过程的全盘否定，在基因影响下形成的结果中发育可能发挥了重要作用。在一个发育传统更占统治地位的世界里，完全放弃这个传统是无法想象的——所有人都明白这无异于将孩子连同盆里的水一起倒了出去。我们现在视为进化发育生物学的思想即使在英语世界的基因学者中也占有一席之地，也会是最终出现自然选择理论的文化环境的一部分。

自然选择终于水落石出

基因学（及其对等科学）会引起人们对直接拉马克理论效果可信度的怀疑，但本身不会产生自然选择理论。关于遗传的新想法部分来自对突跳或突变进化概念的热衷，反映出进化发展模型的反适应理论者的立场特征。因为实验是在人工环境下进行的，基因学者不太愿意相信环境的压力会限制野生世界新特征的发展。虽然他们很清楚人工选择的威力，但他们几乎没有动力来改良这个观点，用来解释适应进化论。在没有达尔文的世界里应该也是如此。关注适应，因此关注寻找替代简单拉马克理论的理论，则需要来自另一个生物学分支，与实地研究和自然环境中种群研究相适应。在我们的世界里有这样的研究项目，但也是另一个反叛形态学的体现，它详细研究的是野生种群的变异，而不是人工育种。它为被围困的达尔文主义自然选择理论提供了主要支持来源。如果没有达尔文在 19 世纪 60 年代提出这个理论，首先体会到选择模型意义的将是这些生物学家。

生物统计学对比基因学

威廉·贝特森19世纪90年代放弃进化形态学，第一次尝试通过亚洲中部的实地项目研究变异和遗传发生的实际过程，他试图借此阐述环境引发的变异遗传，即拉马克理论的一种形式。[1]最后的结果大部分都是否定的，所以他转向了人工育种。他还放弃了适应是进化关键的观点，而且对拉马克理论产生了怀疑，后来促使他反对卡莫尔的产婆蟾实验。他的朋友W.F.R.威尔顿也从形态学过渡到实地研究，但他的观察更有成果，导致了变异分析的新方法，叫生物统计学。但威尔顿没有拒绝实用主义的范例，虽然他也怀疑拉马克对种群如何适应环境改变的解读。

在我们的世界，威尔顿成了19世纪90年代为数不多的自然选择理论的拥护者之一，导致了他与贝特森的决裂，两个人关系不好一直持续到威尔顿1906年早逝。他为了研究蜗牛和海蟹种群的变异收集了大量个体，结果发现每个野生种群中都存在大量变异（这是自然选择发挥作用的关键，只要变异是遗传而来的）。威尔顿实际上创造出了现在大家都熟悉的正态分布，说明了个体以持续改变的特征集中在平均值两边（比如说人类的身高），有一小部分分散在两边的极值尾巴上。他在普利茅斯港口研究海蟹的时候，发现变异区间的系统改良跨越了好几代，与人工清淤引起的环境变化明显有关。威尔顿确信他看到的是自然选择是变异的随机分布区间发生改变的结果，和达尔文的预计一样。

自从威尔顿开始与统计学家卡尔·珀尔森合作，他对自己的观

---

① 详情见鲍勒，《达尔文主义的衰退》，189页。关于生物统计学，见加昂，《达尔文主义的生存竞争》；鲁斯，《从单子到人》，第六章。

点更加信服，而卡尔已经将自己的数学天赋用于分析弗兰西斯·加尔顿关于人类变异的数据了。威尔顿的这种大量取样的做法需要更精密的统计形式，珀尔森恰恰提供了这个技能。珀尔森接着认同了加尔顿的硬遗传理念，成为优生学的狂热支持者。但是珀尔森很快就放弃了加尔顿假设的“祖先遗传法则”意味着变异围绕着一个固定均值发生，需要突变来创造新的手段和新的物种。他转向了自然选择理论，并提出该理论足以在加尔顿非孟德尔遗传学说的基础上解释适应进化。基因学家开始提出所有重大变异都是间断式的时候，珀尔森能够说明他和威尔顿创造的方法可以证明间断是有限的，同时强调大部分自然变异都符合正态分布模型。但是威尔顿和贝特森之间的矛盾也把珀尔森卷入了激烈的争论中，将生物统计学和基因学分化成互不相容的体系。

在没有完整的自然选择理论供威尔顿参考的世界里这种情况如何产生？我这里认为最终的情况是自然选择的机制将完全得到认同和利用。威尔顿和珀尔森之间的合作对于两个人来说都是顺理成章，因为每个人都可以从对方那里获益——威尔顿有大量的数据，珀尔森有相关的统计技能。考虑到珀尔森对加尔顿遗传论的认同，同时意识到人工选择在优生学研究中的作用，我们面临的情况是很快会发现可能存在一种自然选择的过程导致威尔顿所说的变异。这里就应该是自然选择第一次被发现或充分使用。也许从华莱士和韦斯曼那里会有一些前导因素，但是就在拉马克理论看起来越来越撑不住的时候，生物统计学综合了两方面的看法，一方面来自人工选择，另一方面来自对野生环境中种群适应新情况的研究。自然选择是唯一可能解释适应进化论的替代理论。

我说自然选择论“应该”被发现或在这个时候发挥作用，意思是在我们的世界，科学发展的“自然”过程被达尔文独特而无法预见的理论扭曲了。没有其他人可以复制达尔文在 19 世纪上半叶做出的成就，而他的同僚们要么觉得这个理论难懂，要么对其完全无法接受。我们可以合理想象在没有达尔文的世界里，要到 19 世纪 90 年代各个细节才会尘埃落定，选择理论将成为更好解释适应进化论的答案。达尔文通过将地理分布（我们现在称之为生态学）和动物育种合并研究，使出了当时没人能想出的策略。实际上他行动得很早，在生物学发展到让所有人都接受这种结合之前几十年就综合考虑了各种必要元素。结果他开启了科学进化论的先河，但也引起了毒害气氛的辩论，因为他迫使每个人要面对一个唯物主义理论，但几乎没有人能够接受。在非达尔文的世界里，这场辩论不会发生，进化论会发展得稍微慢点，会更强调发展因素，但最后发现自然选择的时机终会成熟。

理论合成——但与我们知晓的不同？

到了 20 世纪 20 年代人们才为修复生物统计学和孟德尔学说之间的裂痕付出了巨大的努力。包括 R.A. 费舍（R.A.Fisher）、J.B.S. 霍尔丹（J.B.S. Haldane）和塞瓦尔·莱特（Sewall Wright）在内的几位生物学家开始意识到如果几个单位基因可以影响同样的特征，那么可以用它来解释连续变异。单位基因的效果会在一个大种群内部互动，形成许多自然种群内观察到的变异正态分布。自然选择可以通过增加传递特征的基因的频率来发挥作用，使之倾向于频率区间的适应端，同时降低可能导致适应不良影响的基因的比例。结果是费舍 1930 年写的书《自然选择的基因学理论》（*The Genetical Theory of Natural Selection*）。因为实际原因，费舍和霍尔丹将基因视为一个种群内独立循环的独立单位，变异经常会产生新的基因。但是到这个时候已经很明显了，基因并不是单独行动的，塞瓦尔·莱特在美国研究这个新理论时考虑了这个因素。[①]

现代达尔文合成理论出现的最后一个阶段从实地研究学者和古生物学家开始使用新版本的自然选择理论来回答生物地理学、特质化和进化趋势的问题开始。俄国流亡者西奥多索斯·杜布赞斯基（Theodosius Dobzhansky）将基因选择理论的抽象数学转化成实地研究学者可以理解并使用的建议。像厄尼斯特·迈尔这样在美国避难的德国自然学家意识到之前习惯使用拉马克理论来解释适应进化不再合理后，纷纷转向了选择理论。在英国，T.H. 赫胥黎的孙子朱利安·赫胥黎推介了类似这种将新技巧与传统实地研究相结合的方法，1942 年在《进化论：现代合成理论》（*Evolution*：*The Modern Synthesis*）一书中给这个方法起了个脍炙人口的名字。这是基因学和达尔文理论的合成，但也是实验室科学和实地科学的合成。

合成理论一些最初的创始人愿意给非达尔文理论的影响力保留一个有限的地位，但很快选择论者的地位得到“加强”，导致了一个只允许独立运作基因单位自然选择的模式。[②] 之前与旧有的发育传统有关的理论都变得可疑起来，包括突变论、变异限制因素和对遗传任何形式的环境影响。新达尔文理论在推介进化论时的确将之作为一个完全的试错过程，环境会筛选复制错误（变异）以便让繁殖过程中传递优势的少数个体增加在种群中的比例，由此向适应方向改良自身物种。

在没有达尔文的世界里会有平行的过程吗？一旦选择理论在威尔顿开创的详细实地研究中出现，它似乎就不可避免地与遗传理论

---

① 关于种群基因学的产生和后来与达尔文主义的合成，见普罗温，《理论种群基因学的起源》；迈尔和普罗温，《进化合成理论》（*The Evolutionary Synthesis*）；斯莫考韦提斯（Smocovitis），《统一生物学》。

② 古尔德，《现代合成理论的巩固》。

发生的任何发展都有关联。这些会至少包括某种程度上承认基因单位的作用，即使不是以摩根学派假设的那么严格的形式。自然选择的基因学理论会马上吸引实地研究学者和其他生物学者，因为他们意识到了简单拉马克理论的缺点和反适应论者过度强调了发育传统。似乎历史上我们熟悉的许多人物都发挥了一定作用，也许说德语的科学家发挥的作用更显著一些。

最明显的区别是非达尔文世界的现代进化合成理论无法追溯到一个偶像式人物取得的突破上。没有达尔文就不会有达尔文主义，而这不仅意味着没有了这个词——它意味着在反观时不会有确凿的基础来决定进化模式的本质。进化论会逐渐出现，它进入科学和现代文化的速度会因为关注进步和其他有目的或有秩序趋势的发展方法而减慢。自然选择也不会像重磅炸弹一样挑战所有关于世界的传统假设，而是为了争取一席之地而进行的正常科学研究项目的产物，每个都对整个过程贡献了自己的力量。基因学和自然选择会被视为逐渐改变了发展进化论，洗清了它更极端的目的中心论，并使它逐步靠近自然主义世界观（但也许是不那么昭然若揭的唯物主义世界观）。我们不会将进化合成理论指定给某个人物，因为我们会看到许多来自不同背景的生物学家都帮助建立了合成理论。在非达尔文的世界里，那种共同积累与合作的感觉适用于整个进化运动，可以一直追溯到它的源头。革命的意味会大大减轻，尤其不会是起源于19世纪中期发生的备受争议的事件。进化论会被视为科学发现正常过程的产物，是正常科学而不是革命性的科学（用T.S.库恩的说法），或者至少是一系列连续的小革命，而不是一个大革命。

由于这种从发育传统更持续出现的结果，基因学和进化论的合成不太可能经历一个基因仅仅被视为单个特征蓝图的阶段。在我们的世界，基因学和新达尔文主义的确经历了这样一个阶段，特别是在美国，我们还必须通过向现代进化发育理论发展而纠正这个基因活动的过度简化模型。新达尔文主义最初关注的是育种种群和它所处环境之间的关系，将有机体视为个体单位特征的组合，可以通过变异增加或通过自然选择减少。但一直以来都很明显，基因不是单独发挥作用的。它们与环境互动，彼此互动，有时候出其不意地产生全新的特征。厄尼斯特·迈尔为了削弱之前“豆子布袋”模型的逻辑尤其强调这一点，因为该模型视有机体由分散的基因单位组成。即便如此，许多关于该理论的叙述仍然因为简单而使用“豆子布袋”模型，让每个可识别特征背后都有一个基因的错误概念存在了很久。

进化发育生物学提供了一个新的视角，与传统的新达尔文主义有重大不同，即使到现在二者也没有完全融合。20 世纪 80 年代我们开始认识到要想理解基因的表现只能通过更好地理解它们如何控制——及被控制——产生新有机体的发育过程。进化发育生物学或表观遗传学的方法关注的是保持主要动物群组基本完整性的发育过程，它从过程改良的角度看待进化。这些发育过程可能起源于基因，但基本结构是在遥远的过去就架构好的，仍然决定着改良的方式。有些体系控制着同样器官的发育，即使是在完全不同的群组里，比如说同源异形盒基因（homeobox），即 Hox，控制生物腿或眼睛的形成，既存在于人类中，也存在于果蝇中。这种深度保守主义与极其多样性应用的结合当然是基因学家料想不到的，他们将基因组视为独立可改良单位特征的集合。[①]

预先决定的发育路径限制了变异可以成功进行何种改良。因此变异不总是随机的，可能实际上被限制了变化的方向。这样的限制可能与之前直生论所说的严格趋势有着天壤之别，但二者之间有连

① 关于全面的现代进化发育学调研，比如见卡罗尔（Carroll）的《无尽形式最美丽》(*Endless Forms Most Beautiful*)。

续性，可以将新说法与以前的发展视角联系起来。热衷于进化发育生物学的人提出有时候比较小的基因变化可能会引发大量的发育改良，产生全新的结果，这个概念让人想起了以前的突变理论。比如说主要动物门类的区别可能不是通过综合许多适应性的小改变发生的，而是由于这些小改变导致激烈重构的爆发。人们新达成的共识认为想要重提之前发展理论研究中的极端反达尔文主义是办不到的。但是新旧两个模式同时存在仍然很重要，证明了朗·阿曼德森指出的需要看到它们历史的延续性。①

表观遗传学家也认识到了遗传中的非核组成以及有机体对环境做出反应，将特征传给后代的复杂过程。虽然旧拉马克理论是有可能的，一些科学家也提出卡莫尔被推翻的产婆蟾实验实际上发现了这种表观遗传学改良。② 进化发育生物学用完全不同的方式唤醒了人们对 19 世纪进化发展模型核心话题的兴趣，虽然只有更狂热的支持者才能推翻达尔文主义强调的所有变异都需要经过环境的考验。

现在思考一下在一个发展方法更加深入渗透到 19 世纪晚期进化论的世界里会怎么样。随着古生物学家和实地自然学家使用生物地质学进化模型，对这个方法反适应论因素的攻击会一直持续到世纪末。人们对遗传力量的兴趣日益剧增，由此会产生许多类似基因学的理论，削弱简单拉马克理论机制的可信度。但是随着这些力量创造出的舆论气氛有利于自然选择理论的出现，发育传统获得的额外推动力会使遗传研究不那么容易专业化，仅仅关注单位特征的传递。生理和发育基因学仍然是整个理论框架的一部分，我们比较熟悉的在德国的情况就是如此。基因以完全独立的单位世代相传的“豆子

---

① 见阿曼德森，《进化思想中胚胎地位的改变》。

② 潘尼斯（Pennisi），《产婆蟾案例》，关于拉马克主题在现代生物学上重新出现，见吉斯和亚布龙卡的《拉马克理论的转变》。

布袋”模型不会那么根深蒂固。

结果当自然选择理论出现时，当时的舆论氛围有利于变异效果会通过影响新基因表现的过程被中和的可能性。人们也会认识到核基因并不是唯一的兴趣点——细胞核旁边的细胞质也发挥作用，可能更容易受到环境影响。即使有选择理论要求适应，进化也会被理解成基因、发展路径和环境之间复杂的互动。现代生物学家接受了现代发育生物学的影响，想要达到的理论合成从一开始就会存在。自然选择出现的形式会与发展理论仍然有价值的残余自然融合，不会像我们的世界一样，从发展理论到新达尔文主义，然后再回到进化发育生物学。

非达尔文主义的世界最终达到的合成会与我们的科学家现在所创造的相似，基本上同样包括表观遗传学的部分、适应论方法和自然选择学说。但是它们出现的先后顺序会不同，选择理论的出现会推迟到 20 世纪初，并融合到仍然盛行的发育传统中。可行的理论合成可能要比我们的世界出现得还快，虽然最早的阶段有所拖延。没有达尔文选择理论的出现会推迟，但它最终出现时却不会引起轩然大波。每个人都已经熟悉了进化的一般概念，因为发展模型树立了有目的和有秩序的进步形象，人们会习惯用积极的方式去思考。自然选择不会震动整个体系，因为更加极端的新拉马克理论和有直生论因素的发展理论缺点越来越明显，该理论恰恰为这个问题提供了答案，所以会受到人们的欢迎。

在没有达尔文的世界里，我们现在才开始意识到的这种理论合成到了 20 世纪中期可能就已经存在了。这个反事实推理的假设最大的矛盾之处就在于虽然达尔文在理论上有着惊人的先见之明，提出的见解让大多数科学家半个多世纪都无法领悟，但正是因为他提出的概念大部分同僚无法理解，才使得关于进化论的辩论偏离了正轨。

广泛的说法是达尔文是领先于时代的，如果生物学家需要探索的理论不那么唯物主义，只是最终出现的更激进理论的垫脚石，那么进化论的发展会更顺利。在达尔文所处的那个时代，没人准备好面对一个与传统自然及其造物者的说法完全不同的理论，达尔文的激进见解导致了观点摇摆不定，在我们的世界里阻碍了进化论的发展。看起来与我们的直觉相反，但我们应当认为达尔文对进化的解释更适合留给下一代科学家去探索，他们能够更容易将之与自己的思考相融合。也许大革命并不总是达到重大突破的最好办法，特别是如果需要科学界一次性应付那么多激进的想法。

达尔文的理论让他的同僚害怕，因为它说统治世界的是几率和竞争。它成为科学自然主义的一部分，T.H. 赫胥黎和他的追随者曾用自然主义挑战传统的宗教信仰。现代新达尔文主义从某种程度上再次让人觉得自然选择是基因的俄罗斯罗盘游戏，有机体的生死靠的是遗传上的运气。但是在一个完全认识到基因的作用被复杂而本质上有目的性的发育过程中和这个事实的世界里出现选择理论，这种印象就不会那么突出了。

达尔文利用马尔萨斯描绘的物竞天择的世界来推介他的理论。他当然通过将竞争说成是创造的力量来修饰这个形象，虽然他绝不是唯一这样做的思想家。但是自然选择是否可信并不在于是否将自然说成一股残酷无情的力量——就连华莱士也反对达尔文将自然说成是充满了残忍和痛苦。到了 20 世纪，马尔萨斯的影响力基本消失殆尽，新达尔文理论的创始人不太倾向于将生存竞争视为自然选择的推动力。正如 R.A. 费舍和种群基因学的创始人所说，只要基因再生的速度有变，自然选择就会发挥作用。适应不良者繁殖得慢，但它们没必要死亡（达尔文在他的雌雄淘汰理论中也意识到了这一点）。

在一个没有达尔文的世界里，自然选择理论的出现不是在马尔萨斯定义的情景中，而是伴随着新出现的生态学。[①] 它关注的将是种群及其复杂环境之间的互动，达尔文本人认识到了这一点，用“交错的河岸”（tangled bank）这个比喻来形容我们所说的生态关系。在非达尔文的世界里，这会是自然选择一开始产生的框架；比如说威尔顿的研究明确关注的是种群与环境的关系。在这种情景下，选择机制的意义对传统价值观不会有那么大威胁。选择理论的出现对于科学界和对整个社会不会有那么大的破坏性，因为它不会与 19 世纪早期引发达尔文独特观点的思想的黑暗面有关。

---

① 生态学在世纪末以一门独特科学的身份出现，同时有达尔文主义和反达尔文主义生物学家的贡献，详细情况见鲍勒，《环境科学的方塔那历史》（*The Fontana History of the Environmental Sciences*）。

7. 进化和宗教

可以避免的矛盾？

历史学家将达尔文主义革命作为经典的例子来说明科学与更广泛的文化发展是息息相关的。正如生物学家在通过非科学来源获得的模型和类比中寻找灵感一样，他们的想法也超出了生物学的领域。这么说的意思是科学理论不仅是研究者感兴趣的抽象模型，它们的内容同时塑造了科学家和非科学家的态度。进化论者形成对立进化理论所处的不同理念传统都有更广泛的含义，正如某些特定的理论本身。大部分哲学、宗教和意识形态的意义已经确认了，提供给我们一个创建反事实推理历史的基础，可以看一看非达尔文主义进化论在科学界之外如何发展。我们从宗教辩论开始。

许多神学家在达尔文的书出版前就反对进化论了，但是《物种起源》刺激了他们的神经，从那以后达尔文主义就成为众矢之的。虔诚的基督教徒[1]从多个不同层面反对这个理论，反事实推理要求

---

① 其他宗教，特别是伊斯兰教，也对进化论有异议——虽然比如说印度教很容易接受广泛的进化观。该理论从 19 世纪末开始当然是在非西方的文化中讨论过，但提出一个全球范围的反事实推理历史超出了我能胜任的范围。

我们清楚哪些与达尔文主义有关，哪些与一般的进化论有关。有些问题似乎只在某些时点变得重要，还是会打开反事实推理的可能性。抱怨达尔文理论（其实是整个复杂的历史科学）破坏了《创世记》的可信度在达尔文早期的支持者中间并不显眼。当时许多受过教育的人已经接受了地质学要求神圣作品的某些方面要用寓言的方式去解读。用现代用词来说，一些 20 世纪早期的原教旨主义者并不是年轻的地球造物论者（Young Earth Creationists）。地球只有几千年历史的说法直到 20 世纪中期才重新盛行起来。这是我们可以从任何反事实推理历史辩论初期阶段总结出的一个因素。

但是即使没有圣经写实主义的影响，一般进化论也明显会引起许多信徒的敌意。有些问题必须要回答，即使自然选择理论尚未发挥作用。这些问题在 19 世纪 40 年代对钱伯斯《自然造物历史遗迹》的反对之声中已经很明显了。人们不喜欢说自己是人猿的后代——即使一些宗教信仰不那么虔诚的人听到这个说法也会有一种发自肺腑的厌恶感。从神学角度来说，更严重的是声称人类从动物祖先进化而引起了关于人类灵魂地位的严重问题。如果灵魂是决定人性格的精神因素，但动物是“会消亡的畜生”，那人类这样的生物怎么可能没有神造物就能出现在世界上呢？任何表示我们的动物祖先和人类之间有延续性的进化理论都会引起这个问题。进化论者经常假设思维官能是在动物进化过程中逐渐加强的，同时也承认那些官能的一些新应用是首先出现在人类上的。但是其含义仍然是：人类性格是大脑和神经系统身体结构的产物，在进化过程中变得越来越复杂。其他科学领域也提出这样的问题，特别是试图通过大脑活动理解我们思维生命的领域。因为这个原因，人们攻击钱伯斯支持颅相学——神经学的早期形式——以及他的进化论。

进化论者和自由宗教信徒一直都认为如果假设产生新生命形式

的过程是进步和有目的性的，他们就比较容易在立场上达成和解。人类思想（或灵魂）看起来就是整体趋势的高点，可以理解成它的预期目标。因此可以辩驳说是造物主创造了自然法则统治进化，以间接方式创造了人类。实际上，奇迹造物的说法中隐含的设计因素或目的论转化成了自然法则。

达尔文主义向寻找这种折中解释的人提出了一个重大问题。自然选择不像是一个智慧仁慈的上帝为了达到目的而使用的过程。从无方向的（经常戏称为“随机的”）变异开始，然后经过无情的生存竞争，最终只不过是达到对局部环境的适应。人们普遍认为适应解释了佩利功利主义的设计概念。但如果进化论要满足人类出现这样的最终目标则需要长期的进步因素。自然选择理论模仿了佩利的有限目的概念，即实际上并不完全是有目的性的，这是该理论被赫胥黎和当时及现代的自然学家用来作为修辞工具的原因。但是赫胥黎反对有组织宗教的做法部分原因是让专业领域的科学家获得权威，替代教会。[①] 他无时无刻不在寻找任何可能破坏传统宗教信仰可信度的论据，自然选择是个大好良机——即使他没有想到它会是主要的进化机制。

任何分叉的开放式过程都会威胁进化达到任何长期目标的能力。适应论者的进化方法包括不可预见的因素，无论发挥作用的适应过程什么样，因为它使得每一步都受到迁徙和环境改变的威胁。自然选择通过使变异本身有风险而突出了问题。希望能在进化中找到目的的人自然总是更喜欢拉马克的获得性特征遗传理论。拉马克理论仍然是一个适应机制，但变异是由实际需要和有机体的活动推动的，不一定必须因为竞争而遭到排挤。这更像是仁慈的上帝可能创造的

---

① 见特纳，《科学和宗教的维多利亚时期矛盾》。

过程。更广泛地说，拉马克理论更容易与生物学的替代形式主义传统相关联，特别是与重演论，它的进化模式类似胚胎向成熟发育的过程。这时候进化更加可预期并且有序——这些仍然可能是上帝创造的地球上生命历史计划的一部分。

反事实推理的方法能提供一些宝贵的启示，因为我们可以问如果进化论在自然选择理论出现之前很久就已经主导科学界了，宗教信徒会作何反应。如果拉马克理论和发展论在 19 世纪 60 年代进化论的建立上发挥重要作用，它们对自由基督教的威胁就会小很多。试图达成和解的做法早十年就开始了，如果达尔文没有参与，在科学界和宗教领域会继续慢慢转变。达尔文给科学辩论提供了有力的刺激，但他是通过提出唯物主义版本的进化论做到的，那些希望坚持认为宇宙是造物者设计的人对进化论又产生了怀疑。在最后的辩论中，达尔文主义成为宗教思想家的祸根，威胁到了他们的一切信仰。直到自由基督教徒认识到自然选择不是科学家在探索的唯一理论时才开始支持进化论，因为自然选择的替代理论更符合他们的视角。没有《物种起源》的贡献，这个过程会进行得更平静，在 1900 年左右自然选择被发现之前就能达到妥协。后来形成的选择理论威胁也会小一些，因为它会与发展方法结合，而不是取而代之。

如果没有达尔文理论这个妖孽吓坏了宗教思想家，进化论可能不会成为 20 世纪 20 年代美国原教旨主义者的一个如此重大的问题。毕竟他们可以把矛头指向其他不信任的现代主义根源，包括科学界和其他领域。这里的反事实推断更具臆测性，但想象一个进化论和宗教之间不那么公开对立的世界也不是不合理的。自由基督教徒对这个理论没有异议，如果公众没有看到明显威胁的最强大符号他们的行动会更强硬。当然保守派仍然会反对，而且广泛的文化运动一定会确保 20 世纪晚期年轻地球（Young Earth）立场的出现。但它的支持者也许会更关注其他话题，如果只是因为没有了达尔文主义的笼罩，其他话题会显得更诱人。也许地质学会走上中心舞台，反抗现代科学——如果年轻地球立场是有效的，进化论就成了事后聪明，不得不下台。

达尔文主义的批评者（还有一些极端的支持者）喜欢将它说得非黑即白，或者更准确地说是科学理论及其哲学或思想意识含义之间一对一的关系。比如说，如果你是科学达尔文主义者，你必须还是无神论者或社会达尔文主义者，或者兼具二者。理论和结果之间的关系实际上更复杂。我们可以用好几种不同方式解读一个理论，强调不同方面的含义截然相反。相似地，同样的宗教或思想意识立场经常能从不同的科学理论那里获得灵感。这样的复杂情况会使反事实推理的尝试失败，除非是故意用它来挑战关于理论更广泛意义的简单思想假设。我们可以想象不同的科学发展轨迹，对广泛的辩论几乎没有影响，因为在我们的世界，表达各种立场的人经常只是用替代理论获得科学可信度。我们在下一章提到社会达尔文主义时就会发现这一点。

宗教也有多种可能的关系。调和达尔文主义和基督教很难，但不是不可能的。[①] 认为世界因为原罪而受难的基督教徒偶尔会将自然选择视为在这样的世界行得通的过程。对立的拉马克理论被广泛解读为不那么唯物主义，因为它似乎暗示进化会跟随动物本身有目的选择的活动。但是拉马克理论也是赫伯特·斯宾塞自然进化论不可分割的一部分，被广泛视为后来遭到新拉马克理论主义者反对的世

---

① 见鲁斯，《达尔文主义者能做基督教徒吗？》（*Can a Darwinian Be a Chrisian*？）关于该历史争论的详细描述，见摩尔，《后达尔文主义争议》（*The Post-Darwinian Controversies*）；杜兰，《达尔文主义和神学》（*Darwiniam and Divinity*）；南伯斯，《达尔文来到美国》（*Darwin Comes to America*）。我也在《猴子实验和大猩猩说教》中提供了一个调研。

界观的组成（同时包括达尔文主义）。更复杂的是斯宾塞还设法将生存竞争偷偷用于拉马克理论，让任何人都说不出它纯粹是达尔文主义思想。考虑到这点，大部分自由宗教思想家认为很难接受达尔文主义让我们想象在一个反事实推理的宇宙里，有其他不那么唯物主义的理论会使人们更易接受一般进化的立场。

人猿和灵魂

大多数的进化辩论都发生在人类起源的战场上，这是不可避免的。“人是人猿还是天使？”是本杰明·迪斯瑞利（Benjamin Disreali）提出的著名问题。[①] 但是达尔文的理论并不是19世纪60年代辩论风云再起的唯一触发点。考古学上的新发现迫使每个人都要面对我们的祖先是原始“野人”的可能性。进化论只是延长了链环，从野人到猿人，再到人猿，最终到达最低级的生命形式。那么人类的灵魂发生了什么？它真的仅仅是大脑物理过程的体现？进化论者并不是唯一需要面对这个问题的科学家。

与人猿的联系

关于进化论需要从人猿到人类转换的假设在达尔文主义之前就已经存在。钱伯斯在《自然造物历史遗迹》中并没有强调这个关系，但这个说法已经引起了公众的想象。达尔文的书出版时，赫胥黎和欧文已经开始争论人类与人猿之间的亲密关系了，而这场辩论即使没有《物种起源》也会声势浩大地进行下去。无论有没有达尔文主义，人猿祖先的说法在19世纪60年代已经与进化论相关了。人们

---

① 他当然是“在天使身边”；见玛尼潘尼（Moneypenny）和巴克尔（Buckle），《本杰明·迪斯瑞利的生平》（*The Life of Benjamin Disraeli*），108页。

经常将这种关系与新发现的大猩猩有关，大猩猩被描述成最凶残的猿。这段时期的许多漫画都描述了人猿和人类的关系，对达尔文主义革命的现代研究也都借鉴过这些漫画。有些漫画出版绝对没有受到《物种起源》的影响。不过我要承认，但有些人不会承认：上了年纪的达尔文留着胡子和浓密的眉毛，他的画像容易让人联想到人猿，帮助他成为革命运动的领袖人物，并且在加深了公众头脑里的人猿与人类的关系。[①]

但是这种关系是整个进化运动的产物——它并不依赖达尔文的某一个理论。达尔文的分叉进化模型明显说明我们无法从现存的人猿那里进化而来。我们与人猿有关系只意味着我们都是从同一个共同祖先那里分叉而来：人猿是我们的堂兄弟，而不是我们的父母。人类分支发生的改变的确比其他生物都大，所以共同祖先（如果发现了它的化石）当然是被归为人猿类，但是要比现存的人猿结构更普遍。当进化论者开始不同意哪一种人猿物种是我们近亲的时候，这一点人们都已经知道。在解剖学基础上绝对不是大猩猩（gorilla）。达尔文和许多人都选择了黑猩猩（chimpanzee），而海克尔广泛传播了他的观点，认为我们与红猩猩（orangutan）最接近。这也是为什么尤金·杜布瓦（Eugene Dubois）19 世纪 80 年代去了远东寻找著名的“遗漏环节”。在这里他发现了爪哇猿人（pithecanthropus erectus）（现在所说的“直立人”）的遗骸，被广泛视为解答了人类分支如何获得直立行走的姿势和体积较大的大脑。[②]

但是科学家们经常用线性上升方式思考从某一种人猿到现代人类的过程。这种过度简化的方式引发了公众的想象，它包括最基本

---

① 关于科学家 20 世纪如何仍然努力影响公众的态度，见克拉克（Clark），《上帝或大猩猩》（*God—or Gorilla*）。

② 关于人类进化的确切进程和化石所处的位置有许多不同意见，更多细节见我的《人类进化理论》（*Theories of Human Evolution*）。

形式的进化发展模型。古老的“生物链”将所有动物物种都按照单一等级从变形虫到人类排列，人猿自然位于下方紧接着我们的位置（或者用其他的类比，是阶梯上最低的一级）。许多意图说明进化过程的流行图示都使用这种线性模型。有时候会有人倾向使用分叉树，但树总是有一个主干从人猿延伸到人类——其他都是不太重要的侧枝。这个图示绝对不是达尔文理论的衍生，甚至不是从任何分叉进化论而来，它是包含在发展模型中一个古老传统的延续。这种模型的一种表述是重演论将人类进化和人类胚胎发育之间进行的类比。所有的低等物种都被视为一条决定好的路径上的阶梯，人猿的位置就是在成为人类之前的最后一步。

这样的发展模型突出了许多普通人担心的进化论最具毁灭性的一点：我们来自人猿这样恶心甚至恐怖的生物。对于宗教思想家来说，直觉上的厌恶只是加深了最早人类从动物进化而来的说法带来的深层次问题。萨缪尔·威尔伯福斯主教在1860年的英国协会的会议上对达尔文理论的攻击引发了这个问题，促使赫胥黎回答说他宁愿自己的祖先是人猿，也不希望是一个滥用权威攻击自己不明白的理论的人。到了20世纪这个问题一直存在。约翰·托马斯·斯科普斯（John Thomas Scopes）1925年因为在田纳西州教授进化论而受到审判并不是无缘无故被称为“猴子审判”的。这两个插曲都象征着科学与宗教之间不可避免的矛盾，虽然历史学家现在认识到它们的象征意义在于两个立场的极端分子操控了我们的感知，每一方都希望将过去神秘化来抢夺优势。[①]

问题是基督教传统上认为只有人类才有灵魂。和动物不一样，我们的性格中有精神的部分，会在躯体死亡后继续存在，接受造物

① 见詹森，《回到赫胥黎-威尔伯福斯大辩论》；卢卡斯（Lucas），《威尔伯福斯和赫胥黎》；詹姆斯，《科学和教会之间的公开冲突？》。

者的审判。这样的一种事物怎么可能是纯粹来自动物祖先，通过自然过程出现在世界上的？保守派基督教徒坚持认为不可能，并且拒绝整个进化论。如果人类物种一定是新创造的，那么所有动物物种都可以被视为超自然行为的产物。唯一可能的妥协就是仅用进化解释躯体，用超自然解释第一个真正的人类突然拥有的灵魂。阿尔弗雷德·拉塞尔·华莱士接受这个立场，部分原因是他已经信服躯体死亡后灵魂的确存在的精神论。[1] 它仍然是罗马天主教会的官方立场。20 世纪早期，心理学家康威·劳伊德·摩根（Conwy Lloyd Morgan）和其他人提出了“自然发生进化”的概念，意思是像人类精神这样全新层次的现实出现是由于自然选择达到某种复杂程度引起的。这样说至少避免了必须有奇迹的说法，但是认为造物者在进化过程中设置了这些间断式情节并不能让大多数科学家信服。

最终许多希望保留某种宗教信仰形式的进化论者提出动物本身也具有原始的思维能力，能够升级到人类精神的层次。接着进化论者可以将生命的发展视为思想战胜物质的过程，背弃了唯物主义。他们将动物提高到类似人类的层次，而不是将人类变成野兽，以此来消灭动物和人类之间的鸿沟。

打破联系

人猿的联系加重了神学要面临的问题，至少是对于广大公众来说，他们认为人猿和猴子很恶心，是那种最不可能进化成精神存在的生物。如果它们是我们的近亲，那么进化关系就变得更不可信了。但是进化的发展模型的确提供了一个走出困境的出路。这个模型最简单的形式是从人猿到人类的线性上升，中间经过“猿人”这个过渡阶段，一般被称为遗漏环节。但是如果灵长类动物进化过程的确

---

① 费奇曼，《一个不可捉摸的维多利亚时期的人》，第四章。

是有预先决定的发展趋势，平行理论则切断了人猿和人类之间的直接联系。二者之间的相似点被普遍认为是从一个共同祖先分叉而来的证据，也许它们是由两个不同进化世系独立获得的，每个都有相似的倾向。平行理论下，人类和人猿可能分别源自灵长类动物，甚至哺乳动物一出现就分开的树干。人类进化线从未经过人猿阶段，但它真正的祖先永远都具有更高的思维和精神潜力。

这种人类起源理论实际上是20世纪早期由英国的弗莱德里克·伍德·琼斯（Frederic Wood Jones）和美国的亨利·费尔菲尔德·奥斯本提出的。[①] 伍德·琼斯从眼镜猴身上发现了人性，这种可爱的小生物看似已经拥有智力。奥斯本假设有一个生活在亚洲中部的双足祖先，与南非的树居人猿很久以前就分开了。这种说法被明确用作一种反驳20世纪20年代原教旨主义者中盛行的反进化言论的手段。在它的启发下，考察队伍在中国发现了北京猿人遗址（现在它被算作直立人物种）。最极端形式的平行理论并没有流行起来，但20世纪初存在一种普遍假设，人类世系在地质学上是很久远的，并不是起源于非洲。这解释了为什么1924年在南非发现的南方古猿（Australopithecus）的化石最初未被认定为人类起源的线索。我们现在认为南方古猿是进化出的第一种类人猿，但这种解读只有在20世纪中叶才流行起来，与新达尔文主义合成理论同时出现。

奇怪的是，将南方古猿加入到人类祖先图上的古生物学家罗伯特·布鲁姆是个非常虔诚的教徒，他认为整个发展到人类的进化都是一个神圣计划。一般来说人猿的这个环节是妨碍宗教思想家接受进化论的关键，而平行进化理论旨在清除这个障碍。但想象一下没有达尔文支持人类和人猿有共同祖先这个说法的世界会怎么样。如

---

① 鲍勒，《人类进化理论》，第五章。

果 19 世纪末的进化论是以发展形势出现的，很大一部分是平行论，伍德·琼斯和奥斯本的论文可能会更早提出来，会比在我们的世界更加有分量。在这些情况下，反对进化论的宗教人士就不那么容易利用公众对人猿祖先的恐惧来加强他们所说的人类灵魂不可能通过这个路径出现的宣传了。

秩序与和谐

来自我们这个世界的所有证据都说明了自由基督教徒认为很容易克服他们对人类灵魂地位的疑虑，只要他们能够相信进化过程是以产生人类物种为最终目标的设计。至少这能间接维持我们在世界上的独特地位。但大多数人只愿意将进化视为一股有目的性的进步力量，根据造物者规定的法则运作。达尔文的自然选择理论从好几个方面威胁到了这个潜在的妥协。允许生存竞争清除随机变异偶然产生的几个有利变体不太像是智慧与仁慈的造物主会使用的方法。达尔文主义威胁到了宗教，因为它似乎消除了任何形式的目的论或自然目的性。达尔文试图在《物种起源》的结论中防止这种观点，提出至少从长期看，自然选择理论会逐渐带来进步。但是他看到的进步杂乱无章，因此没有说服太多读者保持必要的设计因素就足够了。

自由基督教教会向进化论的逐渐转变几乎也不例外地需要搁置或拒绝自然选择理论。宗教思想家只能接受有目的性和进步的进化论，这意味着选择理论要有补充或替代。这也是为什么发展的世界观和与之相关的非达尔文进化机制越来越成为达尔文主义的替代，以至于到了 20 世纪末达尔文主义被广泛认为已经消亡了。

在一个没有达尔文的世界，在开展辩论最初的几十年没有选择理论会让宗教思想家更易接受进化论。发展理论更容易与传统的宇宙目的论相容。在我们的世界里出现的达尔文主义替代理论将会成为进化论第一次出现在公众面前的载体。钱伯斯的《自然造物历史遗迹》在19世纪40年代掀起的运动可能因为《物种起源》引起的危机而持续下去。19世纪60年代科学家们会渐渐开始支持进化论，但是发展方法在他们的转变中发挥了巨大作用。唯物主义和科学自然主义的支持者会缺少反对宗教的最有力论断。斯宾塞和海克尔当然还是进化论者，但他们的体系会更加清晰地基于拉马克理论机制。包括T.H.赫胥黎和约翰·丁达尔（John Tyndall）在内的一些人会将他们的注意力转到其他化学领域，比如说生理学和神经科学的最新发展。丁达尔是物理学家，他的真正启发是能量保存说（没有给超自然行为留下任何余地）。宗教教徒没有了关于自然选择的辩论分散注意力，会更清晰地看到如何利用进化的非选择理论机制来坚持他们需要的设计元素。

超越佩利

达尔文的理论是对威廉·佩利设计论的挑战。他的自然选择理论替代了仁慈上帝来解释物种为什么要适应环境。但这绝对不是完整的故事，因为任何仅仅基于适应的理论仍然会使自然看起来像是特别集合了有机体及其环境的个体关系。对自然选择的敌意大多是基于一种感觉，智慧的造物者会根据理性计划来建构他的宇宙，而不是一大堆局部安排。适应的过程可能会产生结构改进，由此导致进步的形式，但它无法确保沿着一个方向，通向预定目标的进步。达尔文在《物种起源》一书中描述的生命树没有主干，没有预定趋势，任何基于局部适应的理论都是如此，不仅是自然选择。约翰·赫谢尔爵士抱怨自然选择只是“杂乱无章的法则”，这种说法适用于任何由局部情况决定结果的理论——随机变异的因素使得其含义更加明显。如果迁徙的风险和局部环境的变化决定了每个物种的结局，那就不会有造物的整体计划或模式。即使这个计划中的所有元素背后都有自然法则，但因为元素之间没有事先安排好的协调，这意味着结果是无规则和无计划的。

赫谢尔的抱怨反映出人们对任何不允许将世界看成是天命或天定模式表达的世界观的不满。它适用于佩利的世界观，也适用于达尔文的，因为佩利完全排除了将上帝视为天命之源。对于许多19世纪的自然学家来说，正如对于许多信仰宗教的人，能够看到世界的天命原理很重要，这个原理揭示了在看似纷繁芜杂的世界里理性上帝的思想。这种态度对于19世纪生物学的结构主义或形式主义传统来说都是最基本的，特别是在德国比较普遍。19世纪40年代由理查德·欧文带到英国，他坚持认为脊椎动物典型代表的自然统一更好地证明了自然界存在造物设计，比佩利及其追随者引用的任何关于适应的个体案例都有力。人类可能是造物能力的最高体现，但它是基于和任何其他脊椎动物物种同样的基本计划。19世纪晚期进化论的发展研究可以被视为对形式主义立场的延伸，是尝试将生命历史视为一个可以解读为设计的连贯计划或模式的展开。没有达尔文的参与，这个方法会统治进化论，会让宗教思想家觉得进化运动更吸引人。

在一篇调研英国对这个传统所做贡献的文章中，我称之为设计的"理想主义者"论辩。批评家对这个词提出异议，根据是欧文喜欢的某种柏拉图理想主义只是表面的，对发展主义的说明既不是哲学理想主义者，也不是特别有宗教色彩。[①] 但我的分析是为了用约翰·斯图尔特·米尔（John Stuart Mill）确定的当时英国思想主线来描述这场生物学辩论，这条主线存在于杰瑞米·边沁（Jeremy Bentham）的实用

① 鲍勒，《达尔文主义和设计论》；评论请见阿曼德森，《理查德·欧文和动物性》，35—43页。

主义和塞缪尔泰勒·科勒里奇（Samuel Taylor Coleridge）的理想主义之间。边沁的政治哲学赞赏有利于提高人类幸福度的行为，而佩利专注于将适应作为仁慈上帝的证据，也是对同一准则的运用。科勒里奇和浪漫主义者憎恶强调实际用途的新工业革命，于是从更深层次的精神现实中寻找生命的意义。通过使用"理想主义者"一词代表生物学结构论，我的意思是它完全依据的是科勒里奇这一边，因为自然的统一与和谐可以被视为神圣思想发挥作用的表现。我同意并不是结构主义的每一个阐述都有这种联系，我也提出过功能主义者的思维方式所代表的与个性类型更接近。① 有些人不敢想象他们生活在一个根本上无序的世界。一旦有人提出像局部适应这样微不足道的事物是自然世界形成的关键因素，他们本能地就会做出反应。这种思维模式经常通过确信某种理性既定原则的方式表现，最显而易见的就是来源于上帝的思想，表面多样性的生命背后是统一。

德国科学历史学家提出德国人乐于接受功能主义者传统与宗教信仰是彼此相容的观点。像劳伦茨·奥肯（Lorenz Oken）这样的德国超验主义者在方法上是明确的理想主义者（具有重要意义的是欧文曾安排将奥肯的作品翻译成英语）。超验主义为英国的实用主义传统提供了替代理论，虽然许多信仰宗教的自然学家最初持怀疑态度，但渐渐也接受了欧文的说法，关于设计的讨论其含义要比佩利提出的更丰富。随着 19 世纪 60 年代进化论变得越来越普遍，当时有无数人支持不是每个特征都具有适应意义的说法。绝对不是达尔文反对者的 W.B. 卡朋特注意到了他研究的有孔虫壳展现出的美丽与和谐。阿盖尔公爵（Duke of Argyll）和解剖学家圣乔治·杰克森·米瓦当时作为有神进化论的支持者出现，两个人都给出了证据证明不

---

① 鲍勒，《哲学、本能和直觉》。

能只将进化视为一个纯粹的适应过程。阿盖尔提出许多物种呈现出的颜色，特别是鸟类，都说明造物主的意图是制造一个美丽的世界，而米瓦用平行论的证据来反对纯粹分叉的适应进化说法。米瓦是欧文的学生，我们看到他们的思想学派是如何成为发展进化论出现的跳板。他们的思想学派就是要将进化描述成与宗教相适应的理论。

直生论和设计论

19 世纪晚期出现的非适应直生论理论是形式主义者立场的延伸，虽然极端情况下与宗教信仰协同的空间更小了；推动物种走向种族衰退和灭绝的严格趋势可能看似和随机变异以及选择的威胁一样大。但奇怪的是对发展论这种可能的黑暗面强调得并不多。比如说亨利·费尔菲尔德·奥斯本，美国主要的直生论支持者，曾写过一篇慷慨激昂的文章，讲述如何通过进化达到精神进步。[①] 种族衰退总是发生在从通向人类的主干延伸出的侧枝上。罗伯特·布鲁姆试图说明人性是进化进步要达到的预期目标，进化的其他侧枝都分叉成了过度特质化的死胡同。[②] 这样说使得包含在向人类逐渐进步的进化主线概念内的广泛发展研究保留了本质上的乐观。在非达尔文的世界里，这种线性进步论可能会更突出，使得进化运动对宗教的威胁更小一些。

进步和目的

但有机体及其环境之间是什么关系呢？任何全面的进化论都不会忽视这个问题，特别是在佩利的设计论仍然得到重视的环境里。

---

① 奥斯本，《上升到诗坛的人》(*Man Rises to Parnassus*)。关于直生论不太乐观的方面，见我的《高昂起你的头》。

② 布鲁姆，《人类的到来》。

欧文一直都在努力通过原型来统一自然，他知道群组从一个共同祖先那里分叉或原型代表各种适应性特质化的演变。这也是为什么达尔文可以用欧文对化石证据的解读。但达尔文将趋势解释为自然选择的结果，这种做法被广泛视为消灭了将进化视为上帝恩赐的希望。基于分叉趋势的一个理论如何成为朝着重大目标进步这个首要愿景的基础?

达尔文在《物种起源》的结论中提出，长期来说自然选择会导致朝着更高组织类型进化。他的大部分追随者都相信进化在本质上是进步的，但是接受不可能将发展看成是直接通向预定目标的单一线性线上升趋势。为了理解发展主义的逻辑，就要认识到进步是被施加到一个有机体和不断改变的环境之间局部互动体系上的。达尔文关注后来所谓的生态关系的复杂性，并且用“交错的河岸”来比喻，而这种观点也自有它的启发之处。我们看到大文豪也用过这种进化比喻，直到今天人们还在使用同样的启发来反对造物论者的反达尔文主义言论。①

但是这种言论历史悠久，可以追溯到1860年威尔伯福斯的攻击，而19世纪晚期一个由残酷竞争驱使下的完全不道德的自然幽灵笼罩着人们。没有达尔文的参与会有其他替代理论，它们会用温和的方式来想象进步和目的如何嵌入有机体和环境的自然互动之间。我们知道这一点是因为那些替代理论在我们的世界也繁荣起来，弥补了达尔文给科学和宗教之间的关系造成的破坏。在一个没有达尔文的世界里，这些进步意识会确保进化论的道德基础会让大部分宗教思想家更容易接受。

---

① 关于与达尔文主义的文学共鸣，见比尔，《达尔文的情节》。关于达尔文主义积极环境论证明的现代表达，见威尔森，《生命的多样性》(*The Diversity of Life*)；见勒文，《达尔文爱你》(*Darwin Loves You*)。

有神进化论

哈佛大学的植物学家阿萨·格雷，一位顽固的长老会成员，试图将达尔文主义与他的宗教相融合，对佩利的设计论的威胁是最大的障碍。格雷试图提出是造物主建立的自然法则，这些法则的原理并不重要，只要它们最后的结果是保持一个物种处于适应状态。无论上帝是通过奇迹直接创造还是通过法则间接引发有用的特征，都可以确定上帝是仁慈的。但是最终格雷觉得发挥作用的是自然选择，那他的论点很难成立。不断消灭无用的变异——他称之为“造物的渣滓”——怎么可能是上帝仁慈的表现？他最终承认最好认为“变异是沿着某个有益的路径进行的”。[①] 达尔文反对说这会让选择理论变得多余：如果上帝设计了变异法则，那就要同样认为他已经事先确定了每个细微的特征，包括一个人鼻子的形状。

格雷所处的困境迫使他走向有神进化论，声称发展进程是无法解释的，除非其背后的法则包含了神的先见之明。但是上帝如何能预见地质变迁过程中物种所处的环境发生的每个变化和转折，并将它们嵌入变异和遗传背后的法则里？除非假设上帝一直在干涉变异的正常过程，否则就得有一种间接方式让控制繁殖的内部过程了解有机体的需求。实际上已经有人在讨论这样一个过程了，虽然格雷似乎还没有意识到它的潜力：这就是拉马克的获得性特征遗传理论。

拉马克理论的对立版本

拉马克理论名声在外，是一个本质上与唯物主义敌对的理论。对自然选择理论的道德和精神含义错愕的人当然用拉马克理论替代达尔文主义。像萨缪尔·巴特勒和乔治·萧伯纳（George Bernard

---

① 格雷，《达尔文论文集》，148 页。

Shaw）这样的作家称之为解开进化论之谜的钥匙，再一次让世界看到了道德目的的体现。拉马克理论并不以生存竞争为基础（虽然可以视竞争为鼓励个体提高的推动力）。它是一个基于非随机、有目的性变异的机制，动物通过新习惯培养新特征的过程——当然是对换进改变做出的适应性反馈。它唯一的问题是缺少确凿的证据证明这样的个体改良实际上要传给下一代。但在19世纪末，包括达尔文在内的大部分自然学家都认为有足够的间接证据证明这个理论的合理性。19世纪70年代，它首先以主要补充自然选择的形式出现，最终替代了整个达尔文主义体系。在没有达尔文的世界里，拉马克理论将成为适应进化论最合理的解释，也是任何进化论理论的核心。

拉马克理论在两个进化论最伟大传播者的思想中发挥关键作用，赫伯特·斯宾塞和厄尼斯特·海克尔。我已经说过这两个人即使没有达尔文的推动也会提出自己的进化论，在反事实推理的世界，拉马克理论将是他们的研究核心。但这里我们遇到了一个矛盾情况。斯宾塞和海克尔介绍的自然主义世界观就是巴特勒和萧伯纳要利用拉马克理论予以否决的。同样的进化机制怎么可能既是自然主义哲学的一部分，又是其替代理论的一部分？有两个方式可以回答这个问题。第一个是指出科学理论和哲学或道德立场之间没有一对一的关系。一个理论的不同方面可以用不同方式讲述，只是有时候一种说法会流行起来，另一种说法会被遗忘。

第二个认识思想意识两极化的方法很少像极端主义者说的那么严格。甚至是在我们的世界里，也有认同斯宾塞进化论的宗教思想家，所以我们必须十分小心，不要以为他的作品只能从自然主义的角度来解读。达尔文的理论当然大大帮助了斯宾塞和海克尔后来形成的见地。通过接受自然选择（即使是根据他们自己的理解），两个人让后人觉得他们都是彻底的反宗教世界观。达尔文主义成为唯物主义的代名词，所以任何与之有关的思想家在公众眼里都成了唯物主义者。

但是斯宾塞和海克尔都不是唯物主义者，19 世纪 60 年代和 70 年代他们的作品经常透露出自由宗教信仰的倾向。这是发生在我们这个世界的情形，一直到了 19 世纪末对立的看法才浮出水面，拉马克理论被用来反对唯物主义。在一个斯宾塞和海克尔没有被达尔文主义的替代理论吸引的世界里，他们的思想中拉马克理论的成分会更加清晰，它对宗教思想家的吸引力毋庸置疑——甚至一直到下一代。我们习惯将这些思想家视为宗教的反对者，但这是后来的批评家强加于我们的简单二分法。在非达尔文的世界里，选择理论将作为下一代人反对的符号。后来的这些批评家会发现很难将前辈们简单说成唯物主义者——也很难假装他们对拉马克理论的支持代表一种新的科学启示。

自然主义拉马克理论

赫伯特·斯宾塞自从 19 世纪 50 年代初就开始宣扬进化论是打开新世界观的钥匙。他持有的是自然主义哲学，认为个体及其环境之间的日常互动经过漫长时期的积累会达到更高的思维和精神官能。拉马克的机制是打开这一新景象大门的钥匙，斯宾塞到了后来才将达尔文的自然选择理论加入到自己的体系中。自然选择是使物种与其环境达到平衡的间接过程，但是有机体本身直接参与发展出新的习惯和特性更重要。斯宾塞只是无法相信这样有目的性获得的特征没有传递给下一代，以便改善整个物种。他可能将自然选择视为一个消灭那些没有能力适应环境变化的个体的机制。

斯宾塞哲学是推动经济工业化的自由企业个人主义新自由思想意识的产物。它是自然主义哲学，因为没有看到物质世界现象之外的事物。但是斯宾塞和 T.H. 赫胥黎一样，极不希望被打上无神论的烙印。

赫胥黎发明了“不可知论者”（agnostic）来定义我们没有办法认定自然世界之外是否还有其他存在的观点，但他和其他不可知论者都不想说我们可以确切知道上帝并不存在。实际上许多人认为在物质世界之外有个更高的现实世界——他们只是否认正统宗教所谓的能抵达这个世界的说法。斯宾塞称这种更高现实世界为“不可知的”，给宗教信徒搭了一座桥，可以跨过去调和新自由主义和传统信仰。他的进化论也看到进步的目标：一个所有矛盾都会消失的完美社会（完全非达尔文的视角）。我们知道有许多新教教士愿意跨过这座桥，将斯宾塞主义视为基督教第二次宗教改革的关键，再次使之与社会的现行道德转变达成一致。他们不担心斯宾塞的哲学是对道德价值观的威胁，而是将之视为面对新的社会发展形成了一种新的道德观。

斯宾塞与达尔文达成同盟，更保守的基督教徒说他将一切都交给残酷竞争来解决，在竞争中只有最具掠夺性的一方才能生存。但是这并不是他的本意，在没有达尔文的世界里，保守派不会拥有误传斯宾塞体系的最强有力手段。斯宾塞作为社会达尔文主义者的形象直到今天仍然在我们的脑海里挥之不去，但下一章会说明这只是幻觉，而不是他真正的体系。斯宾塞的进化论有着清晰的道德维度，拉马克理论是他理解高等思维和道德官能如何发展的关键。

就是这个道德维度使得自由新教教士接受了进步进化论，将之视为造物者用来塑造人类道德和精神品格的手段。詹姆斯·摩尔称这些教士为“赫伯特·斯宾塞的心腹”，在一个没有达尔文主义挑战的世界里，这群人可能会形成比自然斯宾塞主义者更有影响力的观点立场。[1] 之所以可能达成同盟，是因为斯宾塞对道德感的解释焦点

---

① 摩尔，《赫伯特·斯宾塞的心腹》，更概括的见他的《后达尔文主义争议》。关于斯宾塞的大概思想，见弗兰西斯，《赫伯特·斯宾塞》和《现代生活的发明》（*The Invention of Modern Life*）；及泰勒，《赫伯特·斯宾塞哲学》。

在加强所谓的新教职业道德上。这种解释道德的方法将施舍边缘化（但并未忽视），支持更加自力更生的节俭、勤奋和主动的美德。斯宾塞承认竞争的作用，但将之视为激励个体自我提高的手段，提高是指物质成功和道德品格之间的平衡。这个体系是进化论观点，因为拉马克理论认为个体自我提高的行为可以经过好几代积累，以此塑造物种的品格。自由基督教徒很容易将这个体系看作是造物主为了制造人类而安排的。当然较低等级阶段仍然是物种适应环境，但长期看这些局部适应会产生新层次的身体和思维能力。

圣公会教士查尔斯·金斯利接受了这种调和模式，也许并没有直接接触斯宾塞的作品。金斯利的作品《水孩子》常被说成是针对达尔文而写，但实际上它表达的完全是拉马克理论的进步进化论，也就是个体、种族和物种如果都能对环境的挑战做出积极的回应，就可以达到较高层次的道德能力，但如果消极放弃就会退化。达尔文主义者当然认识到了其中的含义——阿尔弗雷德·拉塞尔·华莱士和 E. 雷·兰克斯特就是明显的例子——但是金斯利认为从个体自我提高到整个种族的进步之间有个直接过渡，这是拉马克的观点，而不是达尔文的。实际上，金斯利提出了强壮基督教（Muscular Christian）版本的斯宾塞主义，随着斯宾塞哲学越来越流行，各地的自由基督教徒开始看到其中的联系。在美国，约翰·菲斯克（John Fiske）1874 年的《宇宙哲学概论》（*Outlines of Cosmic Philosophy*）描写的斯宾塞是赞同宗教的。像亨利·瓦德·比迟（Henry Ward Beecher）这样的教士成为斯宾塞进化论的狂热分子。比迟承认，这一举动需要基督教准则的重大修订，最明显的就是放弃传统的原罪观念。斯宾塞主义提出人类是上升进步到目前状态的，而不是从更高层次堕落的，要视基督的作用是被召唤摒弃我们动物祖先各种遗留问题的。但是对于很多人来说，这似乎是值得付出的代价，为了维持基督教在一个瞬息变化的世界中一种道德力量的地位。

在一个没有比《物种起源》宣传更残酷形式进化的世界里，自由自基督教和斯宾塞主义的结合可能成为 19 世纪 60 年代和 70 年代的主流进化思想形式，而在美国的影响力还要久一些。对于斯宾塞本人来说，自然选择不过是题外话，他很愿意没有它来推动自己的哲学向前发展。没有达尔文的选择理论，他将竞争视为个体和种族自我提高的手段，对于宗教思想家来说这个视角的指引更清晰。像赫胥黎这样的科学自然学家可能会靠边站（赫胥黎一直都不太热衷于拉马克理论），将更多注意力放在能为他们的事业提供更多支持的科学其他领域，最显而易见的就是对生理学和神经系统的最新研究。进化当然是两方辩论的焦点，但没有达尔文很难得出极端唯物主义的定论。当然保守派基督教徒仍然会拒绝，但他们因为缺少关键论证，而且还有其他教徒对进步发展明显的支持而无法表达敌意。如今许多历史学家相信我们夸大了赫胥黎及当时科学自然学家的影响力，部分原因是他们自己的宣传获得成功的结果。[①] 在一个没有达尔文的世界里，他们无法主导文化辩论会更明显。

在德国，海克尔的进化哲学要比赫胥黎的计划更加反教会，但这里也有试图达到对新科学的态度不太分裂的人可以利用的因素。海克尔不是唯物主义者；他的一元论哲学倡导的是思想和物质是单一现实的不同方面，所以所有生物——其实是所有物体——都有思维。人类思想是长期思维进步的最终产物。海克尔的重演论也为想看到朝着成熟进步过程的人提供了一个模型。和斯宾塞一样，海克尔是将有机体及其环境之间的大部分互动看成是进步性、有目的性的拉马克理论者。最终他公开将自己传授的部分视为 19 世纪初期

---

① 关于这个观点的经典表达见特纳的《科学和宗教之间》（*Between Science and Religion*）。

流行的超验世界观的延续——他的进化论英雄是达尔文、拉马克和歌德，在没有达尔文的世界里，只有后面两个人。因此这个与斯宾塞的背景完全不同的人持有的进步观点可以被视为某种终极道德目的的展开。海克尔的一元论哲学的含义是思想可能是进化的推动力，预示了拉马克理论在19世纪末要经历的转折。[1]

新拉马克理论和造物进化论

1900年的前后十年，达尔文主义的批评者开始畅所欲言，帮助我们形成了对拉马克理论的看法。从小说家萨缪尔·巴特勒开始，人们开始诽谤达尔文的理论是残酷唯物主义的体现，而将拉马克理论作为有价值的替代理论。这两种思想意识形态之间分化的关系在20世纪初得到乔治·萧伯纳等作家的认可，将之与亨利·伯格森的活力哲学等同起来。伯格森所认为的有一股造物生命力为了克服物质世界的局限而斗争的观点是一种新的进化论，急于说明自己超越旧式达尔文唯物主义的立场。[2]

在这个过程中，人们忘记了斯宾塞和海克尔也是拉马克理论者的事实，还有斯宾塞的哲学已经得到许多宗教思想家的认可了。19世纪晚期完全被达尔文主义的唯物主义统治着，这个神话建立在公众心里，使他们将新拉马克理论视为复兴传统道德价值观的手段。但是这种对历史的重写在一个没有被最初达尔文主义辩论重创的世界里是不可能的。斯宾塞和海克尔不会将选择因素加入到自己的进步主义哲学中。没有无情达尔文主义的幽灵笼罩在第一代进化论者

---

① 虽然英国理性主义者接受海克尔的哲学，一元论可以被视为一种带有宗教意味的理想主义性是；见我的《英国的一元论》以及威尔（Weir）《一元论》（*Monism*）中的其他文章。一元论甚至与通神论这样的神秘体系有关系。

② 关于该转变的更多细节，见我的《达尔文主义的幽灵》，更概括性的论述见我的《调和科学与宗教》（*Reconciling Science and Religion*）。

的头上，发展主义和斯宾塞主义的道德元素不可能被轻易否认，旧新拉马克理论之间的连续性不会被弄错。即使在20世纪初选择机制得到了承认，它所融入的进化论也会更倾向于自由宗教，而不是激烈的自然主义形式。

塞缪尔·巴特勒1879年的《新旧进化论》也许是修复拉马克理论的第一炮，该机制本身在19世纪初就被视为唯物主义的代言。巴特勒在这本书以及后面写的一系列书中都抨击选择理论，因为它意味着动物（还有人类）只不过是一个受制于无法改变的物质世界的玩偶，至死都被遗传所诅咒，或者通过蛮力苟且幸存。他称拉马克理论为道德主义者和宗教思想家提供的一条走出噩梦的路，而他们重视将人类视为道德代表的传统观点。巴特勒重塑拉马克理论，将之作为对抗自然主义的力量，但他不是用斯宾塞的方式来描述对手，而是用最唯物主义的达尔文主义。没有人提到拉马克理论在斯宾塞进化论中发挥的关键作用，可能是因为巴特勒发现相比探索他的理论版本与已经存在的版本之间有何区别这个复杂的问题，诽谤一个过度简化的达尔文主义更容易。而两个版本理论的区别是：对于斯宾塞和海克尔来说，有机体面对环境改变做出的调整几乎是个自动过程，而对于巴特勒来说它包括对新习惯的有意选择。但是巴特勒更喜欢视自己为一个更道德的全新进化论开创者，不仅仅是一个侧重现存学说其他方面的人。

巴特勒对达尔文发起了人身攻击，说他无视前辈的贡献，接着整个达尔文主义理论界驱逐了巴特勒。但即使在我们的世界，19世纪60年代和70年代人们都在积极地探索非选择理论，一直快到19世纪末这些理论慢慢盛行起来。整个科学界，包括达尔文的儿子弗兰西斯，对待巴特勒的态度最终都认真起来。像亨利·德鲁蒙德（Henry Drummond）和瑞吉纳德·坎贝尔（Reginald Campbell）

这样的宗教思想家都在倡导基于非唯物主义进化论的"新神学"的出现。在美国，爱德华·德林克·科普和约瑟夫·勒康第（Joseph LeConte）等作家也提出了类似的非唯物主义方法。科普提出了一个本质上是活力形式的拉马克理论，有机体依靠非物质的生长力来塑造未来的进化。科普的立场缺点在于只有进化分支的创立者才能够选择新的生活方式——它们的后代都锁定在一个定义好的专业趋势中。但世世代代唯物主义的狂热反对者都忽视了拉马克理论与直生论之间的联系，都基于赋予生物思维的力量，以便将之视为神圣造物力的表现。

剧作家乔治·萧伯纳并不热衷形式宗教，但他积极反对唯物主义，并且认为达尔文理论是他憎恶的态度和价值观的主要来源。他曾发表著名言论，声称如果自然选择是真实的，"只有傻瓜和恶棍活得下去"。[①] 他将对巴特勒的拉马克理论（不完全正确）的支持与亨利·伯格森的"造物进化论"哲学联系起来。伯格认为造物生命力，即生活力（élan vital），克服无生命物质的惰性挣扎向上，但这并不是拉马克理论，不过它的确包括一种新的进步观，即生命进化的过程并不是预定模式的展开，而是对可能性的探索。他的《造物进化论》（*Creative Evolution*）一书 1911 年被翻译，其更开放式的进步观启发了许多生物学家，包括一些 20 世纪 20 年代和 30 年代重新形成自然选择说的人。急于跳上反唯物主义马车的宗教思想家，虽然并没有放弃上一个世纪一些自由化的收获，也都对这个观点趋之若鹜。

萧伯纳专注于达尔文主义代表了 19 世纪晚期唯物主义的所有问题，鼓励重写直到今天仍然扭曲我们看法的历史。比如说在阿瑟·库斯勒（Arthur Koestler）尝试恢复保罗·卡莫尔的拉马克理论实验

---

① 萧伯纳，《千岁人》（*Back to Methuselah*），法文版。

可信度时再次出现了这种修正主义。[1] 活力形式的拉马克理论给人焕然一新的感觉，不同于达尔文带来的令人绝望的唯物主义。没有人认识到对赫胥黎自然主义哲学的重大反抗，即使是在科学界，也没有人认识到拉马克理论从一开始就是进化论的重要部分。最后出现的是对 19 世纪晚期文化大背景的讽刺，特别是对进化论。只是到了最后几十年历史学家才开始挽救真实的非达尔文主义进化论，讲述了它在自然主义和信仰之间的关系中发挥何种作用的复杂故事。

现在想象一下没有选择理论供斯宾塞和海克尔运用到各自进化思考中的世界会怎么样。发展进化论对科学和公众思想会有更大影响。自然主义会被剥夺最有力的论证之一，会更容易将斯宾塞和海克尔的进步论视为对传统宗教世界观的改良，而不是一个挑战。人们的反应会是更强调生命作为自然的积极力量，但对于巴特勒和萧伯纳这样的作家来说，他们更难将拉马克理论说成是全新的视角。他们不得不承认只是在重新配置一个已经成为进化思想基础的发展体系。即使最终有了选择理论，它也会被视为发展故事中的另一个主题，而不是对整个体系的威胁。道德哲学和自由基督教思想吸收进化论的过程会更加持续，也不会有达尔文主义的妖怪萦绕在后代的想象里。

原教旨主义者的回应

目前在辩论中尚未发出声音的是保守派基督教徒，特别是福音派的。这里存在对整个进步意识形态深深的怀疑，因为它削弱了传统基督教基于人类原罪和救赎的看法。福音派对《圣经》也怀有更

---

① 库斯勒，《产婆蟾案例》。

深的敬畏。在他们看来，自由派试图通过拒绝信仰的核心基础与现代观点达成妥协，而不是改革。[1] 这个态度在我们看来由进步意识主导的时期一定一直存在，但在进化论辩论的时候很少有人说出来。在欧洲，福音派的影响逐渐变小，但是在美国原教旨主义的崛起预示着福音派狂热的复苏，其基础是拒绝现代化的文化趋势，因为担心它对传统家庭价值观造成威胁。达尔文主义成为道德衰退的象征，结果引发了抵抗进化论入侵教育体系的行动。1925 年约翰·托马斯·斯科普斯因为在田纳西州的代顿（Dayton）教授进化论而遭到审判，象征着原教旨主义者下定决心拒绝科学解读人类的起源。[2]

但是过程必须是这样吗？原教旨主义的崛起几乎一定是可以避免的。它代表一个广泛的社会运动，几乎无法因为缺少某个科学想法而被歪曲。但进化论成为现代思想中原教旨主义者不信任的一切的代表是必然发生的吗？达尔文主义之所以成为象征是因为它可以用来以最唯物主义的形式提出进化论。如果 19 世纪末没有关于自然选择的辩论，自由派基督教徒接受的发展进化论就会被广泛视为一种朝着重要道德目标有目的性的发展。这并不意味着原教旨主义者会欢迎进步进化论，因为进步本身这个说法就让他们不信任。但没有达尔文主义幽灵般笼罩在他们的头脑里，有可能他们不会选择在这个问题上挑起战争。反对现代主义的运动可能会有其他目标，只是因为这样做能将基督教自由派和保守派之间发生矛盾的可能性最小化。

一本叫《原教旨主义者》（*The Fundamentals*）的小册子出版于 1910 年到 1915 年之间，被广泛视为反对进化论新运动开始的代表。

---

① 特纳的《后维多利亚时期科学与宗教的冲突》提供了这些问题的一个视角。

② 见南伯斯，《造物论者》。关于斯科普斯审判，见拉森（Larson），《诸神的夏天》（*Summer for the Gods*）。

20 世纪 20 年代，在几个南方州的美国人拒绝学校课程加入进化论，最后通过了田纳西州的巴特勒法案，斯科普斯就是因此接受审判的。但现代历史学家提出人们对这个时期的理解是基于后面几十年围绕它发生的奇怪事件，后来这些事件编写成了戏剧和电影《向上帝挑战》(*Inherit the Wind*)。[①] 实际上《原教旨主义者》的几位作者并不反对非唯物主义进化论。[②] 虽然帮助审判斯科普斯的政治家威廉·詹宁斯·布莱恩（William Jennings Bryan）让原教旨主义者把注意力放在进化论上，但他本人并不相信对《创世记》的原意解读。所有的南方各州不可能通过反对教授进化论的法律，部分原因是学校教授的进化论都经过科学界仔细编排，避免带有达尔文主义的色彩。斯科普斯的"猴子实验"发生在田纳西州有一部分原因是当地政治形势以及重签了学校的教科书合同，还有一部分原因是代顿的居民希望自己住的镇子（当时遇到了经济困难）得到全国关注。[③] 整个故事情节远远不是文化冲突不可避免的表达，由于当时事态紧急，可以想象反事实推理的可能性。

这并不是说福音派会乐于接受进化论。人猿和人类之间的关联仍然冒大不韪，而出于对传统基督教的担忧，一切削弱上帝造人这个说法的尝试都会遭到福音派的怀疑。但是在一个习惯将进化描述成有目的和进步的，而不是非定向的和以残酷竞争为基础的世界，福音派试图确认破坏传统价值观的现代趋势根源，进化论就不是首要问题了。即使是在科学领域也有其他理论可以被视为对人类尊严

---

① 斯宾塞·特雷西（Spencer Tracey）主演的 1960 年经典电影改编自 1955 年杰洛米·劳伦斯（Jerome Lawrence）和罗伯特 E. 李（ Robert E. Lee）的戏剧。片名《向上帝挑战》(*Inherit the Wind*) 选自《箴言篇》11：29。

② 见莱文斯通（Livingstone），《达尔文被遗忘的捍卫者》(*Darwin's Forgotten Defenders*)。

③ 关于代顿的局部环境，见沙皮罗（Shapiro），《科学和宗教之外的斯科普斯审判》。

和精神的威胁，从生物医学的唯物主义到心理学的新尝试。西格蒙德·弗洛伊德（Sigmund Freud）的分析心理学实际上是重演论迟到的产物，因此是发展模式的扭曲表达。[①] 但是因为弗洛伊德为了突出自己的原创性而隐藏了他理论中的进化因素，它可能会被视为用真正革命的视角看待思维基于动物的黑暗面。这个说法可能会出现在非达尔文的世界里，可能会吸引更多的福音派。有人甚至将爱因斯坦的相对论视为对道德价值观的威胁。在一个没有达尔文的世界里会有许多其他目标让原教旨主义者认为是基督教传统的最大威胁。

这些都让我们远远超过了我们这个世界和我试图想象的反事实推理的世界之间的分叉点。所以我的这些简短的猜想并不是真的要想象一种进化可以避免与宗教产生矛盾的情形。它们是挑战，我们更加认真地思考现在引起争论的其他理论在多大程度上是历史造就的——以及后代对历史的操纵。如果我们可以想象一个没有斯科普斯审判的世界，能想象出 21 世纪初没有针锋相对的无神论进化论者和造物论者吗？如果进化发育生物学一开始就是讨论的一部分，科学唯物主义者就不会那么积极地通过自然选择理论削弱自然目的论，因此也不那么需要智慧设计的替代理论。从赫胥黎到理查德·道金斯的自然学家传统会失去最有力的一个论点，对于原教旨主义者来说也是威胁更小的目标。

我们是否也能想象一个 20 世纪末年轻地球造物论没有成为原教旨主义思想核心特征的世界？也许不会——但是年轻地球的立场拒绝整个现代历史科学，包括天文学、地质学、古生物学和史前考古学。在一个自然选择理论很晚才出现，而且不那么有冲击力的世界里，进化论将只是其中一个目标，而不是原教旨主义者所反对的主

---

① 苏洛韦（Sulloway），弗洛伊德（Freud）。

要象征。也许莱尔会被视为真正的罪魁祸首，因为他的均变论地质学可以被视为整个地球历史反圣经视角的跳板。和达尔文诞辰二百周年同时拍摄的一部电影就讲述了这个立场，[①] 所以在一个达尔文没有提供这样明显目标的世界里，它有可能被想象成造物论者主张的核心思想。

---

① 造物牧师国际组织（Creation Ministries International）2009 年发布了《撼动世界之旅》。虽然围绕着小猎犬号之行，但该研究项目将整个进化世界观作为渐变论地质学的延伸。我要补充说明的是我和其他几位科学历史学家为这个项目出了镜，制作人隐藏了自己实际上是受到造物论组织支持的事实。

8. 社会进化论

威廉·詹宁斯·布莱恩对达尔文理论的攻击焦点既有其宗教意义，也有其道德意义。他听说德国军队领袖在一战中试图占领欧洲，其中一个原因是他们相信国家之间的生存竞争会决定哪一方更优秀。[①] 这个指控在现代造物论文学作品中以更新的形式再次出现。批评家习惯于将达尔文主义刻画成被称作“社会达尔文主义”的危险社会政策背后的推动力。造物论者经常强调没有达尔文就不会有第一次世界大战，不会有希特勒和大屠杀。这种说法也不是没有学术支持。智慧设计的支持者理查德·魏卡特（Richard Weikart）曾提出达尔文理论是导致纳粹分子试图灭绝犹太人的信仰体系的关键组成部分。在最近写的书里他不那么具体了，更关注希特勒思想中一般生物组成部分，但仍然视自然选择理论启发了纳粹分子，使得他们想改善人类物种，消灭低级人种。[②]

广泛进化论可能影响德国军人的思想，后来又影响了纳粹的意

① 关于布莱恩的立场的详细描述，见古尔德，《年代的岩石》（*Rocks of Ages*），155—170 页。

② 魏卡特，《从达尔文到希特勒》（*From Darwin to Hitler*）；及魏卡特，《希特勒的道德》（*Hitler's Ethic*）。

识形态，这个说法很合理。由竞争引发进化进步的说法的确传播广泛，即使没有达尔文的自然选择理论也是这样。但在一个无情的政治思想意识形态中发现进化思想的因素并不等同于证明是科学创造了无情与残酷。其他科学与非科学的元素也都有关，反事实推理的历史会帮助我们决定它们是否会提供其他灵感与修辞的来源。是达尔文的自然选择理论更加具体的内容造成了我们哀叹的结局，这一点更值得推敲。我要说的是在一个没有达尔文的世界里一样会有这样的社会达尔文主义——在某些方面可能更糟糕——只是叫不同的名字罢了。

不考虑我们是否应该只因为不喜欢其社会应用而拒绝一个科学理论的问题，而将这么多人类的痛苦归结于一个理论是否合乎情理？批评家真的相信科学对邪恶分子那么有启发作用吗？如果没有科学影响他们就不会做坏事吗？在所有导致20世纪各种恐怖的复杂社会与文化因素中，这个理论会是关键触发点吗？认为促使德国指挥官（在两次世界大战中）发动袭击的是一个基于从未被科学界当回事的过时理论的人类事务模型，这样说难道不牵强吗？一战开始时人们认为科学达尔文主义已经濒死了。在纳粹施恶行时几乎也没怎么重新兴起，即使有也是主要在英国和美国。即使领袖们希望将政治学基于科学原理，他们难道不会更喜欢最新的和最成功的理论吗？也许现代批评家忘记了自然选择理论对生物学在20世纪中期之前几乎没什么影响。或者也许他们认为达尔文的作品虽然受到专家们的广泛拒绝，但却启发了非科学家。但普通人主要通过科普获得科学信息，而科普很少提供关于这些复杂理论完整准确的描述。这也是为什么说是一个广泛的进化进步主义更合理，即使没有达尔文它也会出现，成为这些社会发展的科学基础。

迈克尔·鲁斯提出进化论在科学界之所以会流行起来是因为它

是 19 世纪人们对进步理念更广泛热衷的产物。[①] 生物学家并不是被有力的科学证据转化的——他们将理论适应当时的整体进步论。这解释了对非达尔文理论的偏爱，在一个没有达尔文的世界里，进化论与进步说法之间的联系甚至会更明显。但是鲁斯的说法暴露了任何声称是科学产生了严酷社会的立场的缺点。如果真要细究，科学也是由整体文化发展驱动的，而不是反过来。在我们的世界里，达尔文成为进化论的代表，后来的评论家选出了与他的自然选择理论有关的概念来突出 19 世纪末变得明显的消极力量。他们没有认识到许多所谓的结果随着进步说法逐渐展开无论如何都会出现，但却将达尔文主义作为侵扰社会弊病的替罪羊。

1900 年左右的达尔文主义反对者坚持说——但我们看到并不是很有说服力——它在 19 世纪末统治了科学。"社会达尔文主义"一词 19 世纪 90 年代才开始被使用，最初被当作滥用之词。正式的社会达尔文主义者几乎没有明确提倡过要通过无情消灭适宜不良成员来进步社会。最早被视为一种社会达尔文形式的思想意识形态并不是军事主义，而是赫伯特·斯宾塞的支持者信奉的无约束自由企业资本主义。魏卡特接受这种社会达尔文形式，[②] 但是他这样做当然暴露了自己所说的达尔文理论帮助制造了纳粹主义矛盾的本质。矛盾就产生于各种各样的所谓达尔文理论衍生说法。斯宾塞及其追随者专注个体竞争，而不是国家或民族的斗争，他们是军事主义公开的反对者。所以同样的理论如何产生互相敌意的思想意识形态？当然如果有真正的社会达尔文主义，应该是与达尔文同时代的人利用同样的智力和文化资源创造出的版本。矛盾的是，这就是如今许多美国人仍然支持的自由企业个人主义意识形态——应当是在造物论

---

① 鲁斯，《从单子到人》。

② 魏卡特，《达尔文或斯宾塞谁是放任自由社会达尔文主义之父？》

者坚持说达尔文推动了严酷的社会价值观时给他们提供了思考的源泉。

定义社会达尔文主义

除了军事主义和残酷的资本主义，批评家还提出了达尔文主义提倡的其他态度和价值观。认为种族代表本质不同的人类种类，与人猿还有一些相近地方的说法经常被视为来自这个理论。但是我们现在知道达尔文反对他那个时期最极端的种族主义，主要是造物论者和反达尔文进化论者坚持说种族是不同的物种。认为选择育种可以改善人类种族的优生学是另一个所谓的副产品（达尔文出版《物种起源》后几十年出现的）。但是优生学并不对比社会和自然进化。它认为选择一定是人工完成的，就像达尔文用来解释选择过程如何进行、早就已经成熟的动物育种技术。这些复杂情况说明还有更复杂的过程——它不是科学新想法导致一个单一而残酷的意识形态那么简单。

选择和社会

为了澄清形势，社会思想历史学家迈克·霍金斯（Mike Hawkins）提出了社会达尔文主义的五个重要组成部分。[①] 他承认社会达尔文主义不是一个单一的意识形态，更是一种思维方式，强调能够嵌入几个不同政治体系的因素。霍金斯提出的两个部分非常概括，可以适用于任何形式的社会达尔文主义。第一个是假设人类行为由自然法则统治。这个假设适用于任何以自然过程为基础的人类行为

---

① 霍金斯，《欧洲和美国思想中的社会达尔文主义》（*Social Darwinism in European and American Thought*），30—35 页。

体系，包括所有的唯物主义哲学。它不仅覆盖社会进化论，还覆盖了将人类思想看作自然法则对象的更广泛运动。在达尔文之前颇相学者就教导说大脑是思维的器官，像斯宾塞这样的思想家在达尔文出版著作之前就探索了这个观点的唯物主义含义。[①] 关于社会活动可以被视为法则对象的说法也有许多争议，比如说历史学家亨利·巴克尔（Henry Buckle）提出的。在这个层面，社会达尔文主义与其他文化影响力并驾齐驱，推动了19世纪关于人类的一种自然思考方式。

霍金斯的第二点更具体：社会达尔文主义假设生物进化法则适用于（或应当适用）人类社会发展。但是这里也有其他发挥作用的因素。达尔文提出的并不是当时唯一的进化理论，人们也可以使用他任何竞争对手的理论作为社会进步模型。但是霍金斯提出的这一点让我们越来越注意到自然进化法则无论如何都无法逃脱的感觉：我们一旦干涉就会影响事物的自然状态，结果将是灾难性的。因此“生存竞争”的假设是有益的，不应当被抹去。但是19世纪晚期许多人都开始相信现代文明压抑了人类从动物祖先进化而来的自然过程。他们担心退化的可能性，而最直接的回应就是呼吁将人工选择用于人类种族的优生学运动。

达尔文主义者在任何情况下都不需要相信生物进化论法则会提供给我们一个模型。T.H. 赫胥黎在生命最后几年教授进化论和道德观时，拒绝自然的“角斗士表演”可以被视为人类关系模型的说法。矛盾的是赫胥黎从来没有真的相信自然选择是进化的主要代理，但现在他通过将自然刻画成冷酷无情而将人类道德与我们的动物起源割裂开来。他的真正目标是斯宾塞哲学，认为是这个哲学导致了对

---

① 见扬，《19世纪的思想、大脑和适应论》（*Mind, Brain, Adaptation in the Nineteenth Century*）。

生存竞争中的失败者广泛的冷漠态度。赫胥黎实际上也同意那些认为随着人类思想的出现，进化过程中出现了新事物的说法，这种力量已经不再由前几个阶段的法则控制了。[①]

霍金斯的最后三点与社会达尔文主义者试图使用的具体进化法则有关。这些法则包括（1）种群压力产生的生存竞争;（2）决定论者的遗传观点，认为特征完全是遗传的;（3）产生“更适宜”物种的自然选择机制。问题是只有他的最后一点捕捉到了达尔文观点的精华。前两个是当时广泛传播的说法，并且渗透到了各种意识形态里——以及科学理论中——它们并不是生物学家定义的自然选择核心过程的达尔文主义。关于自然选择应该产生什么也有些含糊。如果只是新物种适应局部环境，它几乎就不可能与人类的情况相关。但如果想要达到的效果是朝更高发展层次进步，我们已经进入了达尔文理论和当时各种进步意识形态之间相互作用、为了给出因果关系而搅浑水的领域。

社会学文献引用达尔文时总是很复杂，不断变化，说明他的历史那部分已经在公众的想象里有了自己的生命力，经过时代更迭不断循环。他们在没有理论对科学造成影响时就做到了这一点，而这种影响一直都不大。就好像该理论获得更广泛的信任就是因为它是有争议的，而不是因为它统治了当时的科学研究。达尔文主义提供了一种关于世界如何运转的修辞方式和真实视角。它的许多部分都独立于理论而存在——实际上达尔文想出自然选择理论的时候有些部分就已经存在了。他甚至利用了这些文化资源架构了他的理论，所以它们能够以“达尔文主义”这个备受争议的标签世代循环并不意外。有一个例子是“生存竞争”的概念，马尔萨斯首先使用该词。

---

① 赫胥黎的讲座出版在他的《进化和道德》(*Evolution and Ethics*) 中；关于他真正的目标见戴斯蒙德的《赫胥黎：进化的高级牧师》，第十章。

但是同样的资源被用于在自然科学与社会科学中建构其他理论，有些理论和自然选择某些方面类似。斯宾塞的拉马克进化论就是这样。当时随着新思想风格的出现，关于该理论及其相关学说的看法被操纵利用。这些因素共同作用，赋予了达尔文主义更大的关注，超过它在一系列新观点中应得的影响力。

反事实推理的历史提供给我们一种方式来认定达尔文的关键想法是否能有批评家们所说的效果。将达尔文主义归为产生某种意识形态和行为的混合文化的一部分是一回事，说它是关键起因、没有它就没有我们谴责的态度是另一回事。如果我们可以根据对相关学说影响力的了解有一个合理的案例，证明即使达尔文没有出版他的自然选择理论也会产生同样有害的结果，并且获得科学的解释，那么该理论就可以免受这些指控了。

这样做并不包括试图粉饰达尔文主义，说它不过是纯粹的科学，造成的社会后果是基于对它的误解或扭曲。在宣传 19 世纪中期的中产阶级无情的个人主义过程中牵扯到了达尔文主义，在后来推广完全不同的"竞争进步"模型时就不那么直接了。达尔文本人也对推动社会达尔文主义有些担忧，但他不会支持消灭不适应者的提议。[①] 还有许多其他因素也促进了竞争的意识形态，被斯宾塞和后面的思想家充分利用来研究其他进化论。如果其他理论能够作为架构我们所说的各种社会达尔文主义形式的基础，我们要认识到自然选择理论并没有发挥这样的重要作用。我们还要意识到达尔文和斯宾塞都得到了左翼和右翼思想家的支持。两位进化论者都表明需要通过竞争来推动进步，但是二者都认为进步的一个重要结果是出现利他的

① 正如罗伯特·扬所强调的，"达尔文主义是社会性的"；见他以此为标题的文章，更概括的介绍见他的《达尔文的比喻》。但这并非意味着这是个人主义意识形态唯一可能的科学表达方式。

本能。一个将自己描述成邪恶社会达尔文主义建筑师的种族，他们在推动社会合作政策方面发挥的作用大部分都被忽略了。[①]

从某种程度上来说，辩论中的专有名词进化的方式形成了我们的观念。“新达尔文主义”和“新拉马克理论”都是19世纪晚期产生的，代表分别将自然选择和获得性特征遗传视为进化主要机制的立场。但是“达尔文主义”已经成为进化论的代名词，特别是任何涉及竞争因素的进化论。这包括斯宾塞的拉马克方法，但是霍金斯和许多现代社会评论家不会称斯宾塞是拉马克理论者，就是因为他的进化论包括了竞争。对于他们来说，“拉马克理论”意味着基于意志力和预定目标的理论——差不多就是萨缪尔·巴特勒和后来新拉马克理论者的意图。所以斯宾塞必须是社会达尔文主义者，虽然他并不觉得自然选择很重要！我们需要使想象免受这些偏见和标签的影响，认识到竞争也可以在拉马克理论思想中发挥作用，结果使它在不加鉴别的眼里可能非常像自然选择。

达尔文的另一个观点，即雌雄淘汰理论，为理解实际情况提供了有用的模型。他在1971年的《人类衰落》（*Descent of Man*）中提出了这个理念，用来解释人类种族多样性，将之视为更广泛效果的产物，之所以偏好某些特征是因为它们传递了繁殖优势，而不是生存价值。许多评论家将这一理论与典型的维多利亚式的两性态度关联起来：雄性趾高气扬，占统治地位，雌性害羞而挑剔。有些人暗示说达尔文的理念实际上促进了当时文学中这些典型的出现。但是生物学家在20世纪中期之前几乎一直都在忽视雌雄淘汰理论。在其他情景下人们对进化中雌性选择可能发挥作用的说法展开了辩论——而且遭到广泛拒绝。女性当然被视为挑剔，但几乎没有哪个男性评

① 这一点在迪克森的《利他主义的发明》（*The Invention of Altruism*）中被强调。

论家愿意放弃行动中的真正权力。[1] 所以认为是达尔文主义导致了当时这些态度的出现似乎不太合理。实际情况是达尔文将他的时代惯例用于理论中，但他的同僚却将这种惯例视为理所当然，无法将之视为好科学的基础。自然选择理论的情况差不多一样，唯一的不同是当时有科学辩论，这场辩论导致该理论被边缘化了几十年。

选择和进步

因为所有这些原因，我想说的是自然选择理论不会有现代批评家所说的转换力。当然，识别这些批评家的目标并不容易。比如说在《从达尔文到希特勒》（*From Darwin to Hitler*）一书中，理查德·魏卡特似乎专门关注的是达尔文理论的唯物主义意义。但是在《希特勒的道德》（*Hitler's Ethics*）一书中，他似乎更关心纳粹希望通过育种改善人类种族，这样说明他们的意识形态可以被视为进步进化论的产物，而不是选择理论的产物。从批评家的视角看，也许达尔文主义要负责哪方面区别并不大——整个进化运动就是破坏道德价值观和人类生命神圣性的有害影响。所以哪个是真正的罪魁祸首：将一切归结为残酷竞争的选择理论，还是希望达到未来完美的进步进化论观点？或者因为二者都是无上帝唯物主义的代表真的就不重要吗？也许我们需要更加精确地思考哪种形式的进化论为试图证明自己立场的思想家提供了最好的模型。

批评家可能会提出，我想说明非达尔文主义进化论思想也有危险意味过于精确地区分了进化论和自然选择理论。毕竟 19 世纪末的人已经开始使用“达尔文主义”一词来说明一般进化思想了。如果

① 见米拉姆（Milam），《寻找几个好的雄性》（*Looking for a Few Good Males*）；同时见理查兹，《达尔文和女性的堕落》。关于用不加评价的眼光描述该理论如何反映在当时的小说中，见本德（Bender），《爱的堕落》（*The Descent of Love*）。

进步进化论可以提供必要的基础来支持残酷的社会政策，那么指控该理论对道德价值观造成了毁灭性影响仍然有效。但这是对当时情况的故意过度简化。反事实推理的方法帮助我们更好地理解了进化论的历史以及为了形成对该理论的现代态度而操纵历史的方法。

如果达尔文对进化的具体解释帮助人们产生了对世界更唯物的看法，而且没有他的解释这种看法不会存在，那么科学对西方文化的发展的确可能产生灾难性影响。但非达尔文主义进化论也会导致极为有害的后果，情况会变得更加复杂。进化论的批评家回避这个问题是有用的，因为通过表明广泛理解的“达尔文主义”是罪魁祸首，他们可以利用该理论获得的负面形象抹黑整个运动的声誉。指责是整个进化论导致了世界弊病，其根据是认为科学理论导致了西方文化将信仰放在了进步上，但这个说法是不合理的。现代历史学家的所有研究结果都说明这种因果关系是相反的：因为越来越热衷于进步，于是出现了适合的舆论气氛，使得科学家们用进化眼光看待地球上的生命历史。虽然科学创新转变了人们的世界观，但承担责任的不仅仅是它。

达尔文的自然选择理论也是社会环境的产物，但就是因为它几乎算是个反常的产物夺人眼球，所以批评家们更容易说是它将人们的态度转向了危险的新方向。自然选择明显是个可能改变人们想法的新科学发现。但是反事实推理的历史会说明我们熟悉的大部分科学和社会发展有没有达尔文都会进行下去，因为朝着进化思想的趋势是 19 世纪末社会和文化历史的组成部分。达尔文主义导致的有害后果根植于整体趋势之中，而不是转到全新路径上的结果。减轻科学与宗教之间的矛盾也不意味着会忽略被污蔑为社会达尔文主义的态度。

这一点会严重影响到关于进化论在现代科学与文化中的地位的

当代辩论。将达尔文主义等同于一般进化论是为了说服人们，特别是那些有着坚定宗教信仰的人，现代科学生物——当然大部分是达尔文主义的——是一个危险智慧趋势的继承。突出从达尔文时期到现在那部分的所谓有害影响有助于让人们觉得科学进化代表一种对宗教信仰有内在敌意的唯物主义视角。通过说明选择理论在广泛的辩论中没有批评家所说的那么强大或有持续性，反事实推理的历史会帮助我们捍卫科学，反对评论家以分化成黑白两极的观点为基础的论断。没有自然选择，进化看起来对宗教就不是那么大的威胁——但是它的负面结果也会强烈产生，因为那些结果根植于更广泛的文化趋势内，一个单一的科学想法是无法使之偏离的。

自由企业个人主义

让我们从社会达尔文主义最初的版本开始，它经常被现代评论家搁置一边，将它等同于军事主义和种族主义。这里的社会达尔文主义指的是 19 世纪流行的极端形式的放任个人主义，与美国资本主义强盗式资本家对立。这个意识形态似乎是达尔文主义倾向的，它将竞争视为一种自然状态，是提高效率和促进经济发展的关键。在支持者看来，无法抵抗竞争压力的人不值得同情。

达尔文本人支持这种社会进步观吗？现在几乎没有几个历史学家怀疑放任个人主义的意识形态是他思想基础的一部分，如果只是通过马尔萨斯的影响力。[1] 在《人类衰落》一书中他直截了当地说选择理论在人类进化中发挥作用，并且担心现代文明允许不适宜者繁

---

① 除了扬，《达尔文的比喻》，阿德里安・戴斯蒙德和詹姆斯・摩尔的《达尔文》强调了他参与了当时的社会辩论。黛安・保罗（Diane Paul）的《达尔文、社会达尔文主义和优生学》也提供了关于他的思想如何与后来的运动联系起来的详细调研。理查德・魏卡特承认达尔文和斯宾塞都发挥了作用，见他的《达尔文或斯宾塞谁是放任自由社会达尔文主义之父？》。

殖。但和斯宾塞一样，达尔文知道人类进化成以社会群组为单位，他看到因此产生的社会本能成为我们所谓道德能力或良知的基础。还是和斯宾塞一样，他认为社会本能是通过拉马克理论进化的，即习得性习惯的遗传，虽然他也提到了群组选择的概念。成员合作的那些部落相比无组织的乱民更有优势。达尔文尤其不接受他的理论支持了废除传统道德价值观的说法。一家报纸指责他证明了“权力是正义的”，以及支持了拿破仑和每个狡诈的商人，这让达尔文很难过。[①]正如托马斯·迪克森（Thomas Dixon）所说，有许多评论家认识到达尔文真正的偏好是一个基于社会本能和利他主义的社会。[②]

进取的自由企业思想意识的主要根源是斯宾塞——实际上理查德·霍夫斯塔特（Richard Hofstadter）对美国社会达尔文主义的经典研究称历史上这一段时期为“斯宾塞时尚”（The Vogue of Spencer）。[③]但是这很快提出了贯穿这个研究的问题：达尔文和斯宾塞的进化论之间有平行之处，但是他们的理论不一样，我们不能简单说他们都使用了马尔萨斯“生存竞争”的概念。就因为斯宾塞发明了“适者生存”一词，也不意味着他认为自然或社会进化主要是通过选择进行的。我们也不能简单地以为赞扬斯宾塞的资本主义者真的赞同他试图推广的哲学——他当时的追随者可能像盗用达尔文的观点一样盗用他的。迪克森对利他思想兴起的调研说明斯宾塞和达尔文一样称赞社会本能的上升，并且得到了社会主义者和资本主义者的认同。因为他们的理论认为社会本能出自早期的竞争过程，因此其中包括了辩论双方都可以使用的素材。

---

① 达尔文写给莱尔的信，1860 年 5 月 4 日，见达尔文，《查尔斯·达尔文通信集》，8：188—189。

② 迪克森，《利他主义的发明》。

③ 霍夫斯塔特，《美国思想中的社会达尔文主义》，第二章。

刺激进步的竞争

乍一看，斯宾塞当然看起来像社会达尔文主义者。他敏锐地理解了马尔萨斯的人口原理，意识到个体为获得稀缺资源一定会产生生存竞争。他差一点就亲自发现了自然选择理论，并且创造了“适者生存”一词来承认达尔文的成就。他接受竞争是现代人类社会的自然情形，对因为长远利益被暂时的邪恶摒弃而遭受的痛苦视而不见。很容易就可以看出他一定想象过自然选择是文化和社会进化的主要代理。但是斯宾塞真的相信社会进步是通过清除每一代大量不适宜个体这种等同于自然选择的方式进行的吗？答案当然是否定的，而且可以通过说明斯宾塞的意识形态中竞争的主要作用是在大量个体面对竞争压力时促进拉马克理论的自我提高过程来支持这个答案。

在讨论进化论的宗教意义时我们看到斯宾塞哲学具有深层次的道德目的。他不想废除传统的道德观，希望能逐渐加强与新教教徒职业道德观有关的价值观：勤奋、智谋和节俭。和达尔文一样，他知道我们已经进化到以社会群组为单位生存，但是和达尔文不同的是他认为进化的最终目标是造就完全适应环境的社会个体。社会就像一个生物有机体，专业的部分应当共同合作服务整体利益。在当前的情况下仍然存在一种人类过速繁殖的趋势，因此产生了马尔萨斯的生存竞争原理。竞争的这一因素是思维和道德进化的推动力。进化一旦达到目标竞争就会慢慢消失，部分原因是我们应当学会如何与近邻更加顺畅互动，但也是因为随着我们越来越智慧，用于繁殖的能量越来越少。斯宾塞认为思考和性冲动需要同样的生物能量，因此是此消彼长的关系。[①]

---

①　罗伯特·理查兹的《达尔文和思想及行为进化理论的出现》（*Darwin and the Emergence of Evolutionary Theories of Mind and Behaviour*）强调了斯宾塞哲学的道德品格，托马斯·迪克森的《利他主义的发明》中也说明了这一点。

但是达尔文和斯宾塞之间关键的不同是对于后者来说思维和道德进化的推动力是拉马克理论过程，即习得性习惯渐渐转化成遗传性本能。竞争（在目前不完美的状态下）是有益的，主要原因不是它消灭不适宜成员，而是因为它促使每个人都变得更适宜——也就是更加有效地适应社会环境。斯宾塞对待失败的态度表面看很残酷，但实际上是他将之视为短期的痛苦交换长远的好处。这是斯宾塞在他第一本重要的书中写到的："如果无知和聪慧一样安全，那就没人想去变得聪慧……看起来毫无同情之心，但最好让蠢人因为愚蠢而受到相应的惩罚。有痛苦，他必须尽量去承受；积累的经验——他必须好好收藏，将来变得更加理性。对于他本人和其他人来说这个经历都是警告。这样的警告越积越多，所有人都会对相应的危险产生警惕性。"[①] 这里斯宾塞是在讨论个体层面的自我提高。斯宾塞只是坚持说大部分人的确有能力获得更有效的习惯——他们并不是完全被生物遗传困住。但是如果我们记得斯宾塞在他的生物学领域是虔诚的拉马克理论者，那么就会看到他用生存竞争作为促进自我提高的手段鼓励了人们期待有益的效果会经过好几代的累积，将人类思想提高到全新的层次。这不是真正的社会达尔文主义，而是社会拉马克理论的一种形式——但是其中包括的竞争因素让斯宾塞的许多读者相信它是达尔文理论的副产品。

斯宾塞的影响

斯宾塞的作品在传播一般进化论时要比达尔文的作品有效得多。正如最近的一个调查显示，即使像乔治·艾略特（George Eliot）这

---

① 斯宾塞，《社会静力学》（*Social Statics*），378—379 页。关于斯宾塞，见弗兰西斯，《赫伯特·斯宾塞及现代生活的发明》（*Herbert Spencer and the Invention of Modern Life*）；泰勒，《赫伯特·斯宾塞的哲学》（*The Philosophy of Herbert Spencer*）。关于他的广泛影响，见琼斯和皮尔，《赫伯特·斯宾塞》（*Herbert Spencer*）。

样信息灵通的评论者也经常无法区分达尔文和斯宾塞。[①] 后来的思想家只是简单地以为斯宾塞用竞争作为发展动力一定反映了选择理论者的视角。但是后来一些年斯宾塞开始怀疑进步是不可避免的，部分原因是帝国主义的崛起威胁到了他预测的军国主义会渐渐被工业资本主义取代。他对短期的未来变得更悲观，他的许多追随者似乎都没有注意到他心意的改变。他对逃避工作的人态度也更尖锐，在1884年写的《人与国》（*The Man versus the State*）一书中他采用一种更倾向达尔文主义的态度攻击社会主义，更担忧不适者的大量繁殖。但这是部非典型的作品，这时候斯宾塞已经在之前更乐观的世界观基础上名声大噪了。

斯宾塞哲学在美国得到了热烈欢迎，这里的行业领袖都很欣赏他的无限制竞争进步论。斯宾塞在1882年进行了全国巡讲，曾在纽约的德尔莫尼科餐厅举行了晚宴，当时去的都是最杰出的资本家——也有许多教士。安德鲁·卡耐基（Andrew Carnegie）拜倒在他的哲学之下，还有约翰D.洛克菲勒（John D. Rockefeller）和铁路大亨詹姆斯J.希尔（James J. Hill）。他们很欢迎斯宾塞支持将竞争作为经济进步的推动力，而且他们都使用了“生存竞争”和“适者生存”这样的词来说明这个过程是有益的，因为它是自然的。他们因此是社会达尔文主义者，至少从使用达尔文主义词汇角度说。达尔文的理论当然帮助产生了用于推动残酷工业竞争的说辞，但它真的是关键模型，没有它强盗式资本家就无法运作了吗？

有许多理由可以怀疑一个无论多么有效的科学理论会在社会上广泛引起这些事端。历史学家罗伯特·巴内斯特（Robert Bannister）认为“适者生存”的流行程度被夸大了。许多小生意都担心大公司

---

① 瑞兰斯（Rylance），《维多利亚时期的心理学和英国文化》（*Victorian Psychology and British Culture*），225页。

的掠夺活动，因为他们会一路上吞并小公司来获得市场上的统治地位。[①] 那些在竞争中获得成功的人运用达尔文主义只是表现出对这个理论肤浅的理解。被霍夫斯塔特誉为社会达尔文主义领袖的耶鲁大学经济学家威廉·格雷厄姆·萨姆纳（William Graham Sumner）似乎更关心社会整体反对自然限制的竞争。霍夫斯塔特还引用了约翰D. 洛克菲勒的话："大公司的增长就是适者生存的道理……美国丽人（American Beauty）玫瑰可以散发芬芳和光辉，带给观赏者愉快之感，必须早早牺牲它周围的其他花苞。这在商业中不是邪恶的趋势。这是自然法则和上帝法则的作用。"[②] 认为社会必须遵照自然进化法则明显已经够了，但人工修剪一棵玫瑰树与繁殖有机体后代的随机变异自然选择有何关系？更严重的是，直到今天经济学家还发现很难在自己的领域运用自然选择理论，因为公司和生物有机体之间没有明显的类比性。它们只是不以同样方式繁殖，所以无法对比后代中达尔文机制要求的变体不断削减。我们看到的只是文字层面的，不是实质。强盗式资本家的贪婪和无情是他们所处社会特有的，如果他们无法使用达尔文主义的语言，做法也似乎不太可能有什么不同。

但是真正的问题是这些重要人物都是斯宾塞理论者，不是现代意义上的达尔文主义者。在个人道德方面，与获得经济优越性的竞争相反，他们更喜欢自助的理念，鼓励大家都充分发挥自己的才能和能力。这也是为什么卡耐基在全世界建了一系列图书馆（全都收纳了斯宾塞的作品）。他希望每个人都能有机会读到好书，这样能有

① 巴内斯特（Bannister），《社会达尔文主义》（*Social Darwinism*）。格雷塔·琼斯（Greta Jones）还提醒我们大量的政治人物，包括社会主义者，也适用达尔文主义修辞；见她的《英国思想中的社会达尔文主义》（*Social Darwinism in English Thought*）。

② 霍夫斯塔特引用，《美国思想中的社会达尔文主义》，45页，自甘特（Ghent），《我们仁慈的封建主义》（*Our Benevolent Feudalism*），29页。甘特提到该段引用来自一篇主日学校的演讲，他还强调说大资本家们一直都在提倡努力工作的价值及应用。

一个尽量好的开始——斯宾塞理论者不相信正规教育的好处。洛克菲勒建了无数基金会，特别是用于医学研究。两个人都认为积累财富本身并无意义，富人应该用财富服务大众。洛克菲勒提出自然法则就是上帝法则的时候，他的观点得到了自称是斯宾塞理论者的教士的认同。这种社会达尔文主义形式是更新到工业进步时代的新教教徒的职业道德。声称这些态度没有达尔文理论的刺激就不会出现就是误解了态度本身和思想与人类行为之间的关系。

军事主义和国家冲突

斯宾塞后来的悲观主义来自于他对通过加强西方各势力之间的竞争达到社会进步的混杂预测。他将军事冲突视为封建时代的残余，并反对虐待欧洲国家殖民地的当地人。这是帝国主义时期，殖民帝国被视为国家财富和声望的基础。欧洲人急于打开欧洲进行掠夺增加了人们的不安全感，特别是有些国家——最明显的是德国——觉得自己被落下了。这是一种新形式的社会达尔文主义，虽然它实际上是第一次明确使用该词。生存竞争被认为是发生在国家与种族之间，而不是个体之间，适者生存决定了哪个文化和政治体系是最有效的。达尔文主义的说辞被军事力量充分利用，更是被德国人使用得淋漓尽致（虽然不只有德国）。就是因为这种思维方式在德国军官中太普遍了，才引起了威廉·詹宁斯·布莱恩在 20 世纪 20 年代攻击达尔文主义时的担忧。建立了优越种族和国家的矛盾意识形态后来转变成了纳粹主义，坚持说没有达尔文主义，希特勒及其追随者的掠夺就不会发生。

和自由企业社会达尔文主义一样，对科学理论导致了这些社会后果的说法可以从两个层面评价。是否可以合理地认为如果当时没有已经被视为过时了的社会理论，1890 年之后将欧洲国家推向战争的力量就不会走上毁灭之路？对于这个问题很难有详细的回答，但是我认为不能说达尔文主义能引发全球竞争者之间的战争。欧洲各国准备好作战是出于一系列经济、社会和政治原因，几乎不会因为没有科学的冲突模型而被改变。导致二战的事件也是如此。因为一战的灾难造成了有利的社会环境，适合国家社会党（纳粹党）这样的极端党派出现。他们也在酝酿一场战争，并且希望能为之前冲突中国家蒙羞寻找替罪羊。对于这两个时期来说，讨论达尔文主义从多大程度上形成了国家之间敌意的说辞是有意义的，但因为冲突本身而责怪它就不合理了。达尔文主义是否帮助产生了纳粹意识形态中的种族主义，在这章后面再来讨论。

我必须承认达尔文主义的确与帝国主义文化相关，它提供了一个非常有效的辞藻来源。达尔文主义的语言所利用的关系也是完全真实的。虽然达尔文的关键视角是个体层面的自然选择理论，但他的确使用群组选择的说法进行人类部落和国家矛盾的对比。但是承认他的理论与帝国主义意识形态有关并不等同于承认它是与战争有关的辞藻和态度的催化剂。和个人主义一样，达尔文的理论融合到了更广泛的科学与社会运动中，作为这个更广泛维度一部分的思想也独立于核心理论而存在。除此之外这个理论被用于多重矛盾的方式。军事社会达尔文主义现代历史学家最彻底的研究指出当时有许多和平积极分子用这个理论来支持自己的论证。[1]

为什么在 19 世纪最后十年重点从个人社会达尔文主义转到了国家形式？这两个思想意识形态不仅不同——它们是互相不相容的。那些希望有一个强大的国家抵御竞争者威胁的人不信任无控制资本

① 克鲁克，《达尔文主义、战争与历史》（*Darwinism, War and History*）。

主义（毕竟只追求利益的武器制造商也可能把武器卖给竞争对手）。国家的日耳曼崇拜几乎更归功于哲学的理想主义者传统，而不是强调达尔文思想的个人主义。竞争是群组之间关系特有的假设早在达尔文出版著作之前就广泛流传了，后来就连公开拒绝自然选择理论的作家都接受了。

所有这些因素都说明焦点从个人主义转移到帝国主义是由广泛的文化和社会因素推动的，这两个阶段都从科学那里寻求到了各种支持。反事实推理的历史会让我们看到在为帝国主义崛起寻找理由时其他因素是如何替代达尔文理论的，从而帮助我们判断达尔文主义的真正影响力。如果可以证明其他因素也能满足需要，那我们就可以辩驳达尔文主义是与战争有关的重要辞藻必要特征的说法。

我们其实可以从两个领域看出达尔文自己思想中群组竞争的元素。第一个是他用部落冲突作为解释最早人类社会本能起源的手段。这个说法是后来才有的，它远不是自然选择理论的直接产物，利用了当时其他人可用的资源。第二个领域提供了动物和人类进化之间不太直接的联系。达尔文基于他的自然选择理论详细描述了整个世界观，最重要的部分就是分支的概念，由适应新环境推动的分叉进化论。他用生物地理学证明种群如何因为迁徙到新地方而分叉，紧接着是继续适应。这个理论的重要组成部分是入侵种群经常取代原始物种，迫使其灭绝。生物地理学家 19 世纪使用的语言充满了入侵和征服的比喻。与达尔文理论的关系显而易见——但是与生物地理学的视角有关，而不是自然选择学说。

部落冲突

达尔文在《人类衰落》中支持了个体竞争推动人类智力发展的观点。但是他面对的真正问题是如何解释这一层次的竞争可以产生合作与利他的本能，即我们道德与良心的基础。一个自我牺牲的个体会在生存竞争中真的会被快速消灭吗？达尔文同意斯宾塞的说法，习得性习惯的遗传效果很重要，但他需要的更多。就是在这里他提出了类群组或部落之间的选择可能发挥作用，就是在这一点上他不再依赖个人主义。（大部分现代生物学家认为个体选择是占主导地位的，虽然近几十年人们对群组选择重新产生了兴趣。）他提出成员有合作本能的部落在资源竞争方面比契合性不强的部落更胜一筹："在世界上任何时期，时刻都有部落被其他部落取代；由于道德是他们取得成功的一个重要因素，道德标准和天赋异禀的人的数量因此在各处都在提高和增加。"[①] 后面的作家可能会抓住这段话来为国家竞争辩护（虽然几乎没有人读过《人类的衰落》这本书）。但要注意达尔文的目标不是增强战争本能或对国家奴隶式的奉献——与此相反，他是为了解释个人道德感的起源。

达尔文参考了沃尔特·巴格郝特（Walter Bagehot）写的文章，后来 1872 年在他的《物理学与政治学》(*Physics and Politics*）中重印了该文。巴格郝特对自然选择的兴趣局限于群组冲突的水平，他似乎对生物学也不怎么感兴趣。他主要关心的是提出人类历史很大程度上受到种族之间无休止斗争的侵扰，包括宗教在内的任何加强对群组忠诚度的事物都是优势。因此有理由相信达尔文的这方面思考远远不是对他核心理论的延伸，而是后来由于外部原因附加产生的。他可能更早注意到了群组冲突——毕竟马尔萨斯是在对战部落的语境下提出了"生存竞争"一词，而他的书第六版（达尔文读的）充分描述了野蛮文化中间发生的肃清式战争。达尔文最开始将个体竞争的说法用于创造自己的理论就是因为巴格郝特，而他现在回到

① 达尔文，《人类的衰落》，158 页。

了群组竞争的概念。

马尔萨斯对部落竞争作用的描述提醒我们这个说法在19世纪已经广泛流传了。维多利亚时期的人们了解他们的《圣经》,《旧约》中有几段话描述甚至支持了肃清整个种族的情形。维多利亚时期的人们也熟读古典作品，应该熟悉特洛伊之战，罗马人消灭迦太基人的战争，还有恺撒征服并奴役高卢人的历史。反抗拿破仑的战争仍然在人们的脑海里，加深人们印象的还有1857年在印度发生了反对英国的叛乱（英国人称之为“暴动”并残忍打压）以及美国内战。工业进步过程中的退步让斯宾塞和他的追随者愕然，但是20世纪末人们越来越觉得这种国家冲突是不可避免的，也许是找出最有效文化的最好方式。那些走这条路的人很少认同孕育了达尔文和斯宾塞观点的自由企业个人主义意识形态。很难相信在一个没有达尔文的世界里，他们会因为缺少自然选择的个人主义理论而改变立场。

在我们的世界，帝国主义者当然利用了达尔文主义的辞藻。在某些例子中他们的确是十足的科学达尔文主义者。这里最好的例子就是卡尔·珀尔森（Karl Pearson），自然选择现代统计学的创始人，他曾严厉谴责大英帝国在南非布尔战争（Boer War）最开始表现出的无能。[1] 珀尔森只是放弃种群自然选择理论，倾向于优生学，他还将生存竞争翻译成民族主义，这样可以诉诸一个强大的集中状态。珀尔森深深浸入德国文化可能也不是巧合，因为在这个国家可以确定的是军事状态意识形态通过蛮力向世界施加自己的意愿在一战之前达到了最邪恶的活跃水平。德国人渴望自我肯定是有确凿的生物地理证据的：德国被强大的对手包围着（西边的英国和法国，东边的俄国），还觉

---

① 珀尔森,《从科学角度看国民生活》(*National Life from the Standpoint of Science*)。关于优生学，见本章的最后一个部分，关于珀尔森早期的研究，见波特（Porter）的《卡尔·珀尔森》(*Karl Pearson*)。

得它很晚才统一而无法参加获取殖民地的竞赛。但达尔文主义从多大程度上启发了军事主义，它还能从哪些其他地方获得资源？

19世纪晚期“冲突社会学”兴起，特别是在德国，虽然说明者介绍的内容并不都是诉诸达尔文主义。使用达尔文主义的辞藻最广泛引用的例子是1912年弗里德里希·冯·伯哈第（Friedrich von Bernhardi）写的《德国和下一场战争》（*Germany and the Next War*）。伯哈第看到各国之间的关系就是生存竞争，提出统治这个舞台的只有“强权即公理”。但有几位现代评论家提出自然选择学说在他的思想中发挥较低级的作用，特别是与渴望增强德国实力和一个军人应该有的现实主义相比（虽然实际上伯哈第被德国高级指挥官视为我行我素的人）。[①] 伯哈第还知道他的历史。他引用赫拉克利特（Heraclitus）的话“战争是万物之父”并评论说：“达尔文之前很早的古代贤者就意识到了这点”——真是没法想象这话出自一个主要受到科学理论启蒙的人之口。[②]

也许达尔文鼓励人们认为在一个基于蛮力的世界里没有进步或目的。但这并不是德国霸权支持者想要的——他们坚信竞争是文化的最高形式向过气的对手示威的手段。这远不是达尔文主义历史观点的延伸，而是认为可以将人类历史轨迹看成统治实力大起大落被取代的传统保守观念的延续。新德国是日耳曼文化迟来的胜利，是希腊和罗马帝国的后继者。伯哈第的书中有一章说的就是德国教化世界的历史任务。[③]

---

① 见克鲁克，《达尔文主义、战争与历史》，第三章。霍金斯，《社会达尔文主义》第八章；关于德国达尔文主义更广泛的介绍，见凯利（Kelly），《达尔文主义的衰退》（*The Descent of Darwinism*）。

② 伯哈第，见《德国和下一场战争》（*Germany and the Next War*），10页。

③ 同上书，第四章。我在《进步的发明》（*Invention of Progress*）第二章中对历史进步连续阶段说法发挥的作用做出了评论。

帝国主义意识形态一个重要部分是另一种非达尔文的思考方式，个人低于国家及其领袖。这个观点起源于黑格尔的理想主义哲学，拒绝自由企业制度，支持个体生命只是作为周围文化的表现。海因里希·冯·特海史科（Heinrich von Treitschke）和利奥波德·冯·兰克（Leopold von Ranke）早在达尔文主义流行之前就概述了对德国历史的这个看法。他们的哲学被翻译成了路德维希·甘博洛（Ludwig Gumplowicz）著名的“冲突社会学”，但还是没有达尔文主义的直接影响。如果这种思维方式有生物学的贡献，那也不是来自进化论，而是来自于有机体及其组成细胞的对比，这些加在一起确保了整体成功发挥作用。[①]

最后导致的政治体系强调了国家权力的作用，并且开始赞美国家领袖，视之为文化神秘统一和目的的象征符号。阿瑟·叔本华（Arthur Schopenhauer）和弗里德里希·尼采（Friedrich Nietzsche）推广意志哲学，权力和统治的意识形态更加关注领袖——明显带有纳粹主义后来出现的意味。很难想象一种比尼采的“超人”哲学距离达尔文和斯宾塞的功利个人主义更遥远的思想方式了，尼采的“超人”的意志是灵感的唯一来源。[②] 在一个没有达尔文的世界里，国家权力意识形态会用自己的资源发展，它可能比在我们的世界更加有效。

分散和移位

另外我们可以看到达尔文主义世界观群组竞争元素的领域是用生物地理学解释物种之间的历史关系。达尔文想出自然选择理论是

---

① 见韦德灵（Weindling），《达尔文主义和帝国主义德国的社会达尔文主义》（*Darwnism and Social Darwinism in Imperial Germany*）。

② 关于尼采与达尔文主义的关系，见强森（Johnson），《尼采的反达尔文主义》（*Nietzsche's Anti-Darwinism*）；及摩尔，《尼采、生物学和比喻》（*Nietzsche, Biology and Metaphor*）。

因为他已经坚信一个原始种群成员被地理障碍分割适应新环境时新物种就会形成。迁徙到新领域是分叉的关键，随着达尔文对自然残酷性逐渐加深的认识，他认为入侵形式可能经常只有通过将一个区域的原始居民移位才能获得立足点。这个过程明显与欧洲势力征服并殖民化世界其他地方的方式类似，小猎犬号之行当然就是英国试图探索并统治更广阔世界的行动。

生物地理学提供了一个达尔文主义思想可以影响帝国主义意识形态的明显载体。但是实际情况比达尔文主义批评家所说的更复杂，因为分散和移位生物地理学模型独立于自然选择理论而出现。这两个说法当然很契合，但分散的生物地理学不是来自选择理论。实际上达尔文分叉进化论的观点是在自然选择理论之前形成的。这里有一个关键的启发就是莱尔的地质学，它帮助说服了许多自然学家认识到灭绝是物种面对瞬息变化的环境做出的正常而不可避免的反应。自然以物种（及个体）之间持续斗争的形象在 19 世纪广泛流传。即使没有达尔文主义，生物地理学视角也会存在，虽然毫无疑问它因为与选择理论之间的关系而获得了更高声望。在非达尔文的世界里，帝国主义者也缺不了可以用的科学比喻。

“自然战争”这个比喻在 18 世纪晚期就已经在伊拉斯谟斯 · 达尔文这样的作家之间流行了，虽然这个时候人们认为它的最终结果还是有益的。达尔文主义是破坏对自然神学信仰过程的一部分，但它绝对不是唯一涉及的因素。地质学家说服了人们物种灭绝的现实，而且查尔斯 · 莱尔的历史均变论视角清楚说明了物种死亡并不是因为单个的灾难，而是因为自然每天的起伏改变。莱尔和法国植物学家阿尔方泽 · 德 · 坎多尔（Alphonse de Candolle）都强调物种之间的竞争是无止境的。坦尼森的《悼念》不仅将自然描述成“鲜红的大口和爪子”，还强调了自己对物种命运的漠不关心：“一千个类型消失/我全然不在乎，一切逝去的都该逝去。”[①] 绝对不只达尔文和华莱士意识到这样一种世界观可能产生的问题，物种的分散几乎必然会导致任何进化不完全的竞争者入侵新领地后灭绝。剑桥大学动物学系教授阿尔弗雷德·牛顿提出人类活动越来越倾向于威胁到一些物种的生存，大家都知道毛里求斯渡渡鸟的结局。德国自然学家也意识到了灭绝的危险。[②]

华莱士 1876 年的《动物地理分布》引发了对分散生物地理学的巨大热情，华莱士可能会研究这个课题，即使不是在达尔文主义的框架下。华莱士是个社会主义者，并不热衷帝国主义，但即使是他在描述动物迁徙时也会无意识地陷入语言入侵和殖民的危险。帝国主义的比喻在整个 19 世纪末都被编织进了生物地理学寓言中。[③] 但是这些科学家中有许多并不热衷自然选择理论，有些甚至持反对立场。选择作为一种铲除不太成功的进化产物的这个消极说法在反达尔文主义自然学家中很盛行，他们反对任何选择产生新物种的观点。因此没有理由认为帝国主义的比喻在一个达尔文从来没有出版过著述的世界里会沉默。

这点可以从分散理论最接近政治的领域说明，即人类起源理论。19 世纪 90 年代前，大部分古人类学家认为人类是从人猿祖先进化而来，大部分人将野兽穴居人视为这个过程的早期阶段。但是 1900 年左右重点突然发生改变，研究人类学化石的学生开始提出化石记录中得出的古代类型并不是我们的祖先。它们是分类树上与现代人类距离很远的平行分支。突然之间将野兽穴居人视为早期类型的残

---

① 坦尼森，《悼念》，第 56 节；坦尼森在 1833 年和 1850 年间写的这首诗。

② 考勒斯，《阿尔弗莱德·牛顿的灭绝》；关于德国，见尼哈特（Nyhart），《现代自然》（*Modern Nature*），116—117 页。

③ 更多细节见鲍勒，《生命的精彩戏剧》，第九章。

余变得流行起来，这些早期类型是在旧石器时代晚期新人类入侵欧洲后被消灭掉的。这个观点的两个主要拥护者是阿瑟·基斯（Arthur Keith）和威廉·强森·索拉斯（William Johnson Sollas），两个人都热衷从现状中吸取的教训。基斯基于种族竞争创造了整个进化论，而索拉斯认定进化过程表现出了“强权即公理”，他坚持说任何没有保持警惕性的种族都会招致惩罚，“自然选择，有机世界严肃而仁慈的暴君，会确切地提出要求，并迅速地达到圆满”。[①]

这当然看起来像是达尔文主义的副产品，基斯至少一直称自己是达尔文主义者。但是他对个体自然选择不是很理解，认为变异是身体内的荷尔蒙沿着有目的的渠道进行的。索拉斯公开嘲笑自然选择可以创造新物种的观点，认为它是“维多利亚时期的偶像”。[②]很明显，他们对竞争的看法限于群组层次上的动作——当时没有人理解到达尔文的理论已经解决了新物种如何产生的问题。古人类学上的整个该片段，以及增强当时如此流行的帝国主义意识形态导致的后果，即使没有达尔文主义理论也会发生。

种族主义

基斯假设群组之间的矛盾源于种族起源的不同，促使我们开始思考进化论和我们现在与种族主义相联系的态度之间的关系这个备受争议的话题。毫无疑问，进化运动与欧洲人试图将非白人种族定义为生物学上低级的做法之间有关联。世界各处都是如此，但是最严重的地方就是德国，一些评论家将厄尼斯特·海克尔的达尔文主

① 索拉斯，《古代猎人》（*Ancient Hunters*），383 页。关于索拉斯和基斯观点的更多细节，见鲍勒，《人类进化理论》（*Theories of Human Evolution*）。

② 索拉斯，《古代猎人》，405 页。

义与纳粹主义的起源联系起来。但我们又一次遇到了“有关联”和“引发”是不同的，在这个问题上就连魏卡特也承认种族分级在达尔文出版著作之前就存在了。

进化论缠绕其中是因为它合理解释了为什么一些种族在从古代人猿开始的阶梯上没有其他种族进化得更高。大部分达尔文主义者支持这种思考方式（著名的例外就是华莱士）。但是他们仍然坚决反对最极端的种族科学形式，将各种族视为不同的物种。认为不同路径的进化产生了不同人种的非达尔文进化论者更加强烈地推崇这种种族科学形式。20 世纪现代达尔文主义的崛起与人们为了说明人类物种的基因统一违反极端种族差异模型而做的努力同时发生。我们可以合理地声明在一个没有达尔文的世界里，种族科学甚至会更具诱惑力，社会上广泛的种族主义态度会更有力。

种族等级

非白人种族低于欧洲人的观念存在了好几个世纪，主要是因为贩卖奴隶数量的增长。奴隶主愿意相信他们剥削的不是与自己在思想和道德上同等的人。即使是在 18 世纪，解剖学家都提出过黑人种族前额后退，大脑体积小。在有人提出人类来自人猿之前，黑人甚至被描述成具有类似人猿的特征。这是古老的“存在链”的一种表达方式，其中所有物种都与一个单一的线性等级有关，人类居于最顶端。德国解剖学家 J.F. 布鲁门巴赫，生物学结构主义传统的奠基人，有一个世界著名的头骨收藏，关于种族的概括描述就是基于这些头骨。19 世纪中期几十年，像罗伯特・科诺克斯这样的解剖学家对体质人类学重新产生了兴趣。当时特别强调用大脑体积来说明智力高低——这是来自颅相学所认为的大脑是思维器官的观点。巴黎的保罗・布洛卡（Paul Broca）和伦敦的詹姆斯・亨特（James Hunt）创立了致力于说明不同种族之间解剖学上差异的协会，特别强调头骨的维度。他们拿出了大量证据（现在都被视为谬误的）支持根据大脑容量和其他特征建立种族类型的等级。[1] 二者都没有兴趣说明人类从人猿进化而来的过程。

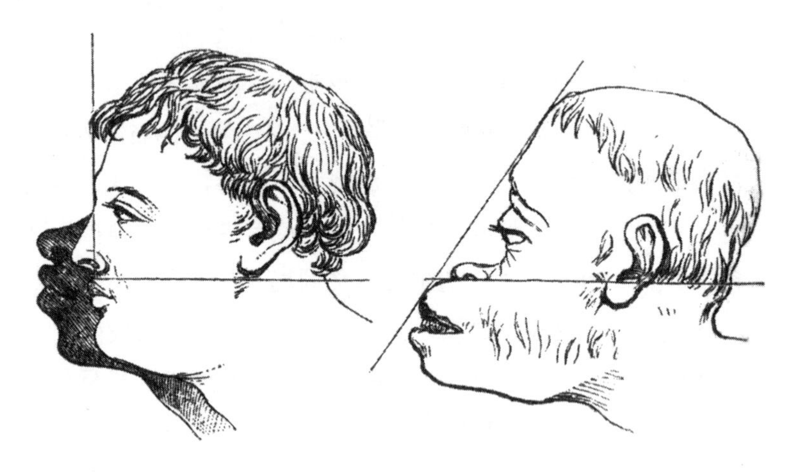

图 9　罗伯特·科诺克斯在《人类种族》中描述的人种。注意对非洲裔类似人猿特征的说明，虽然科诺克斯不是进化论者。

与此同时，爱德华 B. 泰勒和路易斯 H. 摩根这样的文化人类学者开始构建人类文化的等级排列。他们将采猎者置于最下方，农学家位于其上，最后将现代欧洲这样的商业和工业文明放在最上面。这种排序从一开始就被视为是历史序列：现代“野蛮人”实际上是原始人——人类社会最早阶段的残余和与进步主流隔离而保留的文化。这个模型用史前考古学家的发现表达得很清楚，这些考古学家终于找到了清楚的证据证明石器时代的文化在有记载的历史之前就存在于地球之上了。历史学家同意这个人类历史进步学者模型（以及它对现代“原始人”的应用）与生物学上的达尔文主义进化同时

---

① 见古尔德，《人的错误估量》（*The Mismeasure of Man*）。关于种族科学的其他描述，见斯蒂潘（Stepan），《科学中的种族说法》（*The Idea of Race in Science*）；以及哈勒（Haller），《进化的弃儿》（*Outcasts from Evolution*）。

出现，但互相独立。[①]

一些文化进化论者——最著名的就是泰勒——一开始并不相信拥有最低层次文化的人在智力上就低于欧洲人。但是这两个运动很快就融合到一起了，因为像约翰·鲁伯克爵士这样的达尔文主义者开始把我们石器时代的祖先说成是源于人猿，并且可能有证据证明这种说法。没有人类化石（当时还没有），现代野蛮人被视为等同于这些原始祖先，而体质人类学家声称的关于小体积大脑的证据和"最低"种族中类似人猿的特征都被用来证实这一关系。达尔文在《人类衰落》中当然也说到了这一过程，在德国，厄尼斯特·海克尔将人类显示了不同发育水平的说法加入到了他的达尔文主义中。重演论被用来说明低等种族是最高人类形式不成熟的版本，而最高人类形式即指欧洲人。他们的发育冻结在早期阶段，在更高的思维力出现之前。犯罪人类学家切萨雷·龙勃罗梭（Cesare Lombroso）甚至提出罪犯和其他堕落者是人类进化早期阶段的倒退。

这些关于种族等级的讨论让人看到一种线性进化阶段等级。达尔文本人最初认为所有人类在生物学上都是平等的，文化差异是由于所处的不同环境造成的。他的进化分叉模型并不完全适合简单的文化或种族类型等级的说法。有证据显示无论是否出版《物种起源》都会出现人类历史朝欧洲文明和脑力发展的进步论视角。这个线性模型在没有达尔文的世界里不仅会存在，而且会更有影响力，因为它所面对的来自分叉进化论的挑战更无效。

种族类型学

对于许多19世纪的思想家来说，真正关键的问题是各个人类种族之间如何紧密相连。他们之间的文化（可能还有智力）差异只是

① 比如见斯托金，《维多利亚时期的人类学》。

拥有相同起源的单一人类类型的局部变异吗？这是所谓的“人类同源论”立场，它的最初形式意味着所有人类都来自亚当和夏娃（进化论者必须改变这一点，说明人类来自唯一的祖先种群）。但越来越意识到种族多样化的人怀疑种族之间的差别太大，不可能如《圣经》所说的几千年就出现。如果到了19世纪60年代就能够认识人类史前历史，这可能看似还不是什么大问题，但试图确认主要种族类型的体质人类学家坚持认为他们不可能来自共同祖先。他们都是有着不同起源的独特物种，这个立场就是“多源发生说”。

多源说者不相信人类是亚当和夏娃的后代，但有一个很古老的异端理论，认为非白人种族是从另外创造的“亚当前”祖先进化而来。[①]19世纪初，多源说广泛流传，主要是受我们所说的生物学结构主义者运动启发。世界每个区域都可能产生了各自形式人类的说法得到很大共识——这也是为什么布洛卡和亨特这样的体质人类学家避开唯一起源的概念。瑞士籍美国生物学家路易·阿加西兹明确延伸了他的造物论极端形式，将每个种族起源的不同奇迹统统囊括其中。

非进化论体系远非起源于达尔文主义，19世纪60年代之前它一直保持这种极端的种族多样性解读方式。达尔文本人来自一个非常反对奴隶制的家庭，在小猎犬号之行中看到南美洲的奴隶遭受的残忍痛苦让他十分震惊。他是人类同源论者，观点是所有种族都有共同起源和共同人性。阿德里安·戴斯蒙德和詹姆斯·摩尔最近做的研究提出这种地理区分种族模型从一个祖先种群分叉而来，启发了更广泛的分叉进化论，在他发现自然选择之前就有了。[②]19世纪晚期，达尔文和他的追随者拒绝支持布洛卡和亨特散播的种族主义

① 见莱文斯通，《亚当的祖先》（*Adam's Ancestors*）。

② 戴斯蒙德和摩尔，《达尔文的神圣事业》（*Darwin's Sacred Cause*）。

体质人类学。虽然达尔文等人承认有些种族进化成了更高水平的思维和道德能力，但拒绝相信它们之间的差别足以造成它们算是不同物种。毕竟他们之间可以异种交配，这是多源说者宁愿忽视的。华莱士拒绝支持最有限形式的种族主义——他根据与南美洲和远东原始民族的接触认为所有种族几乎都有同样的思维能力。

但是 19 世纪晚期的进化运动并没有完全消灭多源说。一些在我们的世界盛行的非达尔文主义理论都推翻了共同祖先的逻辑，提出内嵌变异趋势可以推动对称进化路径通向几乎同一个目标。将该模型应用于人类相对简单，认为任何联系都存在于很久之前，在人类出现之前。达尔文主义者将物种之间的相似点解读为最近共同祖先的证据，这些相似点被认为是不同物种独立发育的，每个都被同一个趋势驱动。这样就更容易认为有些物种相比其他思维发育得更进一步。卡尔·福格特提出这个模型在最极端情况下认为每个种族起源于不同的人猿物种，白人来自黑猩猩，黑人来自大猩猩等等。虽然几乎没有哪个权威学者夸张到这种地步，但基斯和索拉斯这样的古人类学家提出的人类起源理论都假设不同种族类型都非常古老。平行理论在化石追寻者路易·里奇（Louis Leakey）的思想和亨利·费尔菲尔德提出的人类起源定向说中都占据重要地位。20 世纪中期像朱利安·赫胥黎（Julian Huxley）这样的达尔文主义者在对抗这些种族主义观点上发挥了重大作用，特别是在纳粹德国引起了明显后果。①

这又把我们带回了一个争论不休的问题，德国达尔文主义在纳粹思想意识形态产生的过程中发挥了什么作用。毫无疑问，德国进化论者，最明显的就是厄尼斯特·海克尔，当时都在积极推动一些

① 细节见鲍勒，《人类进化理论》；及巴坎（Barkan），《科学种族主义的撤退》（*The Retreat of Scientific Racism*）。

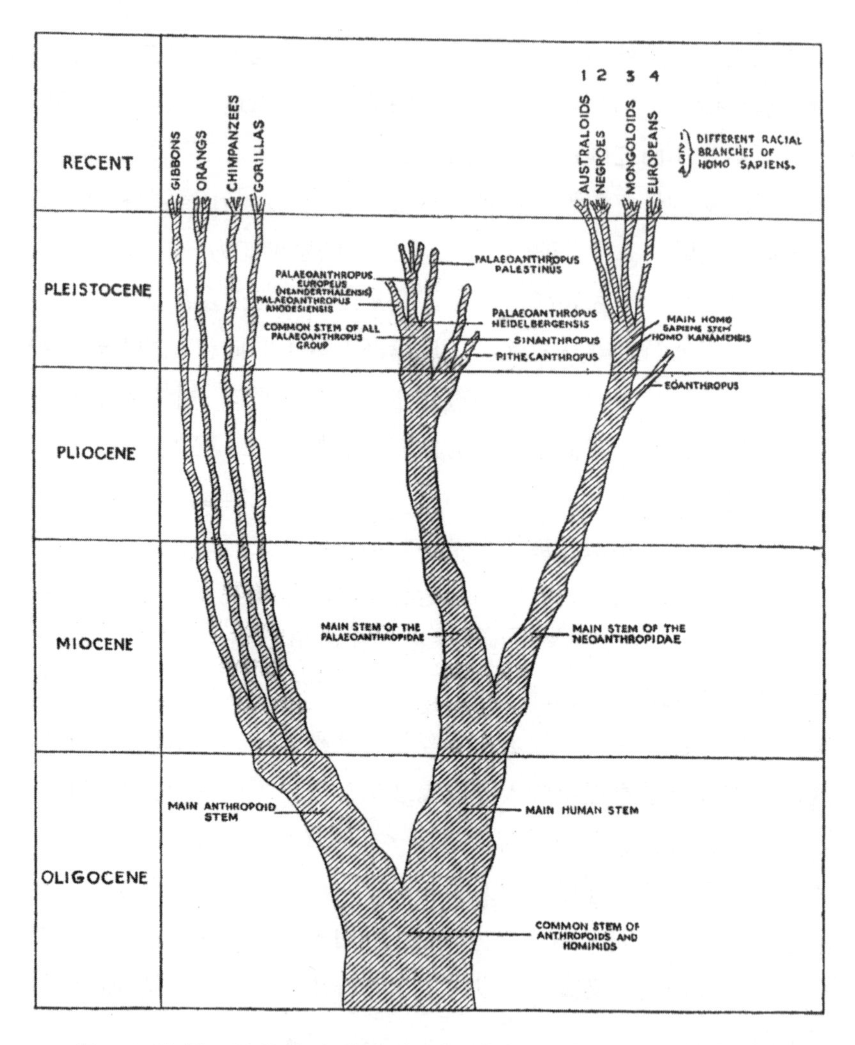

图 10　路易·里奇的人类进化树，选自他 1924 年的《亚当的祖先》(*Adam's Ancestors*)。注意尼安德特(Neanderthals)和其他人类灭绝的近亲构成了一条发育平行线，独立于现代人进化的进程，而现存种族的祖先可以追溯到更新世(Pleistocene)(用现代年代测定方法大概将近两百万年)。里奇后来发现了重要的人类化石，后来的著作就不那么强调对称说了。

种族比其他种族更高级的观点。关于海克尔反犹的程度有许多争论，特别是丹尼尔·加斯曼（Daniel Gasman）曾指出这是他一元论世界观的重要特征，是导致纳粹思想的主要因素。[1]我不是德国文化的专家，在这里不对这个话题进行评论，但无论如何这与我要说明的主要问题相比无关紧要。我相信海克尔使用达尔文自然选择理论的程度很有限。无论达尔文是否出版《物种起源》，海克尔的进步进化论，包括种族差异的部分，都会在19世纪晚期出现。只是它不会叫“达尔文主义”，选择理念发挥的作用也更有限。在一个没有达尔文的世界里，定向进化论理论和平行理论的影响力都会更大，所以可以合理想象更极端形式的科学种族主义也会更强大。认为种族是有着漫长独立历史的不同种族与德国人对包含自己文化价值观的“人民”（Volk）神秘的想法如出一辙。希特勒并不是纳粹意识形态唯一的缔造者，海因里希·希穆勒（Heinrich Himmler）似乎相信雅利安种族来自拥有超自然力量的祖先。

反事实推理的历史帮助我们看到达尔文的理论绝对不是现代种族主义的起因，实际上它还帮助限制了种族主义造成的影响。不要试着以为达尔文和他的英国追随者完全没有种族偏见，我们会发现他们反对更极端的种族差异理论，因为他们不接受内嵌趋势可以独立创造能够异种交配的物种。这恰恰是朱利安·赫胥黎这样的后期达尔文主义者要说明的，它也成为针对这个问题现代思考的奠基石。多源发生说的真正根源是亚当前理论的造物论，19世纪早期大陆生物学家的结构主义和1900年左右的非自然选择进化论。这些影响在没有达尔文的世界会更活跃，它们会产生更能清楚表述种族不平等理论的思想家。

---

① 加斯曼（Gasman），《国家社会主义的科学起源》（*The Scientific Origins of National Socialism*）。对其回应见理查兹，《生活的悲剧意义》，附录；及凯利（Kelly），《达尔文主义的衰退》。海克尔当然不会从达尔文那里借鉴反犹太主义。

优生学

我们最后一个话题是经常被算作一种社会达尔文形式的运动，虽然它是由于人们越来越信服自然选择无法再维持人类质量而引发的。达尔文的堂弟弗兰西斯·加尔顿首先提出个体特征由遗传严格决定。19世纪60年代和70年代他一直被忽视，因为他的观点与斯宾塞的个体自我改进与社会进步论相矛盾。根据加尔顿的说法，人们无法超越自己遗传而来的能力，这意味着选择是唯一改变种群整体特征的办法。但是在一个文明社会，我们不限制人们生孩子的能力，这意味着那些思维和道德能力最低的人也会繁殖。达尔文和加尔顿都担心这会导致衰退，到19世纪末人们越来越担心实际情况的确如此。现代工业社会在大城市建造了贫民窟，人类中最适应不良的成员聚集在一起毫无限制地繁殖。而职业阶级则限制家庭成员的数量。加尔顿警告说最后的结果会是随着不适个体比例的增加，种族会不断衰退。①

加尔顿的解决方法是优生学，也就是呼吁在人类中间使用人工选择机制。鼓励最适应的人生更多的孩子，而不鼓励甚至禁止适应不良的人繁殖。到了世纪之交，中产阶级越来越接受性格是由遗传预先决定的说法，优生学运动获得了更广泛的支持。20世纪最初几十年该运动在许多国家都很活跃。在英国，“低能儿”会被送到精神病院并且根据性别隔离起来。人们越来越积极呼吁将社会中最适应不良的人绝育，美国有几个州开始了绝育计划。这个运动在德国尤其受推崇，纳粹当时“净化”雅利安种族就是建立在这个计划基础上。最后纳粹

---

① 最概括性的叙述是凯夫勒斯（Kavles），《以优生学的名义》（*In the Name of Eugenics*）；同时见麦肯齐（Mackenzie），《统计学在英国》（*Statistics in Britain*）；以及哈勒，《优生学：美国思想中的遗传学态度》（*Eugenics: Hereditarian Attitudes in American Thought*）。

分子不仅是用绝育，而且开始消灭社会中他们希望压迫的人。这不仅包括犹太人等种族，还包括任何行为上不符合他们模式要求的人。

对于达尔文主义的批评者来说，很明显优生学源自他们并不信任的理论。达尔文和加尔顿之间的关系很清楚，甚至包括他们的家族关系，加尔顿的学生卡尔·珀尔森既是优生学者，也是 20 世纪初期改革了整个自然选择理论的种群研究统计学方法的创始人。希特勒的谋杀政策似乎重新引发了无休止杀戮自然观体现的无情。但是和其他形式的社会达尔文主义一样，经过仔细观察会发现科学与意识形态之间的关系太复杂，不能说达尔文的理论导致了优生学政策的出现。选择理论当然有关系，因为许多人认为优生学作为一种筛除适应不良成员、防止衰退的方法替代自然选择非常重要。但是其他科学因素也有关，而越来越认定遗传决定性格似乎更多的是因为社会态度变化了，而不是来自科学本身。

我在第六章说明了我们可以解释在没有达尔文的世界里如何出现优生学和新的遗传学。遗传成为一个社会关心的话题是因为中产阶级开始担心种群中适宜不良的成员繁殖的数量比自己多。就是这个新的社会态度开始将生物学家的注意力转向遗传问题，1900 年导致了重新发现孟德尔遗传学说和基因学的出现。这反过来削弱了拉马克理论的可信度，导致了达尔文主义的重新兴起。但是在一个达尔文还没有诉诸人工选择模型解释自然改变的世界里，这应该是发生关联、第一次产生自然选择理论的时候。是优生学鼓励了科学家专注遗传学，认识到人工选择的潜力，没有达尔文主义的启发他们就可以做到这点。

遗传和政治

弗兰西斯·加尔顿急于在科学界为自己立名，决定将遗传学作为自己可能产生影响力的领域。他 1869 年出版的书《遗传天才》

试图说明聪明人都有聪明的父母，低水平的智力也会被遗传。他越来越担心能力差的人比专业人士阶层（他认为这些人智力更高）繁衍得更快，结果整个人口的生物质量下降。优生学是他的解决办法，他用近乎传道的热情去推广，将它作为恢复国家管理帝国能力的方法。

这个理论一开始并没有引起人们的注意。就连达尔文，虽然他担心更差的个体仍然在繁衍，但他并不认为人类智力的差别很大。和斯宾塞一样，他认为个体差异主要是行业和应用不同，所以每个人如果得到适当的激励都会去提高自己。19 世纪 60 年代和 70 年代就是这种自我提高的哲学思想统治了政治思想领域，引起了第一波社会达尔文主义。到了 19 世纪最后十年对个体性格可塑性的怀疑才开始盛行。虽然期待人类质量会改进，但结果并不尽如人意——与此相反，现在还有人担心随着越来越多闲散平庸之辈像兔子一样在大城市的贫民窟繁衍，人类会走向衰退。中产阶级不希望看到自己辛苦赚来的工资都交了税，然后将这些税花在无法从更好的条件和更优质教育中获益的人身上。

人们一直认为性格有些方面可能是遗传的——任何体面的家族在历史上都隐藏着精神不正常的污点。[①] 在斯宾塞时代这被视为一个例外，但现在他的社会进化方法似乎失败了，在政治上急需在某个地方有人坚持认为遗传预先决定了性格的每个方面。人们不知道需要多少环境改变才能改善社会，而防止繁殖衰退的唯一方式就是人工限制社会中最不适应的成员繁殖。不鼓励甚至禁止智力低下者生孩子，方式可以是制度化或者人工绝育。当然如果能说服专业人士阶级多生几个孩子也会有帮助。实际上国家会出台政策用人工选择

---

① 关于遗传学思想的发展，见第六章；同时见沃勒（Waller），《育种》（*Breeding*）；及穆勒–威利和海恩伯格，《制造遗传》（*Heredity Produced*）。

的方式来保证人口的生物质量。

很难认为这种新的意识形态纯粹是受到生物学理论而引发的。毕竟达尔文主义这时候处于衰退阶段，关于遗传学机制人们尚且没有达成一致。因为社会上的人越来越感兴趣才让生物学家关注这个问题，导致了加尔顿的作品和韦斯曼的"种质"理念作为遗传特征的物质传递。最终重新发现孟德尔遗传法则创造了个体单位特征原样世代遗传的模型，不受它们所处的环境影响。

现在有人呼吁限制所谓人类有害基因单元的传递，这会不可避免地导致人们将兴趣放在动物育种家使用的人工选择方法上。几个世纪以来，育种家一直在努力提高牛、羊、狗和鸽子的质量，积累了大量实践经验，认为遗传的确是关键，为了提高育种质量，人们必须选择最好的个体让它们繁殖。但是学术生物学家一直都在忽视他们的研究，直到达尔文开始寻找自然选择理论可以基于的模型。达尔文的研究具有创新性，就是因为 19 世纪中期科学界没有人将育种家的方法视为一种参考指导。没有他，选择模型还会被忽视几十年。但是到了 1900 年左右时机成熟了。优生学要求硬遗传理论，即特征由遗传而不是环境决定的理论。但是它还要求某种形式的选择发挥作用，将人们的注意力转向了育种家的方法。

遗传和选择

在我们的世界里，优生学运动的出现也包含了达尔文理论，但它的参与绝对不是直接的。最初达尔文主义的辩论与人们对社会遗传学含义产生兴趣之间不仅相隔几十年，而且达尔文思想和许多遗传决定论之间的关系在某种程度上都是松散的。一个人可以相信遗传学决定性格，但并不同意自然选择是决定种群基因构成的过程。加尔顿和许多早期基因学家绝对不是达尔文主义者，都为最终导致选择理论在1900年左右衰退的过程做出了贡献。因此完全有可能想象一个反事实推理，没有《物种起源》这本书的世界，但是优生学运动还是和现在差不多一样出现了。

《物种起源》明显启发了加尔顿开始研究遗传学，但是吸引他注意力的是达尔文与人工选择类比，而不是自然选择理论本身。加尔顿在1889年的《自然遗传》(*Natural Inheritance*)中讨论种族形成过程时清楚说明他不相信普通个体差异的自然选择足以将一个种群转化成可以称得上是新物种的种群。选择可以在某个明确定义的限制内改良物种，但一旦祛除效果，种群就会回到之前的规范。为了创造一个新的物种需要突变，超出正常变异的过程突然产生重要的新特征。在加尔顿的研究中几乎没有迹象表明优生学政策可以产生全新并改良的人类形式。人工选择最多会防止衰退，也许会将人类提高到正常变异区间较高的水平。将人工选择用于人类的优势并不基于它会模仿自然进化过程的假设。

是卡尔·珀尔森说明了加尔顿对遗传法则的理解是有缺陷的，正常变异的自然选择会对物种产生长期影响。珀尔森也是帝国主义者，相信在人类事务中，竞争焦点已经从个体转移到了国家。他支持加尔顿的优生学政策，将它作为国家控制人口，保持生物质量的手段。当时必然有广泛的假设，认为放松对人口的自然选择会导致衰退。因此许多人呼吁用人工方式限制适宜不良的人繁殖。但是有一份详细的研究显示，珀尔森对野外种群自然选择的研究与他对人类遗传学的研究是分开的。[1]这两个研究项目用的是完全不同的方法论。就连这里达尔文主义和优生学研究之间的联系都是温和的，许多想将适应不良者制度化或绝育的人没有看出这样做和达尔文对自

① 马格奈洛(Magnello),《生物测定学和优生学之间的非相关性》。

然进化过程的解释之间有什么相似之处。

在德国，优生学也与种族政治紧密相关。英国优生学家当然意识到了种族之间的遗传差异，但并没有关注这个问题。但是在美国和德国，“低等”种族繁殖数量超出盎格鲁-撒克逊精英数量造成的威胁是优生学最关心的问题。种族混配被广泛谴责——德语中的优生学一词翻译过来是“种族清洁”的意思。希特勒的优生学政策就是明确保留甚至改善雅利安族。这种对种族纯洁度的担忧——正如我们所见——是非达尔文进化思想的产物，而不是自然选择理论的结果。相比启发了达尔文和斯宾塞的个人主义之间的关系，德国人对达尔文主义的运用与理想主义者所认为的国家是一个民族文化身份的体现更相关。

我们能够确认优生学和达尔文主义之间关系的脆弱性，通过观察我们的世界，20 世纪初转变了遗传学研究的运动：基因学。基因学和优生学之间当然有很强的联系，特别是在美国和德国。关于种群中传递着分散固定的遗传特征的理念被广泛用来支持这些基因单位中有一些造成弱智或其他缺陷的说法。防止携带这些缺陷基因的人快速繁殖会将他们从人口中剔除出去。但是大部分早期基因学者不是达尔文主义者。和加尔顿一样，他们相信需要大的变异（突变）才能产生新的物种；正常变异范围内的自然选择还不够。基因学家对优生学的支持是基于他们对动物和植物育种的研究。他们将形成人类种群的有效性与驯化物种育种的自然选择视为同一回事。他们拒绝达尔文的自然选择理论，这也是为什么卡尔·珀尔森怀疑他们的新遗传模型。结果几十年过去了，珀尔森对野生种群选择的研究可以与基因学合成产生自然选择现代理论。

这些事实很难与优生学是达尔文进化思想后来产物的说法相适应。导致优生学运动的社会发展将科学家的注意力放在了遗传学研究上，但是导致的理论创新并不是由自然选择理论推动的，在某些情况下还与自然选择理论完全相反。优生学家想要的是硬遗传理论和将人工选择过程适用于人类的理由。他们会很容易在动物和植物育种家的科学中发现这些，而这些育种家大部分从未接受过达尔文理论。1900 年左右关于遗传学思想的转变是由于新的社会思想意识形态和让学术生物学家开始关注育种家的科学发展结合引发的。人工选择提供给优生学家他们需要的模型——但和 19 世纪 30 年代的达尔文不同，他们没有将之视为可以用于自然进化的模型。新的遗传学科学——以及它维持的社会研究项目——通过突变摆脱了非达尔文进化论，它只是慢慢将之转化，使之与自然选择理论相适应。在一个没有达尔文的世界里，选择理论出现是优生学推介的遗传学新思想意外的产物，颠倒了将优生学视为一种社会达尔文主义的人所认为的因果关系。

死亡代理

达尔文主义的批评者提出纳粹宁愿肃清适宜不良者，而不是将他们绝育，代表自然选择逻辑再次出现。如果死亡是一个创造过程，个体人类的生命几乎不会造成什么后果，消灭那些威胁种群生物健康的成员完全讲得通道理。达尔文主义也将人类视为高度发达的动物，因此削弱了人类生命神圣性的传统看法。毫无疑问，达尔文的理论在毁灭现代生活传统道德和宗教价值观方面发挥了作用。任何形式的进化主义都会挑战人类独特性的概念，虽然人们可以通过假设生命进程是意图产生重要道德结果来中和其造成的后果。但是自然选择破坏了任何有目的性自然界的希望：进化只是局部适应以及生下来就带有不适宜性格的不幸个体驱动下的试错过程。人们开始从这个角度看待自然时，达尔文主义就会为无情打击无法为国家效率做出贡献的人提供理论依据。

但这样的唯物主义态度就没有其他来源了吗？我们真的能相信一个科学理论能够激起那么强烈的观点，以至于没有它世界就不会发生恐怖的全球性战争和种族屠杀吗？除了工业化与城镇化带来的巨大社会改变，当时还发生了一系列文化发展（在科学及其他领域）使人们更容易对人性产生更怀疑的看法。自然选择的确提供了一个有用的模型和一些有效的词汇，为那些想要对自然界中不太幸运的个体采取更严酷方法的人所用。但它绝对不是这种态度的唯一来源，而其他来源应该也足以为思想家们提供所需的弹药。

杰出生物学家弗朗索瓦·雅各布（François Jacob）指出优生学使用的是人工模型，而不是自然选择模型——动物育种家都是无情之人，他们知道为了达到完美的育种就必须只允许最好的样本繁殖，而将剩下的剔除掉。[①] 达尔文引用了著名的灰狗育种家罗德·瑞沃斯（Lord Rivers）的成功秘诀："我培育了许多，也吊死了许多。"[②] 达尔文和加尔顿抱怨说，就是因为人性才使得适应不良个体繁殖的，他们指出的这一点可以完全忽略自然选择理论并且对之加以推广。二人都不认为人可以消灭这些缺陷，但这时候借用罗德·瑞沃斯的方法完全符合逻辑。人们可以坚持说达尔文关于自然的理论中死亡的作用并不是来自马尔萨斯，而是来自育种家的影响。自然的无情是建立在人类无情的基础上，而不是反过来。后来呼吁将不适宜者绝育的优生学家头脑里一定有育种家的做法，没有什么能阻止人们寻找理由，以便用更极端的方式决定被弃动物的命运。

---

① 雅各布（Jacob），《关于苍蝇、老鼠和人》（*Of Flies, Mice, and Men*），118—119 页。

② 达尔文引用自《驯化下的动植物变异》（*The Variation of Animals and Plants under Domestication*），2：221。

雅各布也提出优生学可以使用完全不同的科学模型。比如说纳粹分子就从医药学中获得了一种非常普通的类比。癌症被视为入侵人体的外来力量，当时唯一可以治疗癌症的方法就是动手术切掉。优生学宣传时经常拿癌细胞对身体的威胁与雅利安种群内部外来种族繁殖造成的威胁相对比。[①] 其含义就在于种族的癌症也必须用同样方法彻底治疗。著名的生态学研究者康拉德·劳伦茨（Konrad Lorenz）就用过这个类比，他在事业初期有过一个阶段愿意支持纳粹价值观。从劳伦茨认识到侵略在动物和人类行为中发挥的作用方面说，他并不是达尔文主义者。他支持优生学的主要原因是要防止低等种族类型的蔓延，否则他们会污染雅利安种群。[②]

更加广泛来说，19 世纪中期人们越来越认识到种族灭绝是自然活动一个正常的部分。地质学家已经确定地球历史上每个时期的居民都曾被消灭和代替过，莱尔的渐变论地质学排除了曾经被视为根源的灾难说。唯一其他的结论是种群衰退直至灭绝是一个逐渐的自然过程，经常是由竞争物种的成功入侵引发的。达尔文并不是唯一指出许多物种的超高繁殖能力意味着大部分个体必须遭到毁灭的自然学家。自然学家越来越担心人类对野生物种的威胁，而且已经有很多人类活动导致物种灭绝的例子。一些人类部落由于无法与白人殖民者竞争也遭遇了同样厄运——美洲和澳大利亚的土著民族数量下降已经是既成事实，而塔斯马尼亚岛（Tasmania）上的原始居民也都消失了。

因此在 19 世纪末、20 世纪初有大量科学讨论可以用来支持帝

---

① 见普洛科特（Proctor），《关于癌症的纳粹之战》（*The Nazi War on Cancer*），46—47 页和第三章。达尔文引用自《驯化下的动植物变异》（*The Variation of Animals and Plants under Domestication*），2 : 221。

② 见布尔卡特，《行为模式》（*Patterns of Behavior*），244—248 页。

国政府政策和优生学造成的种族屠杀。达尔文主义当然有推波助澜的作用，但如果不存在个体自然选择理论，其他来源也会提供具有明显科学可信度的足够论断——特别是进步理论和有目的进化论会出现，也许如果达尔文的书没有出版，它们能发挥更大作用。

即使在更大胆的反事实推理的世界里，进化理论本身被边缘化，其他科学发展也会推动用更唯物主义的视角看到人类在自然界中的地位。从颅相学发展而来的神经学认定大脑是思维器官，而我们的思维和道德官能只是神经物理操作的结果，并以此来推翻灵魂的概念。因为对人类的身体以及疾病有了更好的了解而推动的人类生命医疗化也会产生同样的效果。在社会学理论中，可以用规律一样的规则来解释人类在人群中的行为也会减少个体的自主性。人类会成为一个统计数据机器中的齿轮。

如果达尔文的理论只是许多可能破坏传统道德观的科学创新中的一个，那为什么它会被单列出来作为最重要的理论呢？是否剔除掉它这个唯一因素就能避免世界大战和大屠杀了？达尔文的影响力被夸大了，因为它成为通过竞争来进步的象征，在他所处的年代和20世纪都是如此。在过去的150年里人们曾用多种不同方式来解读他的理论，但达尔文的象征意义一直占据显赫位置。结果我们容易忽视对于同时代的人和对于发明出“社会达尔文主义”一词的人来说他的意义是完全不同的。19世纪60年代和70年代他的作品是斯宾塞自助哲学中的重要著作，被广泛阅读，使人们忽视了选择理论的严酷意义。但在下一代人中间他被视为颓废和死亡（借用塞缪尔·巴特勒的用词）世界观的建构者，就是这最后一个形象因为现代造物论者而刻在我们脑子里。结果我们受到激励去认为自然选择理论渗透了整个进化运动，对整个历史都产生了有害影响。

反事实推理的历史说明一个没有达尔文的世界里会造成维多利

亚时期缺少自然选择理论，但进化的观点和竞争意识形态是一定存在的。种族主义和优生学运动也会有，虽然遗传决定论会基于其他科学基础。缺少的不仅会是自然选择理论，还有达尔文本人提供的统一象征——也许包括斯宾塞和海克尔在内的进化论英雄会为后来对进步论的批评提供不太吸引人的目标。自然选择理论提供的是一堆说法和比喻——但在达尔文时期并没有得到这样的理解——为后面一代的思想家提供了弹药，用来呼吁消灭适宜不良者。通过说明对立的科学理论也能为不能容忍的态度提供同样的理由，我试着说明达尔文的理论只是几个可能导致所谓社会达尔文主义的理论之一。但这并不排除就是与选择理论有关的语言帮助推动了这些意识形态的可能性，虽然可能不是它创造的。达尔文主义使得一个受人口压力驱动的残酷马尔萨斯世界观一直延续到20世纪，接着与其他意识形态结合创造了国家控制的种族灭绝的噩梦。但真的是科学理论为这种过渡提供了载体吗？

在一篇关于社会达尔文主义德语辩论的评论中，理查德·埃文斯（Richard Evans）提出达尔文主义为纳粹提供的更多是用于表达不容忍思想意识形态的辞藻，而不是一个科学理论。[1]像吉利安·比尔（Gillian Beer）和乔治·勒文（George Levine）这样的文学学者提供了一些例子说明整个过程，分析达尔文表达想法的用词并在同时代的学者作品中寻找相对应的用词。他们的研究对于寻找科学和非科学概念之间直接联系的历史学家来说可能非常令人沮丧。他们总是忽略自然选择理论，而审视过的文学人物要么没有读过达尔文的作品，要么完全误会了他的主要目的。但重要的是表达的比喻、主题和态度，因为它们揭示了科学和非科学文章之间重大的共鸣。

① 埃文斯，《寻找德国社会达尔文主义》。

这让我们看到了所谓的达尔文主义语言是如何渗透到当时的文化中去的，虽然达尔文实际的理论可能没有完成同样的过渡。

比如说勒文在奥斯卡·王尔德（Oscar Wilde）的作品中看到了达尔文主义的内容，虽然他承认王尔德可能没有读过《物种起源》，当然对自然选择不太了解。[①] 他也在达尔文的作品中看到了荒诞甚至滑稽的元素，与文学人物作品中对自然的描述有相近的地方。因为达尔文是分析的焦点，因此有可能是他鼓动其他人这样写。但没有任何地方提到是由于达尔文，荒诞才成为 19 世纪末文学的主题。他也许强调了这个风格的某些方面，甚至提出了几个具体的例子，但没有人会真的说如果他没有这样写作，那个时期的文学作品就不会有荒诞派。通过将达尔文作为分析的焦点，学者们夸大了他的影响力。他们让我们觉得眼前看到的是达尔文主义的元素渗透进了语言，但分析后的结果是达尔文只是采取了一种广泛使用的写作风格。现在我们应该意识到，就因为能利用文学学者发明的技巧来分析达尔文的语言并不意味着同一种语言出现在其他文本中就说明他的作品产生了直接影响——更不用说他的理论了。

使用进化论比喻的大部分社会评论家也可能适用这一说法。许多人都没有读过达尔文的作品，是从大众作家那里形成对他的看法，而这些大众作家都会对达尔文理论添加自己的理解。如果他们的确读过达尔文的作品，那也是在其他进化作家也同时存在的情景下，最明显的就是斯宾塞、海克尔及其追随者。就算不理解达尔文的理论，他的形象和比喻已经家喻户晓了——而许多思想家为了不同目的引用他的话说明他的理论本身并不是推动力。排除达尔文及其著作，并不会将所有进化论的说明者排除在外，而他们的想法经常反

---

① 勒文，《作家达尔文》（*Darwin the Writer*），第五章。有关这方面的经典研究是比尔的《达尔文的情节》。

映出通过非选择理论者所说的竞争达到进步的思想意识形态。在我们的世界里，整个过程都与达尔文主义相一致，后来的世世代代都选择只关注与科学关系消极的一面。但在一个没有达尔文的世界里，通过竞争达到进步的说法会因为其他进化论者的影响而以较温和的方式出现。

我们从社会达尔文主义崛起中看到的不是自然选择理论的直接影响，而是个更发散的过程，达尔文及其同时代的科学家通过这个过程探索可以用哪些语言来表达自己。毫无疑问，达尔文的语言构成了别人看待他的方式，但将他的话从对话中剔除出去并不会让所有涉及生存竞争的内容消失。毕竟科学和更广泛的文化之间是双向流动，并不像语言的普遍性一样那么基于思想交流。我们倾向于认为语言会反应想法，但文学学者的作品说明可能不是这样的。达尔文当时让每个人都能接触到大量的文化资源，进化论的其他支持者也是如此，包括那些形成了非选择理论的人。达尔文只是竞争和消灭语言的一个来源，但是他逐渐与之成为一体，成为先锋领袖，传播的影响力超过了他提出的理论。他成为嵌入到理论中的比喻和态度的一个象征，但是当时和后来的几十年有更广泛的流通。没有达尔文，通过竞争进步的语言可能会缺少优势，但仍然是可以利用的。想做不愉快事的人总是能找到这样做的借口；科学可能会提供资源为这种行为提出合理解释，但几乎不太可能去发起这种行为。

结　论

我的反事实推理进化论历史基于的是达尔文的独特视野使得他创造了一个特别版本，同时代的人无法提出的进化论版本的说法。达尔文直到今天仍然得到生物学家的尊重，因为他比当时的其他自然学家更接近现代进化论的思想方式。（如果你对此怀疑，那就读读斯宾塞、海克尔或者 19 世纪晚期其他进化论者的作品。）他有这样的视角并不是因为他是个超凡的天才——虽然他很有洞察力，并且很坚持——但因为他结合了当时独一无二的兴趣和经历。虽然历史学家不应该使用这样常识性的专业词汇，但我认为可以公平地说达尔文是“领先时代”的。他传播的观点本来是要再过三四十年才会流传起来的。在非达尔文的世界里，自然选择理论可能要在 20 世纪初才能形成，在我们的世界里它也是在这个时候才占有一席之地的。

没有达尔文的革命性贡献，进化论会以不那么对立的方式发展，保留一些有意设计的世界对此的传统看法，通过进步想法和方向性（而不是随机）变异将这个视角用于现代世界。只有对遗传人类本质的影响越来越担忧导致我们所说的基因决定论的崛起，才会对拉马克理论和定向进化形式的证据构成挑战。优生学会鼓励认识动物育种家提供的可能模型，将选择的概念作为自然进化机制。但是它的影响可能会缓和，因为每个人都将体会各种发育过程如何造成基因突变的影响。我们所说的现代发育生物学会从一开始就存在，将选择理论嫁接到旧传统值得保留的因素上。

在我们的世界，达尔文快速启动了建立进化世界观这个漫长运动的最后阶段，通过提出一个超出与他同时代的人所预计的更激进的理论。他们越来越愿意接受一般的进化思想，但认为自然选择理论很难理解，甚至更难接受。达尔文本人也许无法完全体会他的理论对以目的论统治世界的说法具有多大毁灭性，因为就连他似乎也想保留进步说法的痕迹。但自然选择理论表面看来就是将世界描述成试错的产物，背后是无休止的生存竞争。达尔文的宗教反对者意识到这个理论对他们的传统信仰是个巨大威胁，于是也做出了相应的反应。他们将他的理论视为等级唯物主义，同时大力支持保留宇宙目的论，声称进化论最终要走向一个重大目标。自由宗教思想家只是太愿意跳上进步主义者的马车。大部分达尔文同时代的人都忽视或颠倒了自然选择的逻辑，提出变异的真正根源是有机体对环境做出的有目的反应。选择理论只是作为一个会消灭这个过程中不太成功的结果的负面因素被接受。

在一个没有达尔文的世界里，支撑我们所说的非达尔文主义理论的概念是 19 世纪晚期重新宣传进化主义的推动力。甚至在我们的世界里，这些想法比我们大多数人想的还发挥更重要的作用；没有达尔文主义分散注意力，它们将是唯一的看点。这个世界也不会有可行的完全非目的性的进化概念供唯物主义者探求，而从 T.H. 赫胥黎和约翰・廷德尔（John Tyndall）到理查德・道金斯和丹尼尔・丹尼特（Daniel Dennett）延续下来的传统可能会因为需要寻找科学解释的其他来源而失去焦点。如果自然选择理论并不是主要被当作基因俄罗斯轮盘的过程来理解，它作为反对设计论的一个论点的价值就不存在了。通过将自然选择与马尔萨斯联系起来，并且称适应是负责新特征出现的唯一因素，达尔文向同时代人展现了自然最残酷的一面。他的理论永远无法打破这个形象，虽然关于胚胎发育作用的现代说法使这个形象不尽合理了。在一个没有达尔文的世界里，进化论和选择理论出现时不会以那么对立的方式，会让宗教思想家和道德家更易接受。就连原教旨主义者也可能将它们视为许多威胁中的一个，而不是主要的科学怪物。

但是 1900 年前后十年自由派的乐观社会进步观倒塌，带着对我们是否能控制甚至理解这个世界的怀疑进入了现代主义时期。达尔文的宗教反对者预料到了这样的倒塌，他们的现代后裔将 20 世纪历史描述成了对这个预测的证实。1900 年左右被视为社会达尔文主义时期，在这期间自然选择的类比为恐怖的战争和种族屠杀提供了支持。自由宗教思想家因为与进步进化论联盟而遭到质疑，他们的影响力被新的正统观念和原教旨主义替代——如果没有被右翼或左翼的集权主义运动完全消灭。达尔文主义如果用最严酷的形式来理解，可能预见了这种倒塌——从某种意义上来说它只是给基督教徒一直视为理所当然的人性缺陷提供了不同的解释。

但达尔文主义在道德价值观倒塌的过程中到底发挥了多大作用？当然不能排除它是发挥作用的一个因素，但我们的反事实推理分析证明批评家们夸大了它的影响力。没有达尔文和他的理论，斯宾塞不会发明出“适者生存”这个标志性词汇，我们的文化可能会缺少用最直白的方式表达消灭适应不良者对于进步是有必要的这个说法。斯宾塞哲学倾向于掩盖这个词最残酷的解读，但后人仍然可以用更可怕的方式来使用它。没有达尔文可能需要更长时间人们才能认识到死亡在进步中发挥的建设性作用。但是我们已经看到纳粹的思想意识形态还可以从其他来源得到仇恨和死亡的讯息。如果达尔文主义不是焦点，其他的来源也会发挥同样的作用。

矛盾的是洞察到该理论深层含义的人是达尔文同时期的反对者，而表面的支持者却尽可能忽视或者导致该理论最激进的含义。即便如此，反事实推理的方法让我们看到大部分打上“社会达尔文主义”标签的效果都可能出现在一个自然选择理论完全不存在的世界里。这些效果中最著名的就是科学种族主义，如果没有达尔文理论它们可能会更尖锐。进步的想法和定向进化理论要么通过帝国主义者将低等民族作为过往残留遗弃，要么因为弗洛伊德意识到高层次思维也许无法控制保存在无意识中的原始基础而播撒下它们自我毁灭的种子。这些和其他社会及文化因素都将这个世界推向灾难。实际上现在许多基督教徒说这都是可以预期的。但是罪魁祸首不是达尔文悲观主义——而是对人类完美性的过度乐观自由视角。达尔文的影响力最多是为潜在的问题敲响警钟，而不是造成了这些问题。

将达尔文从历史上剔除掉，科学大概仍然会是现在这个样子，虽然因为以更符合发现的自然顺序而排列，组成部分会有所不同。科学和宗教之间的矛盾会更小，因为我们看到的他们之间的一场主要战争不会发生。但社会历史不会偏离轨道，仍然会有帝国主义、世界大战和种族屠杀。科学理论不会有那么大的影响力，特别是就连科学家们也要花好几十年体会其中的含义。渐进研究产生了进化论，但破坏了对渐进研究的信任的发展似乎又牵扯到了进化论。但这远不是达尔文的参与造成的后果，过于乐观的进步观点本身就是更广泛社会和文化力量的产物。达尔文的确是摇了摇船，但并没有将它引向危险的全新征程。

图书在版编目(CIP)数据

如果没有达尔文/(英)彼得·J.鲍勒(Peter J. Bowler)著;薛妍译.—北京:商务印书馆,2017

ISBN 978-7-100-13248-0

Ⅰ.①如… Ⅱ.①彼… ②薛… Ⅲ.①自然科学史—世界—普及读物 Ⅳ.①N091-49

中国版本图书馆CIP数据核字(2017)第068663号

如果没有达尔文

〔英〕彼得·J.鲍勒(Peter J. Bowler) 著

薛 妍 译

商 务 印 书 馆 出 版

(北京王府井大街36号 邮政编码100710)

商 务 印 书 馆 发 行

北 京 冠 中 印 刷 厂 印 刷

ISBN 978-7-100-13248-0

2017年5月第1版 开本 880×1230 1/32

2017年5月北京第1次印刷 印张 9½

定价:28.00元